U0183129

滨海湿地景观生态研究

——以盐城滨海湿地为例

刘红玉　李玉凤　编著

科学出版社

北　京

内 容 简 介

本书在景观生态学蓬勃发展的背景下，系统总结并拓展了传统湿地生态学的研究领域，尝试从景观尺度解决滨海湿地生态格局、过程、功能之间的关系，探求人地和谐发展的滨海湿地恢复和管理途径。本书围绕江苏盐城滨海湿地的景观演变特征、生态环境要素的驱动机制、水鸟类栖息地生态功能、湿地生态恢复框架等方面阐述了滨海湿地景观生态研究在江苏滨海滩涂湿地的应用，为滨海湿地保护和管理提供借鉴。

本书适用于滨海湿地基础科研、保护管理、科普宣教等，是一本提升公众对滨海湿地景观生态研究现状和进展认知的重要书籍。

审图号：苏 S（2021）020 号

图书在版编目（CIP）数据

滨海湿地景观生态研究：以盐城滨海湿地为例/刘红玉，李玉凤编著. —北京：科学出版社，2022.12

　ISBN 978-7-03-073968-1

　Ⅰ.①滨… Ⅱ.①刘… ②李… Ⅲ.①海滨–沼泽化地–景观生态建设–研究–盐城　Ⅳ.①P942.523.78

　中国版本图书馆 CIP 数据核字（2022）第 226714 号

责任编辑：黄　梅　沈　旭/责任校对：张小霞
责任印制：师艳茹/封面设计：许　瑞

科学出版社 出版
北京东黄城根北街 16 号
邮政编码：100717
http://www.sciencep.com
北京九天鸿程印刷有限责任公司 印刷
科学出版社发行　各地新华书店经销
*
2022 年 12 月第 一 版　开本：720×1000　1/16
2022 年 12 月第一次印刷　印张：17 1/4
字数：347 000
定价：259.00 元
（如有印装质量问题，我社负责调换）

前　　言

　　滨海湿地是位于水陆交错地带的独特景观系统，在维持地球生物多样性，协调区域生态、社会经济发展中具有不可替代的重要作用与价值。也正是滨海湿地水陆之间的特殊地理位置，决定了它影响人类，也受人类活动影响的基本特征。滨海湿地也是人类进行土地围垦、开发，开展各种活动之地。随着人类文明的发展和科技的进步，滨海湿地受人类活动影响越来越大。迄今为止，大面积自然滨海湿地景观已经被转变为农田、城市和其他人工景观类型，其景观结构和功能发生巨大变化，生物多样性受到严重威胁。目前，各国湿地研究者也把研究聚焦在人类活动和土地利用变化过程对滨海湿地生态的影响方面，试图在各种尺度上通过对滨海湿地变化过程的探讨，弄清楚其功能变化过程与影响机制。滨海湿地研究成为当今生态研究的热点领域之一。

　　近年来，随着社会经济快速发展，以及生态环境问题的日益突出，湿地保护与合理利用迈入重要发展阶段，同时也对学科发展带来新的挑战。传统湿地学科重视生态学研究，空间尺度也仅限于生态系统及其以下组织层次。然而，湿地保护与合理利用存在生态系统、景观、区域甚至全球等多尺度。如何科学认识湿地在景观中的位置、大小、形状、生态系统多样性等方面的重要性，以及湿地与周边土地利用和人类影响空间关系等问题，使湿地生态保护与合理利用达到有效与可持续发展，是湿地生态学发展面临的新挑战。滨海湿地位于水陆过渡地带，是水和土地、人与生物之间的重要联系纽带。如何科学理解与认识这些关键的联系，以及湿地为人类和动物提供的功能和服务？对于该方面，传统湿地生态研究局限性很大。因此，湿地学科发展已经到了需要吸纳新鲜血液，由传统研究走向多学科交叉与融合的新阶段。其中，湿地景观生态研究为湿地研究带来新视角和新方法。

　　景观生态学作为20世纪80年代以来连接自然科学与人文科学的新兴学科，近年来迅速发展并在各个领域得到广泛应用，其学科地位不断得到加强。由于景观生态学强调研究对象的空间性与异质性，在研究内容与方法上有别于传统的生态系统生态学。同时，景观生态学还融合了地学的尺度、等级等概念，从而成为地理学与生态学之间的交叉学科。在研究方法上，景观生态学与遥感、地理信息系统及地统计学结合紧密，在宏观生态研究中特色突出。另外，景观生态学在应用过程中，也拓宽了其他学科的研究视角，取得了大量创新性的研究成果。近年来，越来越多的学者试图从景观生态学角度认识湿地生态问题，并取得了一定的探索性研究成果。

湿地景观生态研究一方面拓展了传统湿地生态学的研究领域，另一方面更加迎合了社会经济发展的实际需求，解决了传统湿地生态研究难以解决的科学问题。滨海湿地作为一种独特的湿地类型，具有如下两个突出的特征：①滨海湿地生态系统在水文条件、土壤属性、植被覆盖等方面具有独特性，受人类围垦、开发与利用影响十分突出。科学理解与深化认知滨海湿地生态结构-过程-功能变化，有效保护与合理利用湿地，为人类可持续发展服务，需要扩展视野，拓宽研究思路与方法。而从景观和区域尺度寻求解决途径，是传统湿地科学发展的新挑战。②滨海湿地是鸟类重要的生境，具有显著的栖息地功能，支撑了包括许多珍稀水禽在内的水鸟生存，因而在全球生物多样性保护中具有特殊的战略地位。然而，湿地鸟类往往是敏感而珍稀的类型，许多濒危鸟类如丹顶鹤、黑颈鹤、东方白鹳等生境需求具有多样性和多尺度特征。传统湿地鸟类生境研究侧重生态系统尺度的静态研究，不能满足大尺度或多尺度保护生物学研究的需要。而从景观生态角度开展湿地鸟类栖息地保护研究具有重要现实意义，但该方面的研究在思路和方法上均面临新的挑战。

可见，从景观生态学视角对滨海湿地进行研究是景观生态研究的新领域，需要创新性地将景观生态学与湿地生态学的理论、方法进行恰当融合，并从实践案例的应用角度进行系统研究。本书是在国家自然科学基金(项目编号：31971547、41871188、31570459、41071119、40471003、40871084、41071119、41401205、31570459)、江苏省重点研发计划项目(项目编号：BE2018681)和江苏省教育厅重大重点项目(项目编号：10KJA170029、15KJA170002)等资助下，在十余年对我国滨海湿地景观进行理论探索与实践研究的基础上，从理论、方法到案例应用等方面进行系统的总结与归纳，旨在从新兴交叉学科角度，开拓与扩展景观生态学与湿地生态学融合研究的视角与方法，并形成湿地景观生态研究的基本理论与方法体系，推进景观尺度的湿地生态学研究进展，为区域湿地功能保护与管理实践提供科学指导。

本书力求做到理论性、系统性和实用性相结合，使读者对湿地景观生态研究有一个深入系统的全面理解与认识；同时，尽可能从理论总结与案例研究角度明晰湿地景观生态研究并不是简单的景观生态学应用，而是针对湿地类型与区域特点进行思路与方法的选择和创新。另外，本书强调基于过程与功能的湿地景观分类方法、景观结构研究方法及景观过程与功能研究方法，充分体现学科交叉研究的优势与创新之处。

全书共 7 章：

第 1 章导论。本章基于作者多年来从事滨海湿地景观生态研究的深层次认识，提出三个方面的思考：①关于为什么要从景观生态角度研究滨海湿地生态问题的思考；②关于什么是滨海湿地景观生态研究的思考；③关于怎样推进滨海湿地景观生态研究的思考。这也是书中的重点思想，希望有助于对湿地景观研究的一般意义和深层次内涵展开更为深入的讨论与研究。

第 2 章滨海湿地景观生态研究基础理论与支撑方法。滨海湿地景观研究体现的是湿地生态系统尺度与景观尺度在研究方法上的有机结合。本章从学科发展角度，归纳与总结滨海湿地景观生态研究的基本理论与方法体系。

第 3 章滨海湿地景观生态研究进展及趋势。湿地景观研究是从 20 世纪 90 年代开始兴起的热点领域，极大地推进了湿地学科发展。本章重点对滨海湿地景观生态研究进展与发展趋势进行归纳总结。

第 4 章盐城滨海湿地景观格局研究。景观格局是景观生态研究最为基础的研究内容。本章结合案例研究，系统展示如何根据研究内容与目标特定需求，从湿地景观结构空间异质性研究湿地景观结构问题。

第 5 章盐城滨海湿地景观过程研究。景观过程及其变化研究是景观生态学的核心内容。本章结合案例研究，系统阐明与湿地生态过程相关的物质流(环境因子)、物种流(外来植物入侵)等湿地景观过程与变化研究的基本思路与方法。

第 6 章盐城滨海湿地景观的生态功能研究。滨海湿地是受人类社会经济发展影响最为明显的生态系统。本章结合案例对滨海湿地栖息地功能开展深入研究。

第 7 章滨海湿地恢复与管理。本章从滨海湿地景观结构、过程与功能维持角度，阐明景观尺度滨海湿地生态恢复框架体系，提出鸟类栖息地功能恢复与管理方法。

本书参编人员及分工如下：全书由刘红玉和李玉凤讨论确定内容，李玉凤负责统稿。本书编写所需资料来自课题组研究生毕业论文，包括张华兵、王娟、王聪、王刚、王成、戴凌骏、周永等博士研究生，侯明行、谭青梅、任武阳、郭紫茹、周奕、阳佳伶、宗影、邱春琦等硕士研究生。另外，江苏盐城湿地珍禽国家级自然保护区的陈浩和吕士成同志也对本书的编写提出了很多宝贵意见，在此一并表示感谢！

本书适用于湿地生态与环境各个领域，包括湿地生态与景观管理、湿地资源保护、湿地鸟类生境与生物多样性及区域湿地合理利用等。本书通过理论与案例研究，展示滨海湿地景观研究的思路和技术方法。同时，也从学科与理论高度进行归纳与总结，使读者在理论与案例两方面深入理解与认识湿地景观生态研究特色，并得到启发。

　　本书虽然是作者十余年来不懈努力对滨海湿地景观研究成果的总结，但是许多问题依然处于探索阶段，存在问题在所难免，恳请读者批评指正。

作　者

2022 年 8 月于南京师范大学

目　　录

第1章 导　　论

本章内容基于作者多年来从事滨海湿地景观生态研究的深层次认识与思考。鉴于滨海湿地景观生态研究是从景观生态学与湿地生态学交叉视角认识滨海湿地生态系统存在的景观生态问题，这不是简单地利用景观生态学方法对滨海湿地生态系统进行研究，而是充分体现了学科交叉融合过程中展现出的独特性。因此，有必要从导论开始，对为什么要从景观生态角度研究滨海湿地生态、什么是滨海湿地景观生态研究，以及应该怎样推进滨海湿地景观生态研究等问题进行深层次思考。这也是全书要强调的重点思想，希望有助于对滨海湿地景观研究的一般意义和深层次内涵展开更为深入的讨论与研究。

1.1　关于为什么要从景观生态角度研究滨海湿地生态问题的思考

1.1.1　景观尺度是直接作用于滨海湿地生态系统的空间尺度

尺度通常是指考察事物(或现象)特征与变化的时间和空间范围，在地学、生态学等领域有不同的定义。地学尺度是指自然过程或观测研究在空间、时间或时空域上的特征量，包括三个基本时空尺度：一是以地球表层系统、地缘问题、全球环境演变等为核心，解决球观地理学中的经济学问题和自然科学问题(王铮等，1993)，对应时间尺度≥100年，空间尺度≥1000km；因为没有第二个例证来检验"模型"或"理论"，所以具有唯一性。二是以解决区位现象、景观生态现象为主的中观宏观地理学问题，对应的时间尺度为1~100年，空间尺度为10~100km；由于现象是大量的、可重复的，尽管个体之间有差异，但可以有统计规律。三是以解决土地问题、景观系统分带现象、河道演变、海岸的年周期性侵蚀进退等为主的局地观地理学问题，其时间尺度为旬到年，空间尺度为10~1000m，但也不尽然，其主要特征是认为对象既有统计性也有唯一性。生态学尺度是指涉及物种、种群、群落和生态系统等不同组织水平的生物体与其周围环境(包括非生物环境和生物环境)相互关系的时间与空间范围。生态学尤其强调以自然现象本身内在的时间和空间尺度去认识问题，而不是把人为规定的时空尺度框架强加于自然界。景观尺度恰好是生态系统尺度和地学中观、局地观尺度的纽带，对生态系统尺度产生直接作用和影响。

　　景观生态学既关注中观和局地观地理学问题，又以不同组织水平的生态学问题为重点研究对象，将地理学与生态学交叉融合起来，在空间尺度上重视景观要素空间异质性及其组织水平研究。但本质上，景观生态学关注的是不同水平景观"过程"发生、发展的时间与空间范围，强调的是景观异质性复杂程度对生态过程的时空影响。滨海湿地生态系统是地表独特的生态系统，其形成和发育直接与地形、地貌、水文、气候等区域自然地理条件及影响的生态过程关系密切，同时也与人类活动影响息息相关。因此，滨海湿地生态系统发生、发展存在多尺度影响特征。例如，滨海湿地水文过程是其生态系统演变的决定性条件，发生的空间尺度主要是景观尺度。这是由于滨海湿地位于邻近海洋区域，从潮汐影响和降水汇水过程来看，涉及的景观尺度小到潮间带(滨海湿地汇水的空间尺度)、大到海岸带尺度均对滨海湿地生态演变产生重要影响。从时间尺度上讲，潮间带尺度对滨海湿地水环境影响的响应时间短，受潮汐过程影响明显；相比之下，海岸带尺度土地利用对滨海湿地水环境影响的响应过程具有时间滞后性，对应的时间较长。又如，鸟类是活动于比滨海湿地更大范围的生物物种，受景观尺度影响更加明显。因此，滨海湿地生态研究在很大程度上是基于景观尺度开展的。从景观异质性及其复杂程度影响视角，理解与认识滨海湿地生态过程与功能是滨海湿地生态学研究的重点内容之一。

　　另外，实际湿地景观生态研究涉及调查尺度、现象发生尺度和研究尺度等不同尺度，这些尺度的生态学过程是相互联系的，多尺度综合作用是景观生态学的重点研究内容之一。因此，对于像滨海湿地这样的生态系统，其景观尺度研究应该遵从自然与人文"过程"发生、发展的规律性，并使调查尺度与现象发生尺度协调一致，从而使研究尺度更加科学、符合规律。

1.1.2　景观系统对滨海湿地生态系统演变产生决定性影响

　　滨海湿地生态系统是存在于景观尺度的开放系统，受景观系统直接作用和影响，易于发生变化。景观系统是表征滨海湿地生态系统存在基质或背景内全部景观要素相互作用形成的系统，它是自然和人类活动共同作用的结果，对滨海湿地生态系统的水文、土壤、植被等关键生态过程产生重要影响，是制约滨海湿地生态系统演变的决定性因素。深入理解与认识滨海湿地与它存在的景观系统之间的密切作用关系，对认识滨海湿地生态演变过程至关重要。因此，滨海湿地景观生态研究是有效保护与恢复滨海湿地生态过程与功能最为基础和重要的研究内容，可以从以下几个方面进行深入理解与认识。

　　首先，从滨海湿地水文条件来看，水文条件是滨海湿地生态系统结构与功能的第一决定性因子。滨海湿地水文条件受周边潮间带尺度和海岸带尺度景观系统影响(如土地利用与人类活动影响)，并成为制约滨海湿地生态系统演变的决定性因素。水文条件能够直接改变滨海湿地生态系统中养分有效性、底质缺氧状态、土壤盐度、沉积物属性及 pH 等理化性质，这些条件的轻微变化可能会引起生物区系中物种丰富度和生态系统生产力的大幅度改变，从而表现为滨海湿地生态系统发生演替或变化。例如，相关研究表明，地势低于周围环境的滨海湿地受制于两种类型的地表进水：一是上游径流，它是一种随降水而产生的无河槽的漫流；二是潮汐作用，它是一种受到大面积的潮汐影响，大部分时间或全年期间直接进入滨海湿地内的水流。可见，无论是上游径流还是潮汐作用，都在更大的空间尺度——景观尺度影响滨海湿地生态系统。另外，水文条件对维持滨海湿地生态系统结构和功能起着重要作用。水文条件影响着许多非生物因素，如盐度、土壤还原性和养分有效性，它们反过来又决定着滨海湿地中发育的植物区系和动物区系，并且在完成循环的过程中，生物组分积极改变着滨海湿地的生物条件。所以，水文条件影响着滨海湿地中的物种组成和丰富度、初级生产力、有机物累积和养分循环。而滨海湿地周边景观系统结构、格局及其变化将直接改变降水径流路径和质量，从而影响滨海湿地生态系统的结构与功能。

其次，从滨海湿地土壤条件来看，滨海湿地土壤既是许多物质化学转化发生的场所，又是许多滨海湿地植物所需的有效化学物质的主要储存地。美国土壤保持协会定义滨海湿地土壤是"生长季期间长期处于饱和、淹水或盐碱化的土壤，它形成了一种有利于滨海湿地植被生长和繁殖的还原环境"。在土壤淹水和盐度较大的还原条件下，滨海湿地生态系统的生物地球化学循环过程具有独特性。由于滨海湿地通常具有"过渡带"的功能，流经滨海湿地生态系统中的物质及其数量对湿地系统生物地球化学循环过程产生重要影响。而影响滨海湿地中物质输入的空间尺度主要是潮间带或海岸带尺度。这些尺度内的地表景观系统影响滨海湿地中的溶解物和悬浮物的量，从而影响滨海湿地系统内部生物地球化学循环过程。滨海湿地土壤中的物质通常是经降水、地表径流、地下水和潮汐等水文途径被输送至大海或毗邻生态系统，使滨海湿地表现为既是养分的源，也是汇或转化器。如果滨海湿地对某种元素或该元素的有机或无机态有净保留量，即如果输入大于输出，则认为此滨海湿地是一个汇。如果滨海湿地向大海或毗邻生态系统中输送的某种元素或物质多于其他系统的输入量，则认为此滨海湿地是一个源。如果滨海湿地转化某种化学物的存在形式如从溶解态转化到粒子态，但不改变向海洋的输入和输出量，则认为此滨海湿地是一个转化器。滨海湿地存在的景观系统对湿地充当养分源、汇或转化器具有决定性影响。

最后，从滨海湿地植物群落变化与生态系统演变来看，滨海湿地生态系统的开放性决定了它受景观尺度影响而易于发生变化，而这种变化主要通过植物群落演变表现出来，称为滨海湿地生态系统演替。滨海湿地生态系统演替是指随着滨海湿地的发育，特别是土壤中的水盐和营养状况的逐渐变化，植物种类发生变化，从而导致滨海湿地植物群落也改变的过程。由于滨海湿地生态系统位于海洋生态系统和陆地生态系统的交错地带，其演替方向及演替规律就具有与海洋和陆地生态系统不同的特点。滨海湿地生态系统的演替序列及其特征主要受水盐条件的控制，而水盐条件在时空尺度具有可变性。这就使滨海湿地生态系统的演替也会随着区域水盐条件的变化而经常处于变化之中。任何一种滨海湿地植物或多或少地有一个适宜生存的水盐条件，有的植被需要深水条件，有的植被在半湿状况下生长得更好；厌氧微生物主要生存于被淹没的湿地土壤中，而好氧微生物在较干燥的湿地土壤中更多；有的植被耐涝性好，有的耐旱性好，有的喜盐，有的适应能力差。滨海湿地植被一般呈水平带分布，在我国江苏滨海以北依次为：互花米草、碱蓬、蔗草和芦苇。任何水盐状况的变化都可能导致滨海湿地植被种类组成及结构的变化，进而影响滨海湿地动物的生存。滨海湿地植物的空间分布本身就反映了不同空间部位的不同水盐环境及不同水盐环境下的适生植物群落。而水盐条件受景观系统影响易于发生变化，因此滨海湿地生态系统演替也直接与周边景观系统关系密切。此外，景观系统是受人类活动影响的系统。人类活动可通过影响地形、地貌等改变滨海湿地潮间带或海岸带的土地利用，也可直接通过人为排灌水等途径影响湿地生态系统水文、土壤及其内部生物地球化学过程，导致滨海湿地生态系统发生演替。

滨海湿地生态系统中的动物，如鸟类，其生境适宜性、生境质量都与区域土地利用、覆被空间异质性和人类活动影响息息相关，景观尺度影响特征更为突出。所以，对于滨海湿地中动物的保护，早已从保护物种路径发展到保护物种生存的生境和栖息地。景观或区域尺度对于有效保护湿地动物及其生境质量起到决定性作用。这点在后面章节中会通过案例说明。

1.1.3 我国滨海湿地特别重视景观尺度研究的理由与意义

我国正处于社会经济高速发展过程中，尤其是社会经济非常发达的沿海地区，人类活动与土地利用变化影响极其显著。这种变化已使我国一半以上的滨海湿地丧失，残留的滨海湿地也处于不断退化过程中。滨海湿地的这些变化通常发生于景观和区域尺度。例如，黄河三角洲、辽河三角洲及长江三角洲等我国著名滨海湿地分布区域，由于大量滨海湿地丧失和景观破碎化，滨海湿地生态系统退化极为严重。

据了解，我国沿海地区 11 个(未计港澳台)省(自治区、直辖市)湿地总面积1246.60 万 hm^2，占全国湿地总面积的23.26%，其中，滨海湿地面积达 579.59 万 hm^2，占全国湿地总面积的10.81%。这些滨海湿地不仅支撑着具有重要国际影响的东亚-澳大利西亚候鸟迁飞路线上的生物多样性保护，同时也构筑了我国人口最稠密、经济最发达的东部沿海地区 3 亿多人口的生命保障系统和重要生态屏障。近年来，各级湿地主管部门在湿地保护修复制度建设、保护修复工程实施、健全滨海湿地保护体系等方面做了大量工作,11 个沿海省(自治区、直辖市)现有国际重要湿地17 处,湿地自然保护区 52 处,国家湿地公园 216 处。我国滨海湿地保护工作尽管取得了一定成效,但受人口增长和经济发展等多种因素影响,滨海湿地仍面临各种威胁,保护形势仍然严峻。

　　许多研究证明,由于保护区存在于区域景观尺度,受人类活动和土地利用影响,其内部湿地生态系统正不断退化。例如,1983 年江苏盐城湿地珍禽国家级自然保护区与周边湿地具有较好的景观连通性,湿地生物多样性较高;然而,随着人类土地利用强度的日益增加,保护区逐渐"孤立"存在于周围养殖塘和农田景观之中。加之保护区内部互花米草的入侵,使保护区的生态功能,尤其是鸟类栖息地功能退化严重。正在蓬勃发展中的滨海湿地保护区及公园,也以"孤岛"形式存在于景观环境中,正在受人类高强度影响而难以实现可持续发展。目前,我国正在实施典型区域湿地生态恢复与重建工程,湿地保护上升到生态恢复阶段。如果不顾景观尺度人类活动与土地利用的影响,滨海湿地生态难以得到真正保护、恢复与长久发展。

　　总之,景观尺度为滨海湿地生态系统研究中承上启下的中间尺度,它既是影响生态系统尺度滨海湿地过程与功能的关键尺度,更是有效保护区域滨海湿地的合适尺度(图 1-1)。所以,滨海湿地景观生态研究必须在区域湿地生态保护研究中得到应有的重视。

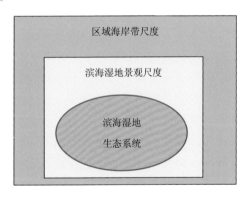

图 1-1　湿地生态系统尺度与景观尺度空间关联示意图

1.2　关于什么是滨海湿地景观生态研究的思考

1.2.1　滨海湿地景观概念与内涵

　　从学科发展来看,利用景观生态学原理与方法研究滨海湿地生态问题,是景观生态学的新分支。目前，对滨海湿地景观生态研究尚处于对景观生态学理解与应用阶段，未上升到理论高度。但是，从学科发展考虑，首先应该明晰湿地景观的基本概念与内涵。这也是许多从事景观尺度滨海湿地生态研究人员需要思考的一个基本问题。

对于什么是滨海湿地景观，回答这个问题既要遵从景观生态学理论，又要遵从滨海湿地系统自身特性。首先，从景观概念界定来看，景观学最早起源于地理学，并作为地理学的一个分支学科逐渐发展为景观地理学，侧重于地理综合体空间水平方向的规律与综合研究。随着人们对大尺度地理-生态环境问题的日益重视，景观地理学逐渐与生态学融合起来，形成景观生态学。经过半个世纪的发展，景观生态学逐渐形成自己的学科体系，并从景观组成、结构特征及功能特性上界定了狭义景观概念，即"景观是由空间上彼此相邻、功能上相互有关、发生上有一定特点的若干空间单元聚合组成的异质性区域。"目前，景观生态学广泛地被应用到各个学科领域，并形成了所谓的广义景观概念："景观是由斑块、廊道和基质构成的镶嵌体。"其次，从景观尺度研究滨海湿地生态问题，是把滨海湿地生态系统作为研究主体和对象，认为滨海湿地生态系统存在于一定景观空间范围内，受景观内其他生态系统或景观要素影响与制约，并形成一个以滨海湿地为主体的景观系统。

因此，对滨海湿地景观概念的界定应该是狭义和广义景观概念的具体体现或应用。依据滨海湿地存在的景观特征，可将滨海湿地景观概念界定为："以滨海湿地为主体对象，空间上由湿地斑块、廊道以及发生、变化和功能上与湿地相互关联的其他类型空间单元聚合而成的一定异质性的地理区域。在这个海岸带区域内，其他类型空间单元通过与滨海湿地景观单元间的作用影响滨海湿地生态过程和功能，并形成具有特定滨海湿地景观组合特征和整体性特征的景观区域。"滨海湿地景观概念强调其研究对象是滨海湿地景观系统而不是其他景观类型。由于滨海湿地存在海岸带区域，其景观研究的时空尺度不仅包括自然生态过程而且包括人类影响的社会经济过程。因此，滨海湿地景观研究不仅重视湿地不同尺度生态单元之间的水平相互影响、相互作用关系研究，而且重视其生态单元与周围其他空间单元的作用关系研究。

1.2.2 滨海湿地景观生态研究基本内容

既然滨海湿地景观生态研究是将景观中的滨海湿地作为主体研究对象，从景观系统空间异质性影响角度认识湿地生态问题，那么，滨海湿地景观生态研究的基本内容包括如下几个方面。

1. 滨海湿地景观结构研究

滨海湿地景观结构是指一定区域或景观范围内滨海湿地的景观属性特征及其时空变化，以及滨海湿地生态单元的空间组成与景观镶嵌特征。滨海湿地景观属性特征是认识滨海湿地景观特征的基础，其主要表现为滨海湿地生态系统作为景观斑块或廊道的外在形式，如类型、面积、数量和形状特征，以及这些特征在时间或空间上的变化情况。滨海湿地生态系统单元的空间组成是指区域内不同类型、大小、数量和形状的多个滨海湿地单元在空间上的结构与格局表现形式。其中，结构强调滨海湿地各种属性特征对区域的占比情况，如滨海湿地面积占区域面积之比、数量占区域总体斑块数量之比等；格局强调滨海湿地斑块单元及与其他类型景观单元之间的镶嵌关系，如滨海湿地类型的多样性与均匀性、聚集性与离散性等空间分布特征。景观内其他要素或景观单元与滨海湿地生态单元空间上的结构性关系，也是认知滨海湿地景观特征的重要内容，如农田、鱼塘邻近型滨海湿地、城市邻近型湿地等均表现为滨海湿地周边景观要素外在表现性质和空间影响上的差异性。值得注意的是，对滨海湿地景观结构的研究，首先需要对滨海湿地类型分异进行研究，弄清区域内滨海湿地的类型，然后从空间组织与镶嵌角度，认知滨海湿地景观结构特征。有关滨海湿地景观分类的问题，在后面章节会进行重点讨论。

2. 滨海湿地景观过程研究

滨海湿地景观过程研究是从过程与机理上认识滨海湿地生态特征与时空演变规律，因此是对表象滨海湿地景观结构研究的进一步深化。"过程"是一个连续概念，滨海湿地景观过程是指一定区域或范围内其生态特征及时空变化过程。受景观尺度要素及其格局影响，滨海湿地在水环境过程(水盐条件、水质时间动态)、物种空间运动过程等"生态流"方面具有显著时空演变特征与规律。例如，单块滨海湿地水环境过程受潮汐涨落和上游汇水区内降水径流影响不断变化，而这种变化过程受土地利用结构、格局及人为影响和制约，因而即使同一区域潮汐作用和降水径流条件相同，但是滨海湿地周边景观要素空间配置及其地形、地貌等自然地理条件上的差异，使位于不同景观位置的湿地水环境在水盐、水质时空演变过程上也表现出不同特征与规律。同样，鸟类对滨海湿地区域内湿地的栖息与利用，也受景观结构、格局及人类活动影响和制约。因此，滨海湿地景观过程研究十分复杂，既要考虑区域自然地理条件与人类活动影响，更要从滨海湿地存在的景观系统及景观要素空间影响上发现规律，并从影响机理上寻求答案。

3. 滨海湿地景观功能与生态系统服务机理研究

当前，人类正面临着全球气候变暖、淡水资源短缺、自然灾害频发等威胁，而滨海湿地具有的独特生态功能,如提供渔业产品、减缓全球气候变化、缓解和预防自然灾害、维持生物多样性等日益受到人们的关注。滨海湿地的这些功能主要表现为区域或景观尺度,所以也可称为滨海湿地景观功能。

滨海湿地景观功能是滨海湿地景观结构与过程的具体表现,也是其服务机理研究的基础与重点。滨海湿地景观功能主要指湿地在产氧、有机质生产、固碳/固氮、养分循环、能量流动、信息传递、调节径流,以及为野生动物提供栖息地等方面的作用。另外,滨海湿地生态系统服务是指由滨海湿地生态系统及其生态过程所提供的、人类赖以生存的自然环境条件及效用。滨海湿地景观是其服务产生的基础,包括各种生物组分和非生物组分,其中生物组分是滨海湿地生态系统的主体,各项服务的产生离不开生物组分的参与,非生物环境的改变都会对滨海湿地生态系统服务的种类和质量产生影响。因此,没有滨海湿地景观组分参与的过程所提供的产品或服务不属于滨海湿地生态系统服务。陈尚等(2006)、张朝晖等(2007)针对海洋生态系统提出了类似观点。

尹小娟等(2014)对湿地生态系统的物理化学生物过程对应的不同生态功能和生态系统服务进行了总结,参照此研究结果,从生理生态过程的角度出发,将滨海湿地生态系统每一组分或功能与它所提供的服务联系起来,得到滨海湿地生态系统服务产生机理及其分类(图 1-2)。滨海湿地生态系统服务或产品的产生主要有两个途径:一是滨海湿地生态系统生物组分或系统整体直接产生;二是系统内的组分之间相互作用产生某些功能,再由这些功能产生相应的生态系统服务(王其翔和唐学玺,2009)。例如,滨海湿地生物多样性维持功能与其景观结构和过程直接联系。通常,大块和聚集分布的湿地对维持动植物多样性具有重要作用,而离散和小块分布的湿地,其生物多样性功能则受到严重影响。因此,对于滨海湿地景观功能与服务机理研究,既要认识滨海湿地景观结构与格局特征,还要深入认识其景观过程及维持机制,从功效与服务机理上深化湿地功能研究。

可见,滨海湿地具有重要的生态服务功能,为人类提供了丰富且必需的服务。随着人们对滨海湿地认识的不断深化,人类对滨海湿地的需求也发生着巨大的变化,已由单一资源的需求向多资源需求转变。《关于特别是作为水禽栖息地的国际重要湿地公约》(以下简称《湿地公约》)已从 1971 年签订之初的以保护水禽栖息地为目标发展到现在的以保护湿地生态系统和发挥其服务功能、实现湿地的可持续利用为目标。

4. 滨海湿地景观保护与管理研究

目前,世界各国,特别是发达国家对湿地的保护与管理除了制定严格的法律法规之外,还通过建立自然保护区(避难所、栖息保护地)、滨海湿地公园(国家公园)等滨海湿地自然保护体系加强对滨海湿地的保护。近年来,通过自然修复或人

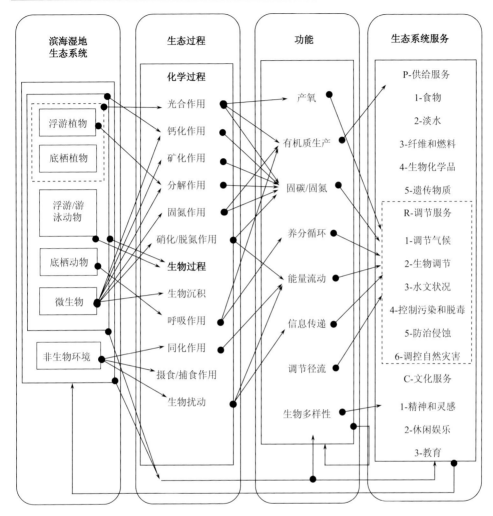

图 1-2　滨海湿地生态系统服务产生机理及其分类(程敏等, 2016)

工措施恢复滨海湿地生态系统及其服务功能成为滨海湿地保护与管理的新需求。尤其在滨海湿地保护思路与技术方面, 提出利用遥感技术、地理信息系统和全球定位技术对滨海湿地资源进行调查和监测, 掌握资源状况, 监测动态变化, 并加强对信息的管理, 提高管理效率; 加强从海岸带层面对滨海湿地进行保护与综合管理, 包括对海岸带内的水盐进行综合协调管理, 建立海岸带的湿地保护网络。滨海湿地保护与管理已经从单块滨海湿地尺度向景观尺度拓展。滨海湿地景观保护与管理迎来新的历史变革时期。同时, 我国滨海湿地保护与管理工作正经历着历史性的转变, 管理理念由鼓励开发、盲目利用、随意侵占到严格保护、合理利用、生态优先; 滨海湿地资源利用方式由对单一资源的开发利用转变为对多种资源的综合利用；关注焦点从注重发挥滨海湿地单一功能到发挥滨海湿地生态系统的多种功能。为了适应这种转变、更加有效地保护好滨海湿地，滨海湿地景观保护与管理研究越发受到重视。

滨海湿地景观保护与管理是指区域或景观尺度的滨海湿地保护与管理，是将区域滨海湿地作为系统和整体，从景观结构性、格局性及功能性影响角度，认知滨海湿地生态保护面临的生态风险，采取合适的管理措施与方法，对滨海湿地进行有效管理的过程。例如，滨海湿地保护区的管理，不仅仅是对保护区内部生态环境进行保护与管理，而且要从保护区存在的景观或区域影响角度，认知滨海湿地在保护区内的生态风险与影响因素，并采取适当管理措施。滨海湿地景观管理也强调将区域内所有滨海湿地作为相互关联的系统进行保护与管理，而不是孤立考虑一块滨海湿地的管理理念。

1.3　关于怎样推进滨海湿地景观生态研究的思考

景观生态学是一门综合自然科学与社会科学的交叉学科，其主要特点是重视自然和人文因素驱动下景观尺度的生态系统结构、过程和功能及其变化研究。将景观生态学理论、方法与景观尺度的滨海湿地研究有机结合起来，有许多需要深入探讨的科学问题。

滨海湿地景观生态研究是将滨海湿地生态学理论与景观生态学理论、方法有效融合，进行以空间与过程研究为核心的方法上的创新，并形成相对独立的研究特色。

1.3.1　滨海湿地生态理论与景观生态学理论的有效融合

滨海湿地是位于海陆之间过渡地带的敏感生态系统，受自然与人为影响易发生变化。滨海湿地生态系统演替理论与干扰理论是最为经典的滨海湿地生态学理论，是深入理解与认识滨海湿地生态系统结构与功能变化的理论基础。

滨海湿地生态系统演替是指随着滨海湿地的发育，特别是土壤中的水盐和营养状况的逐渐变化，植物种类发生变化，从而导致湿地植物群落改变的过程。滨海湿地生态系统位于海洋生态系统和陆地生态系统的交错地带，决定了滨海湿地生态系统既可以向陆地生态系统的方向演替，也可以向海洋生态系统的方向演替的基本特征。滨海湿地生态系统的演替序列及其特征主要受到水盐条件的控制，而水盐条件无论在时间上还是在空间上都受景观尺度的影响，具有敏感的可变性。这就使滨海湿地生态系统的演替经常处于变化之中。而导致滨海湿地水盐条件变化的主要因素包括自然与人类活动影响，尤其是人为影响已成为景观尺度的主导影响因素，如土地利用、城市化发展等均对滨海湿地生态系统的变化产生重要影响。因此，从景观尺度研究滨海湿地生态问题具有地理学和生态学两个学科交叉融合的基础，而如何将景观生态学相关理论，如景观异质性、整体性、人类主导性等有效纳入滨海湿地生态系统演替与干扰研究，需要进行创新性研究。

1.3.2　以空间与过程为核心的方法创新

景观生态学强调景观结构-过程-功能之间的相互作用关系，其中景观结构反映的是景观空间异质性问题，而景观异质性对生态系统过程具有显著影响。湿地生态系统演替关联一系列生态过程变化，如水文过程、水质过程、土壤物理与生物化学过程及植物群落和动物种群变化过程等。这些过程主要受景观尺度(集水区、小流域或人为排水)异质性影响。因此，从景观空间异质性影响湿地生态系统过程角度深化湿地景观研究，需要方法上的创新性研究。

1.3.3　滨海湿地景观生态研究的独特理论体系与方法特色

既然滨海湿地景观生态研究是景观生态学、生态学、地理学及遥感与地理信息系统(GIS)等多学科交叉与融合的产物，必定形成有关滨海湿地景观生态研究的独特理论体系与方法体系。在理论体系建设方面，有关滨海湿地水环境过程、土壤生物地球化学循环过程及生态系统演替过程等传统湿地学理论都应该在景观生态研究中得到发展与提高。另外，滨海湿地生物多样性及其时空变异性研究也将会在景观尺度研究中得到深入发展。滨海湿地景观生态研究方法涉及时空尺度、遥感与 GIS 技术应用和景观模型等方面多学科方法与技术应用问题，必将在滨海湿地景观生态研究方面具有方法上的独特性。如果说滨海湿地景观生态研究是景观生态学的一个分支学科，那么在发展过程中逐渐形成的理论体系和方法特色既依赖于景观生态学母体发展，更要在实践应用中得到检验。本书的宗旨意在通过案例与应用研究，充分体现出滨海湿地景观生态研究在理论体系与方法上的独特性。既能丰富滨海湿地生态学和景观生态学两门学科的理论与方法，又能推动滨海湿地景观生态研究形成理论与方法上的独特体系，使两门学科真正走向融合，是本书出版的初衷和基本目标。

第 2 章　滨海湿地景观生态研究基础理论与支撑方法

随着景观生态学在滨海湿地研究中的广泛应用及其快速发展，滨海湿地景观生态研究逐渐形成自己的特色与方法体系。未来滨海湿地景观生态研究将作为景观生态学与滨海湿地科学的新兴分支学科，其发展潜力巨大。为了进一步促进滨海湿地景观生态研究学科地位形成与发展，本书将滨海湿地景观生态研究视为传统滨海湿地生态学研究与景观生态学研究的新兴交叉学科，而不是景观生态学在滨海湿地中的简单应用研究。因此，需要从学科高度认识滨海湿地景观生态研究问题。

任一学科的发展都需要一定的理论与方法支撑。滨海湿地景观生态研究的理论与方法支撑离不开母体——传统湿地生态学和景观生态学。传统湿地生态学重视生态系统、群落、种群、个体等方面的研究，过去几十年里，人类在湿地定义、分类和大量基础研究上取得了丰硕成果，形成了一定的支撑理论和方法特色。景观生态学重视生态系统及其以上尺度研究，强调空间异质性对景观过程与功能的影响，在发展过程中，已经形成了认识问题的特殊范式与方法体系。而湿地景观生态研究的核心是景观尺度的湿地生态问题，这既要重视景观尺度有关空间异质性的"横向"研究，更不能脱离生态系统尺度的内部"纵向"生态问题。因此，需要从学科交叉融合角度，深化湿地景观生态研究(图 2-1)。滨海湿地景观生态研究是在湿地景观生态研究的基础上，将滨海湿地景观生态视为具有特定地理位置和空间存在特征的研究对象。

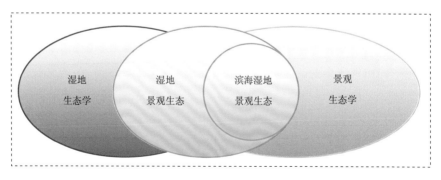

图 2-1　滨海湿地景观生态研究交叉学科性质示意图

2.1　滨海湿地景观生态相关理论

2.1.1　滨海湿地生态系统与类型

1. 滨海湿地科学内涵及其生态系统特征

滨海湿地是一类重要的湿地类型，处于陆地与海洋生态系统的过渡地带，既具有最活跃的陆地-海洋相互作用，又承受着剧烈的人类活动干扰(Nicholls，2004)。按国际《湿地公约》的定义，滨海湿地的下限为海平面以下 6m 处(习惯上常把下限定在大型海藻的生长区外缘)，上限为大潮线之上与内河流域相连的淡水或半咸水湖沼以及海水上溯未能抵达的入海河的河段。与此相当的术语有海滨湿地、海岸带湿地或沿海湿地等。地形上包括河口、浅海、海滩、盐滩、潮滩、潮沟、泥炭沼泽、沙坝、沙洲、潟湖、红树林、珊瑚礁、海草床、海湾、海堤、海岛等。在中国，陆健健(1996)参照《湿地公约》及美国和加拿大等国的湿地定义，并根据我国的实际情况，将滨海湿地定义为：陆缘为含60%以上湿生植物的植被区，水缘为海平面以下 6m 的近海区域，包括自然的或人工的、咸水的或淡水的所有富水区域(枯水期水深 2m 以上的水域除外)，不论区域内的水是流动的还是静止的、间歇的还是永久的。总之，滨海湿地是介于陆地和海洋生态系统之间复杂的自然综合体，是生物多样性最丰富、生产力最高、最具价值的湿地生态系统之一。该系统会受到海陆双重作用，河流、海岸地貌、波浪、潮汐、海水盐度和人类活动等多种作用的相互影响。

根据《中国湿地保护行动计划》(国家林业局等，2000)所述，中国的滨海湿地主要分布于沿海的 11 个省(自治区、直辖市)和港澳台地区。根据湿地在沿海的地理位置及海岸特征，主要分为浅海滩涂湿地、河口湾湿地、海岸湿地、红树林湿地、珊瑚礁湿地及海岛湿地 6 大类。综观这 6 种类型的湿地，它们相互重叠，彼此间没有严格的界线，一个地区可以同时具有几种类型的湿地，一种类型的湿地也可以在许多地区出现。沿海的浅海滩涂，除台湾岛东侧面临太平洋的深海之外，其余全部处在亚洲大陆东岸与太平洋西侧大陆架之间；浅海滩涂是由陆地和海洋的沉积物在海洋动力作用下形成的滩地；我国主要的河口及海湾均有河口湾湿地，如辽河口、黄河口、长江口、珠江口和北部湾等。

滨海湿地位于海陆过渡地带，既受陆地人类活动和土地利用的影响，又受海洋潮汐和陆地水系的影响，因此滨海湿地生态过程与功能极易发生变化。这种变化可以归结为：①脆弱性。滨海湿地生态系统处于海陆交界地带，受海陆两种性质截然不同的生态系统影响而易于发生变化。滨海湿地生态系统极易受到自然因子及人为活动的干扰而发生变化，具有显著脆弱性特征。气候条件、环境污染、人为活动等引发滨海湿地水盐条件和水质变化，从而导致其土壤和生物群落发生适应性改变。②双重性。滨海湿地生态系统的稳定性低，对外界的扰动抗性较差，极易发生变化。根据滨海湿地生态系统演替理论，其既可向旱生淡化方向发展，也可向水生盐化方向变化。滨海湿地生态系统的双重性既是其海陆过渡性特点的体现，也是其生态系统特殊性的体现。滨海湿地是地球上存在的特殊自然综合体。参照湿地科学定义，滨海湿地作为自然综合体通常发生在陆地和海洋长期相互作用的地带，是海洋生态系统和陆生生态系统的纽带，因而具有特殊的水盐情势、特殊的土壤和特殊的动植物群落特征。

2. 滨海湿地水文特征

水文条件是滨海湿地景观的重要特征之一。滨海湿地中赋存大量的水，但不是纯粹的水体。这些水主要来自于大气降水、入海河流水、地下水和潮汐作用。一般，滨海湿地由于位于负地貌部位而表现为潮汐性积水或常年积水，水处于静止或缓慢流动状态。滨海湿地中的水常常被储存于草根层或潮沟中，形成不明显的"蓄水库"。滨海湿地水面蒸发、植物蒸腾、潮汐坡面流，以及潮沟系统是主要的水输出形式，其大小与滨海湿地位置相关。滨海湿地有机体累积量和可溶性有机化合物含量高，元素的水迁移能力较强。

潮汐是滨海湿地水文条件变化的重要形式。潮汐作用是滨海湿地与其他湿地类型的最大区别，其最显著的特征是在周期性潮汐作用下出现土壤淹没和暴露，同时伴随盐分表聚与淋洗的干湿交替过程，从而导致滨海湿地系统的生物地球化学循环过程具有特异性。滨海湿地大部分面积平时基本上不会被海水浸没，出现明显的以半月为周期的淹没和暴露的干湿交替现象。潮汐不仅改变滨海湿地内水位的高低，而且不断地改变着滨海湿地海洋动力场的性质和作用范围，影响滨海湿地生态系统和物种的分布。滨海湿地中水量的多少及时间变化，形成不同潮汐条件。滨海湿地水文条件是其景观生态系统最重要的决定性因素，是维持其结构和功能的主要原动力。它不仅直接影响景观生态系统的物理化学性质(如营养物质的有效性、土壤嫌气条件、盐分、酸碱度、沉积物性质等)及营养物质的输入和输出，而且是景观生物群落定居的决定性因素之一。

滨海湿地大多位于滨海潮间带上，潮间带是指潮落所露出的潮滩，即最大高潮线与最低高潮线之间的地带。在规则半日潮和潮差较大的海域，潮间带又分为高潮带、中潮带和低潮带。中潮带是小潮平均高潮线和低潮线之间的潮带，该区域每天周期性被水淹没和露出滩2次，也称真潮带。中潮带上线至最大高潮线之间，称为高潮带，该区域只有大潮时才被水淹没。低潮带是中潮带下线至最低低潮线之间。3个潮带所覆盖的相应潮滩，称高潮区、中潮区和低潮区。潮间带生物适应海、陆双重生境。潮间带以下浅水称潮下带，在内湾潮滩之间的浅水称潮沟(图 2-2)。

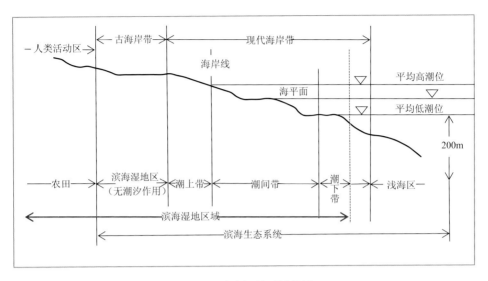

图 2-2　滨海湿地区域范围

3. 滨海湿地土壤基本性质

滨海湿地土壤是各种物理化学反应过程发生的基质，也是植物营养物质的储存库。滨海湿地土壤与深水湖泊、河流、海洋等开放水体的基底完全不同，这类水体底部一般只赋存有沉积物。滨海湿地土壤成土过程是在多水盐生境条件下，水生或湿生植物及动物死亡之后，其残体在缺氧环境中分解缓慢或不易分解的厌氧环境条件下形成的，因而土壤中有机质含量可达很高的水平。一般滨海湿地土壤比较黏重，通气渗水性差；盐分含量较高；土壤容重和体积质量比矿质土小；由于土壤孔隙度大，草根层厚而含水量高，持水能力较强；滨海湿地土壤还具有矿物质含量和有机质含量高的特征。根据滨海湿地土壤的性质将其分为滨海盐土和滨海潮土。

1)滨海盐土

(1)潮滩盐土。潮滩盐土位于中国东南半壁沿海的潮间带，各地面积大小不等，或断或续；潮涨时淹没，潮退时露出；土壤水分过饱和。潮滩盐土中的盐分与海水呈平衡状态。海水的盐度通常为 36g/L，但沿岸海水受大陆入海河水的影响，盐度均低于此值。潮滩盐土中的可溶性盐离子组成与海水中盐分离子的组成规律也完全一致。但由于地表水的强烈淋洗和稀释作用，潮滩盐土总含盐量大幅度下降，而潮滩盐土中的 HCO_3^- 在阴离子中的相对含量则大幅度提高。潮滩盐土在脱盐过程中 HCO_3^- 有相对富集的趋势。潮滩盐土的土壤质地差异很大，这与海岸类型、冲淤状况、潮汐波浪和泥沙来源等有关。一般基岩海岸多为砂砾质,潮滩盐土的质地为砾石或松砂土;在避风的港湾内,潮滩盐土多为黏质土;壤质土多分布在平原海岸。在近岸潮汐、波浪等海洋动力的作用下,泥沙经过多次反复搬运沉积,得到充分分选,土壤颗粒比较均匀,且粉砂含量很高,并以 0.05～0.001mm 粒径的粉砂粒级平均含量最高,可占各粒级总和的 70%以上;其中粗粉砂可达 40%以上,最高达 79.65%;砂粒和黏粒含量相对较少。

在开阔的河口岸段,不同潮间带的土壤质地也不一致。这种差异仍然与海洋动力有关。在低潮滩,由于潮侵频率高,潮水上滩后的水层较深,波浪潮流的动力作用较强,故质地偏砂;在高潮滩则相反,质地偏黏;中潮滩介于两者之间。而潮滩盐土的同一剖面也可表现出细微的差异,一般表土的物理黏粒高于心土层,而心土层高于底土层,显示上黏下砂的剖面质地特征。潮滩盐土处于滨海盐土发育的初期阶段,成土年龄极短,故土壤中的养分主要来源于母质,它在剖面中的分布比较均匀,并与土壤的质地密切相关。一般是黏质土养分含量高于砂质土;随着土壤黏粒的增加有机质与其他养分也相应增加。

(2)沼泽潮滩盐土。沼泽潮滩盐土分布在山东沿海以南至广西一些大河入海口的边滩潮间带。由潮滩盐土沼泽化而成,主要植物有芦苇、大米草等。沼生植物的有机残体进行分解和合成作用后形成富含有机质的表层,表土以下为锈色斑块的氧化-还原层,再下为潜育层。据测定,整个剖面中的有机质含量一般在 10g/kg 以上,但未形成腐泥层与泥炭层;1m 深度土层中的含盐量,除大米草滩外一般在 5g/kg 左右,低的为 2g/kg,最高不超过 7g/kg。

(3)红树林潮滩盐土。红树林潮滩盐土主要分布在福建福鼎以南至广西沿海,有淡水注入的河口和静风海湾高潮线以下的红树林群落海滩上。海南红树林群落生长最好,群落组成复杂。红树林具有抗风、耐盐、防浪和促淤的作用。质地一般为壤质土或黏土。红树组织富含单宁和硫素等,残体分解后,产生大量硫酸和单宁酸,故红树林潮滩盐土呈酸性至强酸性反应(pH 2.5～6.0),心土层的酸性常强于表土层和底土层。其含盐量为 10～20g/kg,分布于河口处的含盐量较低(3～10g/kg),海湾处的较高(15～20g/kg),盐分组成主要为氯化物,高于海涂土壤的其他亚类。红树林潮滩盐土有机质含量为 20～50g/kg,最高可达 145g/kg,而中下层含量常高于表层。

2)滨海潮土

(1)潮滩潮土。潮滩潮土主要分布在上海市崇明岛南岸川沙、宝山区沿岸及长江口南泓道中某些沙岛的边缘,是在长江口特殊地理环境条件下形成的。沉积在长江口的泥沙,最初在潮下带的水下堆积,随着泥沙的不断淤积,滩面逐步垫高而露出水面。由于长江流量大,每年约 $9.600 \times 10^{11} m^3$,受海滩顶托上涨的潮水,盐度极低,土壤无盐渍化现象,而形成潮滩潮土。潮滩潮土成土年龄极短,仅有低等植物,如蓝藻、硅藻及底栖生物,繁衍生物量很低,剖面无层次发育。低潮滩多为青灰色粗粉砂和细砂,中潮滩多为棕灰色粗粉砂,大于 0.01mm 的物理砂粒约占各粒级总和的 80%,为砂壤土或轻壤土。有机质含量较低,一般在 2~8g/kg,平均为 6.4g/kg,其他养分也不高;pH 在 7.8~8.2,碳酸钙含量为 26.5~49.5g/kg,土体较为紧实,水分呈饱和状态。

(2) 沼泽潮滩潮土。沼泽潮滩潮土分布在上述地区的高潮滩,位于平均小潮高潮位以上,地势比潮滩潮土亚类稍高,潮侵频率低,潮水不能天天上滩;因此,处于周期性过度湿润状态。植物为沼生植物海三棱藨草和芦苇等,都是多年生植物,每年都有大量的茎叶和根系回归土壤,表层在周期性淹水环境状态,有机残体进行不完全的分解与合成过程。表土层形成一层厚 10~40cm 的腐殖质层;土体下部长期积水,进行缓慢的有机无机物质的还原作用。因此,沼泽潮滩潮土剖面已初步分化,在腐殖质层下有一具有少量锈斑的氧化还原层,在 40~50cm 深度以下则为潜育层。沼泽潮滩潮土养分较潮滩潮土高,有机质含量在 6~12g/kg,平均约 10.5g/kg,并与质地密切相关。pH 一般在 8.0~8.2,碳酸钙含量较高,在 34~51g/kg。土壤物理性状较潮滩潮土有较大改善。

4. 滨海湿地植物特征

滨海湿地生物群落是其特殊生境选择的结果,主要由植物、动物、细菌和真菌四大类群构成,在生态环境变化强烈的条件下,这些生物尤其是滨海湿地植物和滨海湿地动物表现出明显的水陆相兼性和咸淡水过渡性特点。

滨海湿地植物是其景观和生态系统的主要组成部分,综合反映了滨海湿地的生态环境特征,是滨海湿地景观和生态系统类型的外在表象。滨海湿地植物物种多样性极其丰富,包括沉水植物、浮水植物和挺水植物,它们长期适应水生、湿生和盐生环境而具有特殊的植物生理生态特征,如通气组织发达,根系浅,以芽蘖方式密丛生长。滨海湿地景观包括洪泛平原的岛状林、灌丛,以及阶地河漫滩地上的莎草沼泽、薹草沼泽等,它们都具有生物生产力高的显著特点。

由于周期性的潮汐淹水和生物对淹水环境的适应,盐沼滨海湿地沿高程梯度往往形成单优群落而具有带状分布特征。以长江口滨海湿地植物群落分布为例,由海向陆依次是:滩涂、海三棱藨草群落、芦苇(或互花米草)-海三棱藨草混生群落、芦苇(或局部为互花米草)群落。不同区域受水文等因素的影响,植物群落分布的宽度不尽一致。

5. 滨海湿地动物群落特征

滨海湿地动物群落组成复杂多样,是其景观和生态系统的重要和活跃的组成部分,对滨海湿地生态环境的变化反应灵敏。不同地理区位的滨海湿地,其动物群落的区系、组成和生物生态学特征差异很大。滨海湿地动物群落包括哺乳类、鸟类、两栖类、爬行类、鱼类及无脊椎类等。其中，鸟类是滨海湿地中最为丰富的种类，尤其是水禽，是滨海湿地的重要物种，许多滨海湿地都为保护鸟类而成为重要保护区。

未成陆以前的潮滩盐土处于潮间带的地理位置，每天潮起潮落，在潮间带有着多种多样的海洋生物，这些海洋生物通称为"鱼虾贝藻"。据最近对海岸带资源的调查，潮间带有各种海洋动植物1590多种，隶属于310科，其中，以软体动物占优势，约513种，其他如甲壳动物，有308种，鱼类有61种。潮间带的生物量很高，远远超过浅海底栖生物的生物量，中国海洋渔业捕捞年产量近 4.00×10^6 t，绝大部分来自潮间带。20世纪80年代以来，在潮间带，海水人工养殖业发展很快，养殖的品种主要有海带、紫菜、扇贝、对虾等海洋动植物，其产量已由1950年的 1×10^4 t 达到目前的 1.30×10^6 t，增加了100多倍，但近年来近岸海域受到不同程度的污染和生态破坏，特别是与大城市毗连的潮间带、海湾和河流入海口处，污染更加严重。污染物主要是油类、有机物、营养盐和重金属。几乎所有近岸海域都发生过"赤潮"，导致沿岸水产资源和溯河性渔业资源衰退，海水养殖产品质量下降，产量减少；大片养殖滩涂荒废，严重的海水养殖灾害不断发生，每年造成经济损失达数亿元。海岸带的台风、寒潮、暴雨、雾等灾害性天气也是影响滨海地区生态环境的自然因子。台风和寒潮是诱发风暴潮的两种因素，风暴潮常伴随狂风、暴雨、巨浪和海水倒灌，给工农业生产、海上航运和人民的生命财产造成很大的损失。

6. 我国滨海湿地分布及景观分类

景观尺度滨海湿地的分类不同于国际和国家尺度，属于区域尺度及其以下范畴。目前，滨海湿地景观分类没有统一标准，由于滨海湿地生态特征与人类和土地利用影响的巨大差异性，也不可能形成具有统一标准的滨海湿地景观分类系统。但是滨海湿地景观分类的目的只有一个，即充分体现景观异质性的影响，因此其基本分类原则应该一致。

1) 滨海湿地景观分类基本原则

景观分类是把握景观基本属性与功能的重要手段，同时也是景观研究、评价、规划与管理的重要基础。目前，我国有关湿地景观分类的专门研究不多，大多数湿地景观分类是将国家或国际尺度湿地类型直接纳入景观研究中，或以现有国家土地利用/覆被分为基础。由于国家尺度的湿地分类比较简单，通常将湿地分类为沼泽、湿草甸、湖泊、河流等大类，缺乏针对研究目标和内容并能够体现区域特点的湿地景观分类研究。国外湿地景观研究非常重视景观类型特征的分类表达，湿地景观分类比较多样。例如，可以将湿地按照水文特征分为浅水湿地、深水湿地和开阔水域；也可以按照地貌特征分为洼地湿地、河岸湿地、边缘湿地等；还可以参照植被类型分为草本湿地、木本湿地和灌丛湿地等。选择哪种分类是紧紧围绕研究内容进行的，因此针对性较强。滨海湿地是湿地的一种类型，为了准确表达滨海湿地景观类型的基本特征和空间分异规律，滨海湿地景观分类一般原则应为：

(1)滨海湿地生态系统类型分异第一原则：滨海湿地存在于一定的海岸带范围内，其生态系统类型差异是决定分类的主导性因子，因此对于滨海湿地景观分类首先需要对其生态系统尺度类型分异进行划分，如芦苇景观、碱蓬景观和互花米草景观等。为了与国际、国家尺度类型接轨，可以参考现有国家和国际滨海湿地分类系统。

(2)考虑人为因素原则：人为管理和利用在很大程度上决定了滨海湿地生态系统结构、过程与功能上的差异性。因此，在对滨海湿地进行景观分类时必须充分重视人为活动与滨海湿地景观之间的相互作用关系，把景观的社会经济功能特征作为景观分类的重要部分。

(3)能够反映景观异质性原则：景观是由不同斑块或生态系统组成的异质性区域，景观异质性是影响湿地生态系统结构与功能的重要因素，必须作为滨海湿地景观分类的基础。

(4)景观结构与过程、功能相关联的原则：景观的空间形态是影响景观过程与功能的外在体现，尤其会对滨海湿地生态系统过程与功能产生重要影响。因此，滨海湿地景观分类要考虑海岸带景观结构复杂性及对滨海湿地功能性的影响。

(5)整体性与尺度性原则：整体性体现的是景观要素对滨海湿地生态系统的影响关系，尺度性关联的是影响滨海湿地生态系统的最佳景观尺度。因此，对滨海湿地景观进行类型划分，必须综合考虑各种自然条件和人类活动等各方面因素与滨海湿地景观的作用关系，强调滨海湿地生态系统与周边景观结构上的整体性和尺度性。

2)滨海湿地景观分类

滨海湿地包括滩涂湿地、浅海湿地、岛屿湿地等。滩涂湿地指低潮线以上到高潮线之间、向陆地延伸可达 10km 的海岸带湿地，包括潮上带湿地和潮间带湿地。潮上带湿地一般常年积水或季节性积水，水源补给来源主要是大气降水、河水和地下水，是滨海湿地需水的主要关注对象。潮间带湿地在各地宽窄不同，一般宽 3～4km。浅海湿地主要指浅海湾及海峡低潮时水深在 6m 以内的水域。浅海湿地海水温度适中、盐度较高、营养物丰富，适合鱼、虾、贝、藻生长繁殖。岛屿湿地林木多、滩涂广阔，是鸟类的迁徙栖息地。中国滨海湿地主要包括浅海水域、潮下水生层、珊瑚礁、岩石性海岸、潮间沙石海滩、潮间淤泥海滩、潮间盐水沼泽、红树林沼泽、海岸性咸水湖、海岸性淡水湖、河口水域、三角洲湿地12

种类型(表 2-1)。

表 2-1　中国滨海湿地类型

类型	特点
浅海水域	低潮时水深不超过 6m 的永久水域,植被盖度<30%,包括海湾、海峡
潮下水生层	海洋低潮线以下,植被盖度≥30%,包括海草层、海洋草地
珊瑚礁	由珊瑚聚集生长而成的湿地,包括珊瑚岛及有珊瑚生长的海域
岩石性海岸	底部基质 75%以上是岩石、盖度<30%的植被覆盖的硬质海岸,包括岩石性沿海岛屿、海岩峭壁。本书中指低潮水线至高潮浪花所及地带
潮间沙石海滩	潮间植被盖度<30%,底质以砂、砾石为主
潮间淤泥海滩	植被盖度<30%,底质以淤泥为主
潮间盐水沼泽	植被盖度≥30%的盐沼
红树林沼泽	以红树植物群落为主的潮间沼泽
海岸性咸水湖	海岸带范围内的咸水湖泊
海岸性淡水湖	海岸带范围内的淡水湖泊
河口水域	从近口段的潮区界(潮差为零)至口外海滨段的淡水舌锋缘之间的永久性水域
三角洲湿地	河口区由沙岛、沙洲、沙嘴等发育而成的低冲积平原

　　以淤泥质滨海湿地景观分类为例,我国淤泥质滨海湿地主要分布于盐城滨海区域和崇明东滩,是人类活动影响和土地利用比较复杂的区域。以盐城滨海湿地为例,根据盐城区域景观特征,遵循湿地生态系统类型分异原则,参照《国际重要湿地公约》(Ramsar Convention)中湿地的定义,一级分类将滨海湿地景观分为自然湿地和人工湿地两大类;二级分类进一步对生态系统类型进行划分,其中,自然湿地包括芦苇沼泽、碱蓬沼泽、互花米草沼泽、光滩、河流湿地 5 种类型,人工湿地主要为淡水养殖鱼塘、海水养殖鱼塘、盐田、水稻田(表 2-2)。

表 2-2　盐城滨海湿地景观分类系统

一级分类	二级分类	分类说明
自然湿地	芦苇沼泽	小潮高潮位以上,芦苇盖度 85%以上
	碱蓬沼泽	大潮高潮位与平均高潮位之间,碱蓬盖度 50%~80%
	互花米草沼泽	平均高潮位与小潮高潮位之间,互花米草盖度 70%~90%
	光滩	小潮高潮位以下
	河流湿地	天然河流、潮沟
人工湿地	淡水养殖鱼塘	鱼塘为淡水
	海水养殖鱼塘	鱼塘为海水
	盐田	
	水稻田	

3）我国主要滨海湿地的分布

我国滨海湿地以杭州湾为界，分为杭州湾以北和杭州湾以南两部分。杭州湾以北的滨海湿地，除山东半岛东北部和辽东半岛的东南部基岩性海滩外，多为砂质和淤泥质海滩，由环渤海浅海滩涂湿地和江苏浅海滩涂湿地组成。环渤海湿地主要由辽河三角洲、黄河三角洲及莱州湾湿地组成。江苏浅海滩涂湿地主要由长江三角洲和废黄河三角洲组成。杭州湾以南滨海湿地以基岩性海滩为主，在各主要河口及海湾的淤泥质海滩上分布有红树林，从海南省至福建省北部沿海滩涂及台湾西海岸均有天然红树林分布（国家林业局等，2000），在西沙群岛、南沙群岛及海南沿海也有珊瑚礁湿地分布（丁东和李日辉，2003）。结合前人（鹿守本，1996；张晓龙等，2005）的调查及最近调研结果，将我国主要滨海湿地分布地区列表如下（表 2-3）。

表 2-3　中国主要滨海湿地分布地区（昝启杰等，2013）

地区	主要湿地
辽宁省	辽河三角洲、大连湾、鸭绿江口、辽东湾
河北省	北戴河、滦河口、南大港、昌黎黄金海岸
天津市	天津沿海湿地
山东省	黄河三角洲及莱州湾、胶州湾、庙岛群岛
江苏省	盐城滩涂、海州湾
上海市	长江口、崇明东滩、江南滩涂、奉贤滩涂
浙江省	杭州湾、乐清湾、象山湾、三门港、南麂列岛
福建省	福清湾、九龙江口、泉州湾、晋江口、三都湾、东山湾
广东省	珠江口（大鹏湾、深圳前海湾、镇海湾、伶仃洋、珠江河口）、大亚湾、湛江港、广海湾、汕头海岸韩江湾及榕江三角洲港湾
广西壮族自治区	北海湾、铁山港和安铺港、钦州湾、北仑河口湿地
海南省	东寨港、清澜港、洋浦港、三亚、大洲岛、西沙、中沙及南沙群岛
港澳台地区	香港米埔和后海湾，台湾淡水河、兰阳溪、大肚溪河口、台南及台东湿地

区域和景观尺度对滨海湿地的认识也存在分类问题，该方面灵活性较大，没有统一的分类标准，一般需要结合研究目标和内容，构建独特的滨海湿地景观系统。然而，综合考虑滨海湿地生态系统尺度和景观尺度特征及其空间异质性影响应该是滨海湿地景观分类最为基础的原则。一方面，水文和地貌条件的差异性是滨海湿地类型分异的主导因素。美国的水文地貌分类方法对区域或景观尺度滨海湿地分类具有重要借鉴和指导意义。另一方面，景观异质性对湿地生态系统特征、功能及其变化均产生影响。所以，景观异质性也是反映滨海湿地生态系统类型分异的重要因素。

2.1.2　滨海湿地景观研究支撑理论

1. 滨海湿地景观系统构成的基本空间范式

从景观角度来看，滨海湿地生态系统以斑块、廊道和基质模式存在于景观之中，形成基本空间范式。每个湿地斑块都具有不同的面积和形状特征，决定着滨海湿地生态系统的稳定性。由于滨海湿地的特殊性，由海向陆水盐条件是逐步递减的，其景观中的斑块也呈现明显的条带状分布。其数量代表滨海湿地的面积，性质代表滨海湿地生态系统的类型。滨海湿地斑块空间分布还具有可视性特征，如相互隔离或聚集等。另外，滨海湿地条带状分布的规整性对景观复杂环境及其生态系统产生重要影响。例如，位于碱蓬景观中的互花米草斑块，其生态变化特征与差异性的不同是互花米草入侵本地种碱蓬的初期表现。

2. 滨海湿地景观研究遵循的基本原则

1）滨海湿地景观整体性

滨海湿地景观整体性特征既表现为景观要素之间存在联系，也表现为斑块或廊道与其周边景观要素具有明显作用关系。这种空间联系或作用关系的形成是源于其独特的地理位置、空间分布特征，以及特殊的环境功能。例如，在河口的滨海湿地，其斑块受水文和地形梯度影响，与其他景观要素形成一个滨海湿地景观整体系统，所以滨海湿地景观研究要在思想和方法上从系统的整体性出发研究其景观结构、功能特征与变化，并与滨海湿地生态系统本身的特性相协调，从而深化研究内容，便于问题的发现，使结论更具有实际意义。

2）滨海湿地景观异质性

景观的异质性（heterogeneity）是景观的主要特征，是斑块空间镶嵌的复杂性体现。景观异质性是许多基本生态过程和物理环境过程在空间和时间尺度上共同作用的结果。景观异质性的来源包括自然干扰、人类活动、植被演替等。景观空间变化的异质性研究主要重视景观的空间异质性（景观结构在空间分布上的复杂性）、时间异质性（景观空间结构在不同时段的差异性）。景观异质性同抗干扰能力、恢复能力、系统稳定性和生物多样性密切相关。因此，景观空间变化研究更重视异质性。

滨海湿地景观由于处于海陆相互作用的过渡带而具有生态交错带特征。因此，景观类型丰富，异质性程度高。人类活动是滨海湿地景观空间变化的主要影响因素，尤其是在十年或百年尺度上，滨海湿地景观异质性时空变化显著。滨海湿地景观空间变化研究更要重视异质性研究。

3）滨海湿地景观多尺度性

尺度通常指观察或研究的物体或过程的空间分辨率和时间单位。尺度描述的是对细节了解的详细程度。从生态学角度讲，尺度是指所研究对象的面积大小（即空间尺度），或者指所研究对象的时间间隔（即时间尺度）。在景观生态学中，通常用小尺度表示较小的研究面积或较短的时间间隔，用大尺度表示较大的研究面积和较长的时间间隔。小尺度具有较高的分辨率，而大尺度具有较低的分辨率。

由于研究对象和研究目的不同，选择的尺度也不同。景观变化的过程主要在大尺度上表现明显，小范围短期的研究不能揭示出变化趋势，也不能解释变化的因果关系。尤其对于自然湿地景观生态系统空间变化的研究一般选择数平方千米到几十平方千米甚至几百平方千米的空间尺度和数年、数十年或数百年的时间尺度。研究环境变化、土地利用影响和生物多样性等生态过程必须有足够的空间尺度和时间尺度。

自然资源和生物多样性保护一直是景观研究的主要问题。目前，生物多样性面临广泛的压力。因此，生物多样性和生态系统保护研究常常在景观尺度开展。其中，生境破碎化是景观尺度环境影响效应研究的重要方面。生境破碎化是生物多样性变化的主导因素，可用景观指标如生境丰富性、比率、斑块周长-面积比率、分维数及生境斑块组合等研究生境丧失效应、边缘效应、斑块大小效应等景观生态问题。

4) 滨海湿地景观结构与功能关联性

滨海湿地景观类型与环境因素之间存在着必然的联系，可以说滨海湿地是环境的产物。图 2-3 总结了滨海湿地景观类型及与环境要素的关系，阐明了控制滨海湿地景观类型的首要环境条件是水盐情势，其次是营养物质供给状况，这两种因素共同作用，形成不同的滨海湿地景观类型。图 2-3 中从左至右水盐情势表现为径流性主导积水和潮汐性主导积水。这些环境条件与营养物质条件从左到右形成不同类型的植被景观，进而形成不同的滨海湿地景观类型。

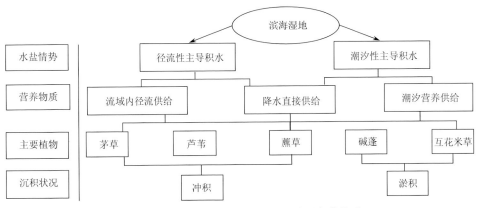

图 2-3　滨海湿地景观类型及与环境要素的关系

5)滨海湿地景观变化的人类活动主导性

一般通过简单的或经验性的因果模型来描述人类活动对滨海湿地景观系统的影响而产生的环境变化。这种描述不需要详细的因果信息支持，而仅用反映因果关系的主要压力因素和可能结果之间的简单关系确定，既直观又易于理解。对滨海湿地研究来说，由于人类活动的多次和多种影响，滨海湿地景观在较长时间尺度内会发生巨大变化，其景观变化达到一定程度会对环境产生一定的效应，这种效应的确定用经验性的因果模型来描述，如图 2-4 所示。

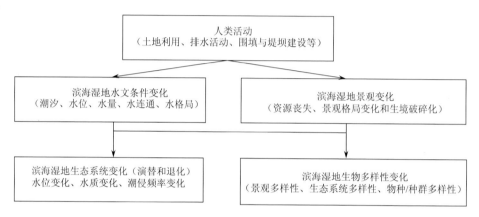

图 2-4 人类活动和湿地变化的因果关系简单模型

6)滨海湿地景观过程与功能关联性

景观变化的驱动因子一般包括自然驱动因子和人为驱动因子两类。自然驱动因子包括地貌影响、气候影响、生态系统的自然演替、土壤发育等自然因素和诸如风暴潮、海啸等自然干扰因素。自然驱动因子常常在较大时空尺度上作用于景观，从而可引起大范围景观的变化。人为驱动因子包括人口、技术、政治体制、政策和文化等人文要素。在人类活动为主导因素对地球进行改造的今天，人为因素是影响景观变化程度、与自然景观相互作用的最显著的驱动因素。目前，景观的变化主要表现为土地利用/土地覆被的变化和城市化。尤其对于滨海湿地景观，因为滨海湿地常常发生在人类生存和发展的海岸带区域，所以滨海湿地是进行农业开发、城市发展的主要对象。至今，人类已显示了对滨海湿地的人为改造和利用的力量。农业生产的一系列活动，如填海造田、围海养殖、道路和排水工程的建设等直接改变了滨海湿地的面积、数量和分布格局。现代农业发展使用的杀虫剂、化肥、鱼饵等对滨海湿地造成越来越严重的污染威胁。滨海城市化过程中产生的污染物通过点源和非点源污染途径进入滨海湿地，使海岸带水质下降、威胁原有物种的生存。滨海湿地水盐情势的人为改变，如沿海堤坝、港口建设等造成滨海湿地生态系统的严重退化和逆向演替。所有这些都对生物多样性带来严重威胁。20 世纪 50 年代以来，我国滨海工农业发展和城市化已造成一多半的滨海湿地丧失。滨海湿地景观变化对区域生态安全和经济的可持续发展带来越来越严重的威胁。

滨海湿地景观过程变化包括渐变与突变过程。根据传统湿地生态系统演替理论，滨海湿地生态渐变是指其植物群落发展的有序过程，包括生态系统物种构成和功能在时间上的变化。它是一种渐进的过程，因而也是一种可以预测的过程，如进展演替(演替从裸地开始，经过一系列中间阶段，最终形成顶极群落或稳定的生态系统)、水生演替(从积水区等水体底部开始的演替，植物群落由漂浮植物—沉水植物—浮水植物—挺水植物)和逆向演替(与水生植物群落演替方向相反)系列。实践证明，滨海湿地生态变化还存在突变过程。这主要是人类活动、自然灾害等突变因素等造成的。

2.2　滨海湿地景观生态方法体系

滨海湿地景观生态研究是将景观生态学方法与滨海湿地生态学方法进行有机融合的过程，因而逐渐形成了既不同于景观生态学，又与传统湿地学研究方法不同的特征与体系(图 2-5)。本节对滨海湿地景观生态研究的方法及其特征进行全面的归纳与总结。

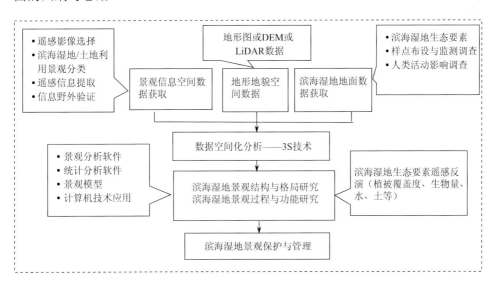

图 2-5　滨海湿地景观生态研究一般技术框架

2.2.1 景观空间信息获取——遥感技术

近年来，遥感技术的发展拓宽了湿地科学研究领域，给滨海湿地景观研究带来机遇和挑战。滨海湿地景观生态研究需要以空间信息为基础，遥感数据成为使用最为广泛的空间数据来源。与其他传统地学方法相比，遥感技术有以下几个显著优点：①由于传感器或摄影镜头与被观测物体不接触，可以避免研究者对研究对象的直接干扰，并且允许重复性观察；②航空摄影和卫星遥感技术是地学专家目前获取大尺度(尤其是区域或全球范围)各种生态和物理信息的主要手段；③遥感技术是目前唯一的大尺度景观格局动态监测手段；④由于航空摄影镜头和卫星传感器有一系列不同光谱幅度和空间分辨率，而且处于不同观察高度上，遥感可以有效地为湿地研究提供所必需的多尺度的资料；⑤遥感数据一般都是空间数据，即所测信息与地理位置相对应，这也是研究地面各种景观的结构、功能和动态所必需的数据形式。此外，现代遥感技术直接提供数字化空间信息，从而大大地促进了资料的收集、储存以及处理和分析，并且使遥感、地理信息系统和计算机模型的密切配合成为必然。

因此，针对不同类型传感器及其遥感影像特点，选用那些对滨海湿地水盐状况、植被状况敏感的遥感资料，使获得大量的滨海湿地陆面特征成为可能。例如，机载遥感的高效性为监测世界范围内湿地的连续变化过程提供了独特的手段。光学、微波及热红外传感器的利用为湿地的研究赋予了新的能力，可对湿地类型和时空分布状况进行成像分析。为便于了解传感器的应用，将它们分为以下几类：

(1) 低空间分辨率光学传感器，如 NOAA/AVHRR(advanced very high resolution radiometer)1 天观测两次，地面分辨率为 1.1km，可用于全球滨海湿地植被覆盖和水文条件的监测。

(2) 高分辨率光学传感器，包括 SPOT(26 天回归天数，20m 空间分辨率，全色为 10m 空间分辨率)、MSS(17 天为一周期，80m 空间分辨率)、TM(30m 空间分辨率)、ETM+(TM 追加 15m 全色波段)等可用于监测流域及平原内湿地植被、沼泽生物量变化，评价水质状况等。QuickBird 遥感影像(0.65m 空间分辨率)是空间分辨率最高的遥感影像，适合城市和景观破碎化区域湿地景观研究。近年来，我国高分卫星数据产品也逐渐得到应用。

(3) 高光谱光学传感器，如 NASA 机载可见光及红外光谱成像仪，能够确认与植被、下伏地层结构有关的吸收与反射光谱特征。在航空观测平台上运行的商用与科研用高光谱传感器，其图像像元大小在 2～20m，扫描幅度在 1～11km。利用高光谱数据识别木本与非木本植物、森林与灌丛、苔藓，是基于它们不同的结构、生物化学特征及功能特性产生的不同特征光谱而进行的。另外，植物结构方面的变量(如叶面积指数)及生物化学特征变量(叶绿素浓度)也可以由高光谱数据反演，并由此判断树木与灌木的存在及其类型，以及获得在每一像元中湿生植物所占的比例。

(4) 主动式微波传感器具有穿透云层及监测植被遮掩下的水情的能力，如合成孔径雷达(SAR)适合对各种类型的滨海湿地进行监测。目前，SAR 5～25m 的空间分辨率适合区域性和局地湿地积水研究，甚至可在两个不同的季节里对更大观测区成像。由于光滑水面反射的 SAR 脉冲远离传感器，可以用相关的各类传感器监测和描绘开阔水域的特征。

(5) 被动式微波传感器为较大滨海湿地的积水类型研究提供了独特的手段，如雨云 7 号卫星上的多通道微波扫描辐射仪(SMMR)，它每六天对全球进行一次观测。从 1987 年 SMM / I 取代 SMMR 至今，SMM / I 每三天对全球进行一次观测。被动式微波观测的主要优点在于，提供频繁的全球性观测及能够揭示云层和植被下的地面特征。其较低的空间分辨率减少了数据量，这可能是进行全球性研究的优势，但对某一特定地区进行详细研究则受到限制。

(6) 卫星雷达(LiDAR)高度计可以测量表面地形，获取如下两种滨海湿地参数：①地表高度的变化，或者如果滨海湿地经历绝对干涸，可以得到其后的积水深度；②构建局地数字高程模型所需的资料。

目前国内使用最多的是高分辨率光学传感器获得的数据，如 SPOT、MSS、TM(thematic mapper)等数据可以为滨海湿地研究提供诸如植被类型及分布、土地利用类型及面积、生物量分布、土壤类型及水盐特征、群落蒸腾量、叶面积指数及叶绿素含量等信息。例如，最常用的卫星遥感资料来源之一是美国 1972 年发射的 Landsat 陆地卫星的 TM 影像，它包括 7 个波段，每个波段的信息反映了不同的生态学特点(表 2-4)。

表 2-4　卫星波段及能够测量的生态学特征

波段	主要生态应用
波段 1(0.45～0.52μm)可见蓝光区	识别水体、土壤及植被；识别针叶与阔叶林植被；识别地表特征
波段 2(0.52～0.60μm)可见绿光区	测量植被绿光反射峰值；识别地表特征区
波段 3(0.60～0.69μm)可见红光区	检测叶绿素吸收；识别植被类型区
波段 4(0.76～0.9μm)近红外区	识别植被类型及生物量；识别水体和土壤湿度
波段 5(1.55～1.75μm)中红外区	识别土壤湿度及植被含水量；识别雪和云反射区
波段 6(10.4～12.5μm)热红外区	识别植被受胁迫程度及土壤湿度；测量地表热量
波段 7(2.08～2.35μm)中程红外区	区别矿物及岩石类型；识别植被含水量

不同波段的信息还可以以某种形式组合起来，更好地反映某些地面生态学特征。例如，最常见的植被指数之一，即归一化植被指数(normalized difference vegetation index，NDVI），是近红外和红光两个波段所测值之差再被其和"标准化"的结果。近些年来，多种植被指数被广泛地应用在生物量估测、资源调查、植被动态监测、景观结构和功能及全球变化的研究中。

概而言之，遥感在滨海湿地中的应用可以归纳为 4 类：①植物群落和土地利用分类研究；②滨海湿地生态系统和景观特征的定量化研究，包括不同尺度上斑块的空间格局研究，植被结构特征、生境特征及生物量研究，干扰的范围、严重程度及频率研究，以及生态系统中生理过程的特征(光合作用、蒸发蒸腾作用、水分含量等)研究；③滨海湿地景观动态及生态系统管理方面的研究，包括土地利用在空间和时间上的变化研究、植被动态(包括群落演替)变化特征研究、滨海湿地景观人为干扰和全球气候变化的反应研究；④滨海湿地生物地球化学作用研究，通过遥感预测湿地初级生产量、水位与水循环、有机碳的迁移及沉积物输入与输出、植被分布类型、有机质化学信息、含盐量、土壤养分状况及地形地貌等参数信息，建立预测模型，实现湿地在甲烷(CH_4)排放、碳的积累与输出等方面功能的定量研究。

显然，遥感技术(尤其是航空和航天遥感)是研究滨海湿地在不同尺度上格局与过程变化的极为重要的工具。我们要选择合适的遥感影像产品，为滨海湿地景观研究提供空间信息支撑。选择的一般原则：一是空间上以能够充分反映滨海湿地景观分布特征为基本选择原则。如果湿地斑块较小，则要选择高空间分辨率遥感影像，以免丢失小斑块湿地信息。二是时间上根据研究目标与内容确定。例如，要研究滨海区域湿地地上生物量空间分异问题，则应选择 7 月或 8 月植物生长繁茂的季节。

2.2.2 空间数据分析技术手段——GIS

地理信息系统(geographic information system，GIS)可简单定义为用于采集、模拟、处理、检索、分析和表达地理空间数据的计算机信息系统。它在最近几十年内以惊人的发展速度广泛应用于资源调查、环境评估、区域发展规划、公共设施管理、交通安全等领域。GIS 使用的数据模型，可分为矢量、栅格和混合型。GIS 的基本功能包括：①数据采集、检验与编辑；②数据格式化、转换、概化，通常称为数据操作；③数据的存储与组织；④查询、检索、统计、计算；⑤显示。其中，空间分析是 GIS 的核心功能，也是 GIS 与其他计算机系统的根本区别。模型分析是在 GIS 支持下，分析和解决问题的方法体现，它是 GIS 应用深化的重要标志。

空间数据的处理、分析是 GIS 的重要内容和特色。空间数据分析可分为三个不同的层次：一是简单的空间查询、空间叠加，如缓冲区分析、网络通路、资源分配、多边形叠加等；二是空间格局的关系及其描述，如空间目标的聚散度分析；

三是空间模拟，如空间过程机理、空间动态模拟、预测空间格局的发展变化等。

　　GIS 在滨海湿地景观研究中应用非常广泛，包括分析显现滨海湿地景观空间格局及其变化；确定不同环境和生物学特征在空间上的相关性；确定斑块大小、形状、毗邻性和连接度；分析景观中能量、物质和生物流的方向和通量。GIS 可从以下几个方面促进滨海湿地理论和应用研究：①将零散的数据和图像资料加以综合并存储在一起，便于长期的、更有效的利用；②将各类地图(空间资料)和有关图中内容的文字和数字记录(特征资料)通过计算机高效率地联系起来，从而使这两种形式的资料完善地融为一体；③为经常不断地、长期地储存和更新空间资料及其相关信息提供了一个有效的工具；④为空间格局分析和空间模型提供了一个有力又容易操作的技术构架，有利于研究者采用一些数学和计算机方法进行研究；⑤提高了某些资料的质量，大大增加了对资料的存取速度和分析能力，从而促进了湿地在保护、规划和资源管理等方面的实际应用。

　　近年来，GIS 在空间分析和模拟模型功能上有长足发展。例如，常用的 ArcGIS 软件平台功能越来越强大，许多模型直接与 GIS 软件完美整合，GIS 和模拟模型的结合从"分离型"向"耦合型"的方向发展。GIS 与模拟模型的耦合既增加了 GIS 的动态分析能力和生态学实用价值，又使模拟模型在处理空间信息和研究景观空间作用方面的能力大大增强。越来越多的复合种群模型、生态系统生产力模型、生物地球化学循环模型、植被动态模型、全球变化模型等与 GIS 紧密结合，以解决大尺度上景观的空间异质性和复杂性问题。未来遥感相关软件将直接与 GIS 软件整合于一体，实现 3S 技术的真正融合，其应用前景更加广阔。

2.2.3　野外数据基础——滨海湿地生态监测

　　滨海湿地景观生态研究不仅重视景观尺度的要素"横向"空间联系，而且生态系统尺度的"垂向"研究也是不能忽视的基础。对滨海湿地生态系统、过程与功能知识的获取通常采用野外调查方法。

　　事实上，景观生态研究的发展，要求研究的空间尺度与调查尺度相互匹配，以便满足多尺度耦合研究的实际需求。在此发展背景下，对滨海湿地生态监测内容和方法也提出了更高要求。常规湿地生态监测包括许多方面，可以参考《潮间带调查方法与实践》等书籍。

　　值得注意的是，现有的滨海湿地生态监测主要是生态系统尺度监测，而景观尺度滨海湿地监测除了遵循生态系统监测的一般原则和方法外，更要全面反映生态要素空间异质性分布特征，因此，需要监测的样点和样带数量依然以满足统计学需要为原则。这就需要比生态系统尺度研究更细致和更多的野外调查工作。例如，盐城滨海湿地景观尺度地上植物群落与生物量监测，一般在自陆向海的样带上，以群落差异性为原则，选择样点进行监测。由于生态交错带也是湿地景观空间异质性的反映，所以不能像传统湿地调查一样因为不具备生态系统的代表性而被排除或忽视，相反地要十分重视。滨海湿地土壤、水文、水质及生物等监测也以全面反映空间异质性为基本原则。

总之，景观尺度湿地野外样点或样带调查研究，必须选择能够提供足够变化和足够样方数量的地理梯度或景观梯度(时间或空间上的变化)信息，以充分反映生态要素空间异质性。

2.2.4　3S 技术应用需要注意的问题

1. 遥感信息提取

要获取景观或区域尺度地面湿地空间分布信息，必须利用遥感影像信息，通过解译获取。遥感解译是滨海湿地研究的起步与基础阶段的工作，基本方法包括人工目视解译、计算机自动分类(监督分类等)或两者结合(决策树分类、知识挖掘等)。这些遥感信息提取方法各有优缺点。人工目视解译主要适合对滨海湿地景观类型空间分布的一般了解。如果要详细了解滨海湿地景观系统及其植物群落构成情况，人工目视解译往往会带来较大误差，而计算机自动分类方法具有快速、边界确定精准的优点。目前，对滨海湿地景观研究通常采用人工目视解译与计算机自动分类相结合的方法。例如，盐城滨海湿地存在植物类型多样、生态交错带明显的特征，如果仅仅依靠人工目视解译，生态交错带中植物群落分布界线很难把握，必须采用决策树等遥感分类技术解决。但是无论哪种方法，获取准确信息是基本目标。为了获取精准的地面相关信息，必须做到对研究区域自然地理条件与人类活动影响情况有清楚的了解。因此，在进行遥感信息提取工作之前，必须通过阅读文献和实地考察了解实际的区域自然与社会经济概况，不能盲目和急于求成地进行室内遥感解译工作。野外考察和资料阅读是保证室内遥感解译信息精度的关键。由于滨海湿地植物覆盖信息存在异物同谱和同物异谱现象，尤其是对于草本湿地的生物群落研究，如果不了解区域自然地理条件对滨海湿地分布类型上的制约，将导致误差的增加。例如，盐城滨海芦苇和互花米草湿地存在严重的异物同谱现象，但是这两种湿地类型的空间分布地理位置受滨海区域潮汐过程影响，芦苇分布于远离海水的高潮位近岸区域，而互花米草则分布在低潮位区域。因此，正确完备的地理知识和实地经验积累是进行遥感解译不可忽视的重要工作。

2. 数据分类系统和精度

正如前面提及的，用于研究的数据来源多种多样，其中，土地覆被产品主要通过解译遥感数据获得，也可利用现有地图的数字化得到。数据结果的准确性受制于数据的质量和特征，遥感数据还受到解译、运用数据制作的方法及解译者能力的影响，不同解译者之间往往存在较大差异。所以，近年来非常强调对数据产品进行精度评价。精度评价明显与分类精度相关，所以针对不同研究需要，多时段数据分类系统和精度要一致，以利于数据叠加分析，进行同一尺度的研究。

3. 比例尺和制图单元

除分类系统和精度之外，还要注意的是比例尺和制图单元。这两个名称很容易混淆，比例尺反映的是实地距离和图上距离之间的关系，如 1：100000 表示图上一个度量单元等于实地 100000 个同一度量单元；而制图单元表示的是数据面积，通常用最小制图单元来定义数据库中表示的最小土地面积。地图比例尺缩小(意味着信息量变得更综合，覆盖的地理区域更大)，则最小制图单元增大。比例尺和最小制图单元在确定景观结构时非常重要，一般较小的比例尺和较大的最小制图单元可使景观结构的复杂性简单化。因此，在制图时将某些景观类型表达得过于详细，将会影响景观破碎度和复杂性的测度。对于多时段的数据系统，最小制图单元更要一致，决不能使最小制图单元随数据时段的变化而变化。

遥感数据中的像素和图元是完全不同的概念，像素是数字影像中最小的地理单元，却不能代表从数字影像解译出来的数据系统中的有效最小制图单元。由于在地表-大气-能量交互作用、传感器的操作、影像处理方法中存在许多技术问题，实际的最小制图单元往往比像素的尺寸大得多。所以对于一个特定的研究，要有一个合适的比例尺和制图单元。

2.2.5　滨海湿地景观结构、格局研究的指数方法

景观生态学是从空间角度，理解与认识区域景观生态问题，因此侧重景观要素"横向"空间关系的结构、格局及功能研究。为了更好地刻画景观要素空间异质性关系，1991 年，Turner 和 Gardner 出版了 *Quantitative Methods in Landscape Ecology* 一书，该书全面总结了景观异质性定量分析的指标方法。强调运用计算机、遥感、GIS、信息理论、等级理论、渗透理论及模型开发。书中定量表示空间格局的某些方法和指数被地理学者广泛使用。这些景观指数作为证据或线索的重要因素，能够提供有关景观要素存在条件与空间关系的有用信息，因而比实际测量的某些特征更有意义与价值。这些指数通常是通过统计相关数据计算获得的数值。就像医生用人的体温和体重综合指标评估人的身体条件一样，景观量化分析指数能够反映景观要素存在的生态环境条件，提供比直接测量数据更有价值的信息。目前，常用的景观指数如表 2-5 所示。

表 2-5　Fragstats 软件计算的常用景观指数

项目	英文缩写	指标名称	应用尺度	英文全称	单位
面积指标	AREA	斑块面积	斑块	area	hm²
	LSIM	斑块相似系数	斑块	landscape similarity index	%
	CA	景观类型面积	类型	class area	hm²
	%LAND	斑块所占景观面积比例	类型	percent of landscape	%
	TA	景观面积	类型/景观	total landscape area	hm²
	LPI	最大斑块指数	类型/景观	largest patch index	%
密度大小及差异	NP	斑块数量	类型/景观	number of patches	个
	PD	斑块密度	类型/景观	patch density	个/100hm²
	MPS	斑块平均大小	类型/景观	mean patch size	hm²
	PSSD	斑块面积方差	类型/景观	patch size standard deviation	hm²
	PSCV	斑块面积均方差	类型/景观	patch size coefficient of variation	%
边缘指标	PERIM	斑块周长	斑块	perimeter	m
	EDCON	边缘对比度	斑块	edge contrast index	%
	TE	总边缘长度	类型/景观	total edge	m
	ED	边缘密度	类型/景观	edge density	m/hm²
	CWED	对比度加权边缘密度	类型/景观	contrast-weighted edge density	m/hm²
	TECI	总边缘对比度	类型/景观	total edge contrast index	%
	MECI	平均边缘对比度	类型/景观	mean edge contrast index	%
	AWMECI	面积加权平均边缘对比度	类型/景观	area-weighted mean edge contrast index	%
形状指标	SHAPE	形状指数	斑块	shape index	
	FRACT	分维数	斑块	fractal dimension	
	LSI	景观形状指数	类型/景观	landscape shape index	
	MSI	平均形状	类型/景观	mean shape index	
	AWMSI	面积加权的平均形状指数	类型/景观	area-weighted mean shape index	
	DLFD	双对数分维数	类型/景观	double log fractal dimension	
	MPFD	平均斑块分维数	类型/景观	mean patch fractal dimension	
	AWMPFD	面积加权的平均斑块分形指数	类型/景观	area-weighted mean patch fractal dimension	
核心面积指标	CORE	核心斑块面积	斑块	core area	hm²
	NCORE	核心斑块数量	斑块	number of core areas	个
	CAI	核心斑块面积比指数	斑块	core area index	%
	C%LAND	核心斑块占景观面积比	类型	core area percent of landscape	%
	TCA	核心斑块总面积	类型/景观	total core area	hm²
	CAD	核心斑块密度	类型/景观	core area density	个/100hm²

续表

项目	英文缩写	指标名称	应用尺度	英文全称	单位
核心面积指标	MCA1	平均核心斑块面积	类型/景观	mean core area per patch	hm²
	CASD1	核心斑块面积方差	类型/景观	patch core area standard deviation	hm²
	CACV1	核心斑块面积均方差	类型/景观	patch core area coefficient of variation	%
	MCA2	独立核心斑块平均面积	类型/景观	mean area per disjunct core	hm²
	CASD2	独立核心斑块面积方差	类型/景观	disjunct core area standard deviation	hm²
	CACV2	独立核心斑块面积均方差	类型/景观	disjunct core area coefficient of variation	%
	TCAI	总核心斑块指数	类型/景观	total core area index	%
	MCAI	平均核心斑块指数	类型/景观	mean core area index	%
邻近度指标	NEAR	最邻近距离	斑块	nearest-neighbor distance	m
	PROXIM	邻近指数	斑块	proximity index	
	MNN	平均最近距离	类型/景观	mean nearest-neighbor distance	m
	NNSD	最邻近距离方差	类型/景观	nearest-neighbor standard deviation	m
	NNCV	最邻近距离标准差	类型/景观	nearest-neighbor coefficient of variation	
	MPI	平均邻近度指数	类型/景观	mean proximity index	%
多样性指标	SHDI	香农多样性指数	景观	Shannon's diversity index	
	SIDI	辛普森多样性指数	景观	Simpson's diversity index	
	MSIDI	修正辛普森多样性指数	景观	modified simpson's diversity index	
	PR	斑块多度(景观丰度)	景观	patch richness	个
	PRD	斑块多度密度	景观	patch richness density	个/100hm²
	RPR	相对斑块多度	景观	relative patch richness	%
	SHEI	香农均匀度指数	景观	Shannon's evenness index	
	SIEI	辛普森均匀度指数	景观	Simpson's evenness index	
	MSIEI	修正辛普森均匀度指数	景观	modified Simpson's evenness index	
聚散性	IJI	散布与并列指数	类型/景观	interspersion and juxtaposition index	%
	CONTAG	蔓延度指数	景观	contagion index	%

常用指数包括三个层次。

1)斑块水平(patch metrics)

Area/perimeter(面积/周长)、patch area(斑块面积)、patch perimeter(PERIM，斑块周长)、shape(形状)、perimeter-area ration(面积周长比)、shape index(形状指数)、proximity index(邻近度指数)、similarity index(相似度指数)、Euclidean nearest-neighbor distance(欧几里得几何最近距离)。

2）类型水平（class metrics）

Class area（CA，景观类型面积）、number of patches（NP，斑块数量）、MPS（斑块平均面积）、patch density（斑块密度）、largest patch index（LPI，最大斑块指数）、landscape shape index（LSI，景观形状指数）、normalized LSI（NLSI，归一化景观形状指数）、total edge（TE，总边界长度）、edge density（ED，边缘密度）、contiguity index（连续度指数）、isolation/proximity（隔离/邻近度）、aggregation index（AI，聚合度指数）、landscape division index（景观分割度指数）、connectivity index（CONNECT，连接度指数）。

3）景观水平（land metrics）

Total area（TA，景观面积）、patch richness density、Shonnon's diversity index（SHDI）、Shannon's evenness index（SHEI）、fragmentation index（破碎度指数）等。景观指数虽然能够量化分析景观结构与格局特征，但是大量罗列指数是没有意义的。一方面，许多景观指数存在信息重叠，甚至矛盾现象；另一方面，指数选择原则依据研究区域特征、内容与目标确定。因此，要深入理解与认识各个景观指数表达的统计含义，不能盲目使用。例如，多样性指数表征景观要素的多样性状况，有香农多样性指数与辛普森多样性指数，两个指数存在一定差异性。香农指数（Shannon index），用来描述种的个体出现的紊乱和不确定性，不确定性越高，多样性也就越高，包含两个因素：①种类数目，即丰富度；②种类中个体分配上的平均性（equitability）或均匀性（evenness）。种类数目多，可增加多样性；同样，种类之间个体分配的均匀性增加也会使多样性提高。如果每一个体都属于不同的种，多样性指数就最大；如果每一个体都属于同一种，则多样性指数就最小。辛普森多样性指数表征的是群落中种数越多，各种个体分配越均匀，指数越高，指示群落多样性好。

另外，值得注意的是空间尺度与景观指标之间的协调问题。如果用于度量的指标数据不适合捕捉真实的信息，则指标是无意义的。例如，虽然植物对滨海湿地土壤盐度具有指示性,但是野外采集的20个植物样方不一定能够反映整个滨海湿地盐度梯度特征，类似于出现在景观尺度GIS数据的常见问题。如果土地覆盖数据是1km像素，这样的GIS数据则太粗略了，不能反映地面真实的滨海湿地分布梯度。所以，有效选择与使用景观指数非常重要。

由于景观指标与生态指标之间存在统计关系，并且能够提供两种或多种景观要素相互作用的线索，因此景观梯度对于认识与发展景观指数非常重要，如流域中农业景观特征与湿地水体氮磷浓度之间的关系就可以通过景观指数法来揭示，以显示水环境过程变化。

可见，景观指数方法是一种能够定量化展示大尺度（景观尺度）生态要素空间分布格局、过程及其环境影响的方法，因此被广泛应用于湿地资源调查和检测景观基质对湿地生态潜在影响的研究中。近年来，景观指数方法也被用于大尺度湿地保护、生态管理与规划及湿地恢复研究，以便更好地理解湿地生态系统丧失带来的潜在生态影响问题。例如，有关湿地斑块大小、形状及与生态系统或人类建筑区域之间连通性等量化方法，有助于指示(如地理空间性或统计参考性)地面其他用地与人类活动影响下的生态状况。利用景观方法(如地理统计模型方法)能够从更大空间尺度上检测与湿地生态相关的地理环境条件。许多景观指标可作为生态条件指示性指标，是最为基础的湿地生态条件评估方法。全面理解与认识景观中湿地存在的基础条件与影响因素，无疑对景观规划与土地管理具有重要意义。

近年来，随着景观生态学的发展，常规景观指数往往不能满足特定区域、特定研究目标的需要，这种情况下需要构建新的景观指数。景观指数构建是在深入理解与认识需要解决的问题基础上，利用统计学方法、计算机技术等，刻画景观特征，如景观健康指数、景观适宜性指数、景观脆弱性指数、景观干扰度指数、景观风险指数等。

另外，结合遥感研究的景观指数方法也不断涌现，如徐涵秋(2005)利用遥感方法构建各种生态指数(如绿度指数、湿度指数、热度指数、干度指数及综合生态指数等)，解决区域生态优劣的空间异质性问题。

但需要注意的是，只关注景观格局这些几何特征的分析和描述，而忽略对景观格局意义或含义的理解是不可取的。对景观格局的分析要针对特定的生态过程进行，如如何阐述景观破碎化问题。当然首先要通过一系列指数分析的测定，但如果不考虑生活于其中的物种，格局指数的意义则不大。因为生境破碎化可能对一些物种产生负面影响，另外一些物种可能因此兴盛，也可能不受影响。所以，景观格局在景观生态学中只是一个解释性参数，使用的目的是解释要说明的问题。景观格局分析必须以考察某个生态过程为前提来进行。

另外，景观分析的方法很多，如景观单元分析(斑块面积、数量和周长)、景观异质性分析(多样性指数、生境破碎化指数、邻近指数)、景观破碎化分析(斑块密度指数、廊道密度指数、景观斑块数破碎化指数、景观斑块形状破碎化指数、景观内部生境面积破碎化指数)、景观廊道分析(廊道类型、廊道结构特征)等都是研究景观动态变化中不可缺少的指标。但针对不同的研究目标，这些指标要适当选取，并不是用指标的罗列去解释问题，而是选用比较关键的指标。

2.2.6　景观过程与模型研究方法

景观过程与功能研究是景观生态学的核心内容，其研究既依赖于对区域景观结构、格局的认识，更需要方法上的创新。

景观过程关联的是景观表象背后存在的"生态流"，这些生态流将景观要素联系在一起,形成具有一定景观结构域功能的景观系统。通常景观过程包括时间变化和空间变化两个方面,强调时间或空间上的连续变化问题。许多野外试验台站就是为获取连续观测数据而建立的。但是,野外试验台站的数量必定有限,大多数景观区域缺乏台站支持,因而获取连续数据的难度很大,给景观过程研究带来一系列困难。目前解决办法是基于野外样点和样带的观测数据,寻找规律,构建过程模型。

目前存在许多景观过程模型,如 SWAT、HSPF、DRAINWAT、TOPMODEL等水环境污染机理模型。这些模型通常由径流过程、土壤侵蚀过程和化学物质转化运移过程组成,能够描述较大尺度上水文要素和污染物质的时空过程,揭示区域景观结构、格局对"水流"的空间影响过程与机理。但是,这些模型往往是欧美等发达国家研制的分布式或半分布式模型,在应用到我国的景观区域时,往往局限性很大。因此,构建景观过程模型成为景观机理性研究的必要手段。在 3S 技术、计算机技术高速发展的今天,构建特定区域的景观过程模型成为可能。

景观过程模型构建过程中值得特别关注的是尺度和多尺度耦合问题。由于纳入景观过程模型的数据涉及调查尺度、现象发生尺度、研究尺度等多尺度特征,如何选择研究区域适宜的空间范围和时间尺度,以及如何耦合景观过程涉及的各种尺度等问题在景观过程及其模型构建中非常重要,是需要解决的关键问题。

1. 适宜空间尺度选择

适宜空间尺度的确定依赖于主要景观生态过程发生的范围与同步性。例如,对滨海湿地水环境过程研究通常选择集水区和潮间带尺度;生物过程研究通常不受地理边界限制,依现象发生范围而定;大气污染过程研究也通常以污染发生范围或行政单元为界;土地利用时空变化过程也通常以行政单元或流域范围为界。

2. 时间尺度

时间尺度对了解景观过程与功能变化非常重要。时间尺度的长短与空间尺度的大小有相关性。通常,较高组织水平上的评价指标体系应该突出较长时间尺度的生态因子。如气候变化、土地利用变化等,以体现持续的人类干扰过程与景观稳定性的关系。另外,要注意时间尺度与生态过程的相关性,如水环境过程以次潮汐过程、次降水过程、季节性潮汐过程、丰水期、枯水期(季节)作为不同时间尺度;海岸带沉积侵蚀过程也以多年、年过程为主;生物过程存在繁殖季节与越冬季节等时间尺度差异。

3. 多尺度耦合

景观过程研究涉及多尺度,多尺度耦合研究是景观生态学的重要内容。传统多尺度耦合方法指尺度推绎(scaling)问题，即把某一尺度获得的信息扩展到其他尺度上，包括尺度下推(scaling down)，即将大尺度信息推绎到小尺度上的过程；尺度上推(scaling up)，即将小尺度信息推绎到大尺度上的过程。目前，多尺度耦合问题存在于景观过程模型构建过程中，主要表现为数据观测样方尺度与 GIS 景观栅格大小协调一致问题。野外数据调查的样方大小应与景观数据源(遥感影像像元)单元大小协调一致。例如，在利用 TM 遥感影像获取地面湿地景观信息时，如果实地生物群落调查的空间尺度为 1m×1m，显然空间尺度上不匹配。尤其是对于从统计学意义上构建过程模型，多尺度耦合是非常值得注意的问题。

第3章　滨海湿地景观生态研究进展及趋势

滨海湿地景观研究是近几十年新兴的热点研究领域，极大地推进了湿地学科发展。滨海湿地是陆地生态系统和海洋生态系统之间的过渡地带，在维护生物多样性、调节气候、涵养水源、平衡区域生态、控制海岸侵蚀、促淤造陆、降解污染物、为鸟类提供栖息地等方面具有不可替代的作用，是重要的环境资源，因其表现出的特殊生态系统功能，被誉为"地球之肾"（陆健健等，2006；刘红玉等，2009）。同时，受海洋和陆地双重作用力的影响，滨海湿地对外界的胁迫压力反应敏感，是脆弱的边缘地带和生态敏感区（杜国云等，2007；牛文元，1989）。20世纪60年代以来，滨海湿地作为生态环境脆弱带，已成为海岸带研究的热点和前沿领域，引起"国际生物学计划"（IBP）、"国际地圈-生物圈计划"（IGBP）、"人与生物圈"（MAB）等重要研究计划的高度关注。另外，滨海湿地发育在两相作用、双向水流的交汇地带，是一个高度动态和复杂的生态系统。1995年开始制定执行的"海岸带陆海相互作用研究计划"（LOICZ）成为"国际地圈-生物圈计划"的第6个核心计划。由于海陆相互作用研究与人类生存和经济发展息息相关，因而"海岸带陆海相互作用研究计划"的提出得到各国的迅速响应。《中国海洋科学学科发展战略研究报告》也将此研究列为我国海洋科学近中期主攻方向和重点之一，并将此研究列为国家重点计划优先资助领域（钦佩等，2004）。

另外，滨海区域资源丰富及特殊的区位因素，决定了该区域也是人类活动集中地带。滨海湿地具有较高的生态服务功能及适宜的人居环境，造成该区域人类活动频繁、经济发展迅速。目前，距海岸带200km范围内汇聚了全世界一半以上的人口；距滨海湿地生态系统60km范围内，聚集了世界1/3以上的城市人口。我国滨海湿地面积只有全国湿地总面积的10.81%，但所屏障的沿海地区汇集了全国40%的人口和一半以上的GDP（杨红生和邢军武，2002；钦佩，2006）。可见，滨海湿地与人类的生存、社会的进步和经济的发展息息相关，在世界范围内其研究受到广泛重视。但是，在自然和人为的双重影响下，尤其是在高频率、高强度的人类生产活动下，滨海湿地景观结构发生着巨大变化，导致湿地面积减少、生物多样性丧失、生态系统功能和效益衰退等一系列生态环境问题，已成为当前人们关注的焦点之一。

滨海湿地是一个高度活跃的、动态的开放系统。在人为和自然的双重作用下，景观变化显著。由于丰富的湿地资源赋存和良好的资源开发条件，滨海区域逐渐发展成为集农业、渔业、盐业、化工、港口等多元化产业于一体的重要经济发展区域。海岸带开发，直接导致自然湿地面积大量丧失、景观破碎化和生物多样性降低，滨海湿地保护与开发利用的矛盾不断凸显。2009 年以来，我国沿海开发逐渐从地方决策上升为国家战略，滨海湿地保护与开发利用的矛盾进一步加大。如何根据区域自然地理条件和滨海湿地生态特点，辨识自然与人类双重影响下滨海湿地景观演变空间模式及其响应机制，合理开发利用滨海湿地资源，保护湿地应有的生态功能，以及有效管理滨海生态环境，达到区域生态、经济与社会发展的协调是滨海湿地景观研究急需解决的重要科学问题。

3.1　滨海湿地景观结构与格局研究

1. 研究内容

滨海湿地在自然与人类活动的共同作用下，景观结构与格局不断发生变化。目前，滨海湿地景观变化研究内容主要包括景观面积变化、景观类型变化、景观异质性和景观破碎化等方面(张曼胤，2008；白军红等，2005)。随着遥感技术的发展，大尺度监测景观面积变化和景观类型变化已成为滨海湿地景观研究的一项基本内容。例如，美国对密西西比河三角洲湿地的研究显示，到 1980 年其面积丧失速率约为 $100km^2/a$(Gagliano et al., 1981)，墨西哥湾北部滨海湿地丧失的面积约占全美湿地总丧失面积的 80%，湿地丧失速率达到了 $127\ km^2/a$(Baumann and Turner, 1990)。另外，法国红树林海岸湿地景观变化极为明显(Fromard et al., 2004)。

近年来，国内对滨海湿地景观变化的研究不断增加。例如，辽东湾滨海自然湿地景观面积比例从 1987 年的 55.55%下降至 2005 年的 46.05%，大量的天然湿地在人类活动的干扰下演变成了人工湿地(杨帆，2007)；1986 年以来，辽河三角洲在自然和人为驱动下，景观转变呈现半自然湿地向人工湿地转化、自然湿地向半自然及人工湿地转化的特征，并表现出一种自陆向海的变化趋势，景观破碎化程度加深，斑块数量增加明显，景观多样性指数和均匀度指数则呈下降趋势，尤其随着人类经济活动的增加，湿地景观类型单一化趋势日益显著(王宪礼等，1996；李加林等，2006；丁亮等，2008；肖笃宁等，2001)。对黄河三角洲湿地的研究显示，1986~2001 年，芦苇沼泽湿地、滨海湿地和草甸湿地均呈现显著的萎缩趋势，分别减少了 16.8%、38.2%和 36.9%。随着人类干扰强度的增强，斑块数量急剧增加，破碎化指数、斑块密度显著增大，景观破碎化程度提高，景观多样性指数下降，均匀度指数略有增加(李胜男等，2009；王瑞玲等，2008)；1995~1999 年，黄河三角洲东部自然保护区在自然和人为多种驱动因素作用下，天然湿地和人工湿地面积呈下降趋势，农林用地等非湿地面积大幅增加，破碎化程度加深，景观斑块数量明显增加，平均斑块面积减小，景观均匀度指数上升，景观多样性指数下降(刘艳芬等，2010)。同时，研究证明，有计划的人类活动，尤其是沟渠和堤坝建设是滨海湿地丧失的最主要原因，并对水和沉积条件都有重要影响，这些因素都是滨海湿地景观演变的重要原因。

盐城滨海湿地景观变化研究主要在近20年开始，研究内容主要集中在滨海湿地景观面积变化、景观类型变化、景观异质性变化及景观变化驱动力分析等方面，如表3-1所示。这些研究结果表明，在人类活动与自然的共同作用下，盐城滨海湿地景观结构与格局变化呈现出自然湿地面积不断减少，人工湿地和非湿地面积增加，大量的自然湿地转变为人工湿地和非湿地；景观多样性指数和均匀度指数下降，优势度上升；景观破碎化程度增加。

表 3-1　盐城滨海湿地景观变化研究内容

研究方向	具体内容	研究者及时间
景观面积变化	滨海湿地淤蚀面积；自然湿地、人工湿地、非湿地面积变化；芦苇沼泽、碱蓬沼泽、米草沼泽各景观类型面积变化；斑块数量、平均斑块面积变化	杨桂山等，2002；欧维新等，2004；李加林等，2003；李杨帆等，2005；王夫强和柯长青，2008；沈永明等，2008；刘春悦等，2009；丁晶晶等，2009b；赵玉灵等，2010；孙贤斌，2009；闫文文等，2011；左平等，2014；张华兵等，2020
景观类型变化	淤泥质滨海湿地演替序列；滩涂围垦；景观基质变化；芦苇沼泽、碱蓬沼泽、米草沼泽和光滩的相互转变；自然湿地和人工湿地的相互转变	
景观异质性变化	多样性指数、破碎化程度、平均分维数、蔓延度指数、边缘异质性、斑块周长、最大斑块指数、面积加权邻近指数、均匀度指数、优势度、平均斑块最近距离等指数变化	
景观变化驱动力	景观变化是非生物环境、生物作用和人类活动综合作用的结果；人类活动对景观演变起主导作用	

由上述分析发现，随着GIS和RS技术的不断发展，对滨海湿地景观结构与格局变化的研究不断增多，并且这些研究集中在对湿地景观结构变化和异质性变化方面，强调演变的速率，而缺乏对演变方向的辨识。因此，只有深入理解与认识滨海湿地景观演变的速率与方向，才能真正掌握滨海湿地景观演变规律和机制。另外，上述研究虽然从较大的景观尺度上揭示了滨海湿地景观演变的一般规律，但是大多数研究集中在人类活动对景观演变的影响上，缺乏对自然条件和人类活动影响差异条件下滨海湿地景观演变的空间模式及响应机制的研究。

2. 研究方法

随着遥感、GIS技术的发展，景观生态学的研究方法也发生了显著变化，以空间结构和景观动态为特征的景观生态学数量研究方法已广泛应用于滨海湿地景观演变研究中。其研究方法主要为三大类：景观格局指数、空间叠置分析、景观演变模型(表 3-2)。

表 3-2 国内滨海湿地景观变化研究方法

研究方法	具体内容	研究者及时间
景观格局指数	分析不同时相的面积指标(斑块面积、类型面积、类型面积比、最大斑块面积指数)、斑块数量指标(斑块数量、平均斑块面积、斑块密度)、边缘指标(斑块周长、边界密度)、形状指标(斑块形状指数、斑块分维数、景观形状指数、平均形状指数、面积加权平均形状指数、平均分维数)、核心斑块指标(核心斑块总面积、核心斑块数量、核心斑块密度、平均核心斑块面积、核心斑块面积方差、核心斑块面积均方差、总核心斑块指标、平均核心斑块指标)、邻近度指标(平均邻近指数、平均最近距离)、多样性指标(景观多样性指数、均匀度指数、类型丰富度、优势度指数)、聚集与散布指标(聚集度指数、分离度指数、蔓延度指数)，以反映滨海湿地景观格局变化	张明祥和董瑜，2002；欧维新等，2004；贾宁等，2005；郑彩红等，2006；李加林等，2006；丁亮等，2008；王瑞玲等，2008；宗秀影等，2009；张绪良等，2009b；崔丽娟等，2010；王薇等，2010；左平等，2014；夏成琪和毋语菲，2021
空间叠置分析	通过图层叠加，构建景观转移矩阵，分析不同类型景观面积转化；运用质心法分析景观空间变化	王宪礼等，1996；谷东起等，2012；杨帆等，2008；何桐等，2009；宗秀影等，2009；李峥，2010；闫淑君等，2010；刘艳芬等，2010；崔丽娟等，2010；高义等，2010；陈爽等，2011；徐庆红和吴波，2014
景观演变模型	运用景观动态度模型分析景观变化；运用马尔可夫模型、元胞自动机预测未来景观变化	杨帆等，2008；付春雷等，2009；何桐等，2009；张绪良等，2009b；张怀清等，2009；田素娟等，2010；成遣和王铁良，2010；索安宁等，2011；于淼等，2020

景观格局指数分析是一种定量的研究方法，已广泛应用于景观研究中。景观指数是一种高度浓缩的景观格局信息，反映其结构组成和空间配置某些方面特征的简单的定量分析，可分为斑块水平指数、斑块类型水平指数和景观水平指数(邬建国，2007)。以 Fragstats 软件为代表的景观格局指数，在每一种水平上包括了面积指标、斑块数量指标、边缘指标、形状指标、核心斑块指标、邻近度指标、多样性指标和聚集与散布指标 8 类指标。景观格局指数计算软件的问世，在很大程度上推动了国际上景观格局研究的发展(吕一河等，2007)。一方面，景观格局指数能够定量描述景观的结构、异质性和空间形态，以此对同一时刻的不同景观空间格局进行比较分析；另一方面，它也可以对不同时刻的同一景观空间格局进行动态变化分析，进行不同时刻不同景观空间格局的动态比较，这两个方面构成了景观空间格局分析的基本内容(胡巍巍等，2008)。国内的湿地景观格局指数分

析开始于 20 世纪末期，并在滨海湿地景观演变研究中得到了广泛的应用。牛振国等(2009)运用遥感数据分析了我国包括滨海湿地在内的湿地资源分布情况。王宪礼等(1996)利用遥感和 GIS 技术，计算了景观多样性指数、优势度指数、均匀度指数、景观破碎化指数、斑块分维数、聚集度指数 6 种景观指数，分析了辽河三角洲景观格局与异质性变化特征。肖笃宁等(2001)对 1986～1994 年辽东湾滨海湿地的景观演变进行了研究，分析了景观演变对环境和水禽生境的影响。张绪良等(2009b)运用 RS 及 GIS 技术，利用 TM 和 ETM+影像，选取斑块动态度、斑块密度、景观多样性、斑块破碎化等指数，分析了 1987～2002 年莱州湾南岸滨海湿地景观格局变化。刘春悦等(2009)利用 RS 和 GIS 技术，结合景观动态度模型和景观指数，对盐城滨海湿地 1992～2007 年景观动态变化过程进行了定量分析；王夫强和柯长春(2008)利用 4 个时期的 TM 和 ETM+影像，选择斑块边缘密度、分维度、连接度、蔓延度和景观多样性等指数，分析了盐城自然保护区的核心区和缓冲区的景观格局变化；吴曙亮和蔡则健(2003)、张学勤等(2006)、刘永学等(2001)、丁晶晶等(2009b)都先后运用多时相、多分辨率的遥感影像，结合景观格局指数对盐城滨海湿地景观动态变化进行了研究。综合来看，在滨海湿地研究中使用频率比较高的景观指数有斑块数量、斑块平均面积、斑块密度、平均分维数、优势度指数、均匀度指数和香农多样性指数、聚集度指数、蔓延度等。对景观格局指数比较的研究结果表明，我国大部分滨海湿地景观呈现破碎化的趋势。

　　空间叠置分析在表征景观面积变化、景观类型变化和空间变化的研究中发挥了重要作用。目前比较典型的方法是通过不同时期的景观图层叠加，构建景观面积转移矩阵，辨识景观类型之间的转变关系，以及通过质心计算和分析景观空间变化。例如，刘艳芬等(2010)利用景观转移矩阵分析了黄河三角洲东部自然保护区不同湿地类型景观之间的转化关系，运用景观质心分析了景观的空间变化；崔丽娟等(2010)运用质心法分析了福建洛阳江口的红树林空间变化；陈爽等(2011)利用景观面积转移矩阵分析了大辽河口湿地景观类型的变化。

　　景观模型研究是近年来得到重视和发展的景观研究方法。目前，景观演变模型的应用主要是套用一些模型或计算机模块，其中被广泛使用的方法包括：一是利用景观动态度模型分析景观演变的速率；二是运用马尔可夫概率模型预测未来的景观面积变化，如田素娟等(2010)、成遣和王铁良(2010)、张绪良等(2009a)运用景观动态度模型分析了黄河口、辽河三角洲、胶州湾湿地景观变化速率；付春雷等(2009)、何桐等(2009)、杨帆等(2008)利用马尔可夫模型预测了乐清湾、鸭绿江口、双台子河口滨海湿地未来景观面积变化。其他景观模型的研究还比较缺乏。

　　由此可见，在滨海湿地景观结构与格局研究方法中，景观格局指数能够简单而直观地反映景观结构、形态及空间配置特征，已被广泛使用于滨海湿地景观变化研究中。但是，许多景观格局指数仅仅具有统计特征而不具有生态学意义。另外，也有少量研究利用景观动态度和马尔可夫预测模型揭示湿地景观类型数量变化，但这不能反映景观空间格局变化特征，更不能解释景观空间格局变化的内在机制与驱动力。因此，针对滨海湿地景观演变特征，选择合适的景观结构与格局变化的研究方法是未来发展的需求。

3.2　滨海湿地景观过程研究

在滨海湿地景观结构研究的基础上，景观演变过程的研究也在不断兴起，主要集中在景观演变过程的模拟研究方面。滨海湿地系统受人类活动，包括各种土地利用、城市发展等影响。全球变暖背景下，海平面上升的潜在影响越来越引起人们的关注。保护这些滨海湿地景观系统需要对人类活动造成的直接和间接的、时间和空间的影响进行评估与预测，需要识别与认识自然条件和人类活动影响的差异，需要更好地反映这些影响，并且恰当地评估景观系统的长期变化趋势，从而更好地为决策者提供服务。而恰当地预测生态系统的影响需要一个能够更好地理解复杂滨海湿地生态过程的景观模拟模型。

一定地区的植被格局不仅仅取决于气候和水文要素，地形、土壤、生物生产力和生物量等环境因子对植被格局的形成也具有重要作用。对这些因子的研究，为从景观生态学视角研究景观演变机制奠定了坚实基础。滨海湿地景观演变机制研究越来越引起人们的重视。

3.2.1　地形因子在滨海湿地景观过程中的作用

地形因子是影响滨海湿地景观演变的主要因子之一。由于滨海湿地是海岸带的重要组成部分，滨海湿地的形成与发育深受海岸及其沉积环境演变的影响。潮间带环境下，受潮汐周期作用，水中泥沙在潮滩不断淤积，塑造了滨海湿地特殊的地形环境。从世界范围来讲，美国新英格兰地区（Ewanchuk and Bertness, 2004；Bertness and Ellison, 1987）、巴西南部地区（Costa et al., 2003）、美国佐治亚州（Pennings and Silliman, 2005；Pennings and Callaway, 1996）、荷兰瓦登海地区（Bockelmann et al., 2002）和中国的长江口（Chen, 2003）地区的互花米草沼泽景观的空间分布格局都受到高程梯度的制约。高程决定了滨海湿地植被的成带分布。在美国新英格兰地区，互花米草主要生长在高程较低的潮间带，有自身分布的优势地形位置，其分布受地形因子的控制。不仅如此，其发达根系还可以固定滨海受潮流规律性间断浸渍、松软流动的淤泥质土壤；带状密集分布的互花米草群落可以消浪、缓流、拦截泥沙，促进互花米草沼泽滩面增高。滩面增高又影响了互花米草的淹水时间和淹水周期，进而影响到它的分布与演替（Hester et al., 2001）。

高程也是美国北卡罗来纳州盐沼维管植物分布的关键控制因子（Adams, 1963）。崇明东滩的实验研究也表明：随着高程的增加，海三棱藨草的重要值逐渐减小，而芦苇和互花米草的重要值逐渐增加。受互花米草入侵的影响，滨海湿地不断淤高、淤长，不同生长年龄的互花米草沼泽景观随高程发生有规律的变化（闫芊，2006）。在盐城滨海湿地，互花米草入侵对潮滩剖面形态的短期或季节性调整产生重要影响（杨桂山，1997）。由于盐城滨海湿地潮滩坡度平缓，滩面平均坡度仅 0.1‰～0.5‰，坡度和坡向对景观演变的影响虽然不大，但对互花米草沼泽景观演变的作用不容忽视。

　　高程作为主要的地形因子之一，对互花米草植被分布的影响主要通过限制土壤盐度和植被淹水梯度来实现。受潮汐作用影响，淹水频度和土壤缺氧程度随高程升高而降低（Howes et al., 1986；吴志芬和赵善伦，1994；He et al., 2007）。不同高程导致土壤淹水时间和周期的差异，进而影响土壤盐度的变化。高程较低的潮滩，通常受到的潮汐作用较大，潮滩植物受海水淹没周期长，互花米草群落的分布主要受高盐、缺氧等环境胁迫的影响；随着高程升高，高淹水周期、高盐度的环境胁迫逐渐减小，植物的种间竞争、菌根真菌、食草动物等成为影响植物群落分布的主要生物因子（Vernberg, 1993；Levine et al., 1998；Crain et al., 2004）。受到微地形影响，高程与淹水时间并不一定存在良好的相关关系，相比于高程，实测淹水频率能够更好地解释植物的分布（Bockelmann et al., 2002）。此外，互花米草沼泽景观是否处于演替进程之中可以由潮滩淤积速率决定。快速淤积的滨海湿地植物群落分带格局随时间而变化，种内相互作用也在演替过程中发生改变（Costnaza et al., 1997）。这是因为在泥沙沉积后，底质会发生干燥和压缩，使储存水分的变化和有机质降解可能抵消淤积作用，并导致潮滩表面降低（Davy, 2000）。因此，某些情况下，高程变化不能很好地由淤积反映（Cahoon and Lyneh, 1997）。

　　从以上研究可以看出，滨海湿地环境下，地形是一个综合性的环境因子，不仅对湿地土壤淹水和土壤盐度的影响十分显著，而且控制着互花米草的分布范围。淤泥质滨海湿地的高程变化取决于潮流泥沙供给和落潮时悬浮泥沙间的平衡。而互花米草等高大植被对来水、来沙的阻滞作用导致大致平行于海岸方向带状分布的互花米草对潮滩地貌的塑造作用巨大，使滨海湿地滩面增高。而滩面增高又影响了互花米草的淹水时间和淹水周期，进而影响互花米草沼泽景观的分布和演变。

3.2.2　土壤因子在滨海湿地景观过程中的作用

　　植被和土壤是滨海湿地景观演变中十分活跃的两个因子，也是环境效应研究的重要内容。植被与土壤的表现形式各异，进一步探讨土壤因子在互花米草沼泽景观演变中发挥的作用，对于认识和理解景观生态格局和滨海湿地植被演替机制具有重要意义（朱志诚，1999；王飞等，2002；刘华民等，2007）。土壤不仅是植物立地生长之根本，还是植物根系生长发育的基质。湿地土壤不断地供给植物正常生长所需的营养物质和水分，对滨海湿地土壤的形成和发育及植物定居均产生重要影响。

首先，土壤因子影响滨海湿地的形成和发育。作为湿地生态系统重要组成成分之一的湿地土壤，是在滨海湿地独特的气候、母质、生物、地形等因素综合作用下形成和发育的。滨海湿地特殊的环境，使湿地土壤有着独特的形成和发育过程。滨海湿地土壤的发育通常经历以下过程：滩面沉积速率增加—滩面高程升高—土壤淹水的频率变小—湿地先锋植物定居—湿地植物群落建成—生物碎屑逐渐积累—无机物沉积速率增加—植物根系固定滩面(Lawrenee et al., 2004；van Wijnen et al., 1997)。伴随滩面高程的逐步增加，沼泽地下潜水埋藏深度增加，土壤母质及土壤逐渐脱离高盐度的海水，受潜水影响时间逐渐变长，土壤开始脱盐，形成由海相沉积母质—潮滩盐土—草甸滨海盐土—沼泽土壤的演替序列(杨桂山等，2002；钦佩等，2004)。此外，沿梯度分布的盐度、水淹强度、氧化还原电位等非生物因子对生物群落中种内和种间关系产生影响，从而使土壤中碳、氮、磷及有机质等营养元素的分布特征发生变化(高建华等，2005；白军红等，2005；吕国红等，2010；王爱军等，2005)。由此可见，土壤水分、盐度和养分等的变化，必然影响滨海湿地景观的演变，并最终影响滨海湿地的形成和发育。

其次，土壤因子会对植物定居产生影响。植物的萌发、生长和繁殖取决于其一系列的生理需求，主要包括充足的能量输入和必需营养物质的供应。滨海湿地植物的生理过程受光、水分、氧气、大量营养物质和微量营养物质，还有各种限制性因子，如土壤孔隙水的高盐度、潮水冲刷及泥沙掩埋等的影响。长期以来的研究认为，滨海湿地植物群落的分布主要受环境梯度适应能力的影响(Cooper, 1982；Noe and Zedler, 2000)。土壤盐度和淹水作为滨海湿地生态系统中最重要的两个环境因子，只考虑这两者就可以将大部分植被带区分开来(Vince and Snow, 1984)。然而，湿地植物对这两个因子的适应能力存在很大差异。例如，土壤盐度在刚超过平均海平面时达到最大值。因为高程大的地域淹水周期相对变短，土壤蒸发时间相对变长，湿地土壤表层的盐度就会增加；当高程达到某一阈值，在潮汐几乎不能发挥作用时，海水盐分输入减少；受降水影响，淋溶作用增强，土壤盐度降低(Costa et al., 2003)。一般，土壤表层含盐量超过6‰，可溶性盐含量超过10‰，只有少数耐盐植物才能生长。互花米草的最大耐受盐度高达 32‰(Chen et al., 2004)。随着土壤的脱盐，土壤盐度逐渐变低，植被逐渐适应滨海湿地环境，完成植被从无到有的蜕变,形成光滩裸地—盐生植物—湿生植物的演替序列(李加林等，2003；张树清，2008)。在盐城淤泥质潮滩上，率先出现碱蓬植被，然后向高潮带和低潮带两个方向演替，向高潮带依次出现碱蓬—芦苇过渡带—芦苇带，向低潮带依次出现碱蓬—碱蓬、互花米草交错带—互花米草带。因此，土壤因子是造成滨海湿地植被定居与分带的最关键因子之一(王卿等，2012)。

　　在盐城滨海湿地，有研究通过断面定位观测、样品测试和数学统计的方法，确定典型沼泽断面土壤含盐量与各种土壤养分含量的相关关系；通过研究盐分的垂直分布、表土含盐量与潜水矿化度的关系，阐明各类湿地植被的适生环境，并进一步探讨盐沼植被和水文条件对总氮(TN)、总磷(TP)和有机质(OM)剖面变化的影响。结果表明：不同植被带土壤中的 TN、TP 和 OM 含量变化显著。其中，互花米草带中的 TN 和 OM 含量最高，分别为(0.96 ± 0.09)g/kg 和(17.26 ± 0.80)g/kg；光滩中 TN 和 OM 含量最低，但是 TP 含量最高。可见不同植被类型对土壤 TN、TP 和 OM 等养分的转化、吸收、累积过程具有不同程度的影响(仲崇庆等，2010)。在崇明东滩，通过野外采样设计样线，对样点土壤水分、盐分、温度等因子进行主成分分析，确定小尺度上植被分异的关键控制因子。研究表明：土壤盐分和水分是小尺度潮滩植被分异的主要环境影响因子(马志刚等，2010)。在黄河三角洲滨海湿地，利用数字地形和遥感影像分析技术，研究定量化环境变量与土壤属性(土壤容重、有机质和全磷)之间的关系，利用环境变量进行空间预测，为黄土高原土壤属性空间变异与预测提供了方法支持，并通过多元线性逐步回归模型与回归-克里金法预测比较，发现后者有效地减小了残差，消除了平滑效应，与实测值较为接近。还有研究表明，土壤含盐量、土壤有机质和全氮是影响湿地植物群落空间分异的主要因素。有机质既是沼泽生态系统物质循环的一个关键成分，也是维持整个生态系统高生产力和高生物量的基础，因此许多学者分别针对有机质源、汇及生物地球总有机碳(TOC)、TN、碳氮比(C/N)、δ^{13}C 和 δ^{15}N 在不同生态带内的水平分布和垂向分布进行研究(张绪良等，2009a)。据估算，在以互花米草为主要植被的滨海湿地，保存在沉积物中的有机质有37%～100%来源于互花米草植被(Bull et al.，1999)。在盐城滨海湿地，有研究通过有机质来源的分析，定量估算了互花米草生态带不同来源的有机质含量(高建华等，2005)；但是，土壤有机质质量分数总体较低，介于2.97～12.92g/kg，平均值为7.95g/kg(任丽娟等，2011)。

3.2.3　植被因子在滨海湿地景观过程中的作用

　　过去认识与解决问题的办法是独立评估各个生态影响因素。为了更客观地评估众多相互依赖的变化因子，景观过程模型方法于 20 世纪 90 年代初在美国逐渐发展起来，并且成为现在前沿与热点研究领域(Clarke，1998；徐中民等，2006；Bruland and DeMent，2009)。景观过程模型包括对生物和非生物要素生态过程的认识，是更为复杂的模型。许多现有的景观过程模型是建立在生态过程基础上的，模拟系统生态过程，因此它与基于数据的统计模型截然不同。它建立在野外大量生态过程监测基础上，机理性地揭示问题。例如，Costanza 等(1990)建立了一个能够模拟滨海湿地生态系统演变的景观过程模型。该模型能够模拟不同水文条件、营养条件及海平面上升对滨海湿地植物覆被类型演变的影响。Fitz 等(1996)利用景观过程模型模拟了美国大沼泽地(Everglades)湿地区域内植物群落演替的重要景观动态。其模拟结果显示,该区湿地植物群落从锯齿草(sawgrass)转化为香蒲(cattail)的一个主要驱动因素是土壤营养含量的升高和水文条件的改变。由于土壤积水期较短、磷浓度较高引起矿化作用增强,植物群落在 1975～1991 年里从锯齿草转化为香蒲,很大程度上是由于可获得磷的增加。

另外,滨海湿地景观变化的主要驱动因素研究受到重视。许多研究认为,对滨海湿地丧失贡献最大的是洪水控制、沟渠、堤岸、土地开发和高速公路建设等。研究证明,有计划的人类活动,尤其是沟渠和堤坝建设是滨海湿地丧失的最主要因子,它对水和沉积具有重要影响。滨海湿地丧失的间接因素是水文变化、沉积和各种生产活动。这些都是滨海湿地景观演变的重要原因(Carreno et al., 2008; Bruland and DeMent, 2009)。

总体来看,国外对滨海湿地研究不仅重视生物与环境要素的生态过程,更加重视景观过程模型的研究。在生态系统尺度,不仅重视氮、碳等物质对植物的影响,而且更加重视磷和盐度及水文情势的影响;研究不仅跟踪这些物质短时间内的季节变化,而且重视物质变化长时间尺度的情景模拟和预测研究。

国内对滨海湿地的研究起步相对较晚。20 世纪 60 年代开始的近海沿岸动植物和潮间带生物初步调查推进了滨海湿地研究的进展。20 世纪 80 年代之后,有关海岸地貌与沉积过程的研究(张忍顺,1984;朱大奎和高抒,1985;李华和杨世伦,2007)、水文水动力过程研究及生态系统尺度的滨海湿地植物群落与环境因素关系的研究备受关注(江红星等,2002;马志军等,2000;杨桂山等,2002;沈永明等,2002)。例如,崔保山等(2006)对黄河三角洲芦苇种群特征与水深环境梯度的响应进行研究;张绪良等(2009a)对黄河三角洲湿地植物群落的演替进行研究,揭示了黄河三角洲湿地土壤含盐量、土壤有机质和全氮是湿地植物群落空间分异的主要控制因素。

江苏滨海湿地与黄河三角洲湿地等不同,其入海河流均为小河流,受河口作用不明显,生态过程具有明显的独特性。目前,江苏滨海湿地以盐城湿地为主,其面积占整个江苏滨海湿地的 70%以上,是一块受海洋潮汐影响显著、以快速淤长为主要特征的新兴土地,也是中国乃至世界现存面积最大和生态类型最齐全的典型滨海湿地。20 世纪 90 年代以来,盐城滨海湿地保护与合理利用研究日益受到重视,其中围绕引进外来物种——互花米草的生态过程和功能开展研究的较多(沈永明等,2002)。从生态过程角度,利用断面监测方法,对该区湿地生态演替过程及其影响因素的研究也不断深入。目前的研究成果基本揭示了滨海湿地潮位变化与地表潜水位、水质及土壤性状之间的关系,阐明了影响滨海湿地植被生长和演替的动力源是海洋潮流和泥沙动力及地表径流重力作用下的水盐平衡(杨桂山等,2002;沈永明等,2002;毛志刚等,2009)。近年来,滨海湿地植物群落演替的模型研究受到重视(崔保山和杨志峰,2001)。例如,姚成等(2009)采取主成分分析和多元线性回归相结合的分析手段,对采集的相关环境参量数据进行分析,建立了生态系统尺度的滨海湿地植被自然演替模型,揭示了水分、盐度、土壤养分等在滨海湿地群落自然演替中起到的重要作用。

20世纪90年代以来,景观生态学的发展推进了滨海湿地景观研究工作,有关湿地景观格局及其环境效应的研究得到发展(欧维新等,2014;郭笃发,2006;孙贤斌,2009)。其中,辽河三角洲、黄河三角洲及江苏滨海湿地的研究最具代表性,并取得了重要成果。例如,肖笃宁等(2001)对环渤海三角洲的景观生态进行了系统研究;李秀珍等(2001)通过模型方法对辽河三角洲湿地景观格局的养分去除效应进行了研究;李晓文等(2002)利用情景模拟对辽东湾滨海湿地景观规划进行了预案分析与评价研究;冯志轩等(2007)利用遥感影像对盐城保护区核心区米草沼泽的时空变化进行了研究;孙贤斌(2009)利用遥感影像对盐城滨海湿地景观格局变化及景观格局变化对保护区的影响进行了研究。

随着人口增长、社会经济快速发展,江苏滨海湿地已经成为世界上景观变化最快的区域之一。同时,土地开发利用过程中的环境问题不断凸显,使得近年来景观尺度的滨海湿地保护与合理利用研究受到广泛关注。有关该区滨海湿地开发利用规划(顾朝林等,2007)、景观变化与生物多样性保护等的研究开始增多(丁晶晶等,2009a;翟可等,2009;吕士成等,2007a)。但是,有关湿地景观演变过程模型的研究非常欠缺。

总而言之,国内滨海湿地生态过程与景观研究已经取得重要研究成果。尤其在揭示地形条件、水文条件、沉积条件及土壤养分等生态要素对湿地植物群落演替的影响,以及景观尺度湿地时空变化等方面奠定了良好的理论与实践基础。但是,与国外的研究相比,现有成果重视的是生态系统尺度和景观尺度的分离研究,缺乏系统、深入地将两者结合的机理性的全面研究。即使在对滨海湿地植物群落演替的生态过程影响研究方面,重视的是土壤氮素的影响,缺乏对磷素等的研究,因而对湿地景观演变的重要生态过程及其驱动要素,以及这些要素之间的相互作用关系的系统研究认识不足。另外,大量研究选择受自然影响为主的湿地区域,缺乏对人为因素影响下的湿地景观演变进行机理性探讨,因此无法辨识自然与人类活动影响下滨海湿地景观演变模式及其响应机制,而这是解决较大尺度内生态环境与社会经济发展问题的关键。

3.2.4 植物入侵在滨海湿地景观过程中的作用

互花米草(*Spartina alterniflora* Loisel)是我国海岸带主要的入侵植物,原产于大西洋沿岸，从加拿大的纽芬兰到美国的佛罗里达州中部，直至墨西哥海岸的潮间带都有分布。互花米草是一种适宜在海滩高潮带下部至中潮带上部广阔滩面上生长的多年生耐盐、耐淹植物(仲崇信，1985；徐国万和卓荣宗，1985；陈宏友，1990)，归属于禾本科的米草属(*Spartina*)。其茎秆粗壮，株高 1～3m，直径在 1cm 左右；叶长呈针形；互生，盐分大多由盐腺排出体外；根系发达，通常由须根和根状茎组成，根茎能产生大量无性分株，具有有性和无性两种繁殖方式。在河口、海湾、河滩等地带均有生长，并形成高密度的单种群群落。

互花米草植株高大，根系发达，其初级生产力较大。然而，初级生产力是植物与其环境之间本质联系的重要标志，是生态系统中作为第一性生产者的植物群落的结构与功能的综合表现，是能量流与物质流的基础。生物量是初级生产者最为重要的状态指标之一。在崇明东滩，互花米草的生物量干重最高达到 $5679.33g/m^2$，湿重最高达到 $11310.00g/m^2$(宋国元等，2001)；在盐城滨海湿地，互花米草的地上生物量干重最高达到 $3013.0g/m^2$(毛志刚等，2009)。较大的初级生产力决定了互花米草具有较强的竞争能力。

互花米草的初级生产力随时间发生变化。初级生产力主要与水、气温、生长季长短、日照强度及时间、营养物质多少等有关(何彦龙等，2010)。在不同的地区和植被条件下，初级生产力有很大的差异；相同区域，处在植被生长不同时期的地上生物量也存在明显差异。在一年内，互花米草初级生产力随时间变化的规律大致是植物生长季节生物量不断增大，成熟期时生物量达到最大。互花米草的生长周期长，可达 270 天。其生物现存量一般在 8～10 月最高(王维中等，1992；张怀清等，2009)。在江苏滨海湿地，3～7 年生的互花米草 10 月地上和地下生物现存量可达 $2657g/m^2$(干质量)和 $3517g/m^2$(干质量)，总生物量高达 $6174g/m^2$(干质量)。在崇明东滩，9 月互花米草地上和地下生物量分别达(3648.0±331.0) g/m^2(干质量)和(3844.2±663.2) g/m^2(干质量)，总量达(7632.6±851.6) g/m^2 干质量(陈中义等，2005)。

互花米草定居对滨海湿地环境产生重要影响。互花米草的定居影响江苏滨海湿地沉积过程和地貌演化(王爱军等，2006)。互花米草的凋落物和残体重新回到土壤中，使土壤养分增加。已有研究表明，土壤养分增加可能使土著植物与入侵植物间的竞争关系发生改变。例如，对不同湿地禾草生物量的分析发现，生物生产力能反映不同禾草之间的竞争关系，从而改变生境的可入侵力，并进一步影响湿地生态系统中植物群落的结构与格局(Emery et al.，2001)。与芦苇植被相比，互花米草投入茎叶部分的比例更大，且这种差距随着盐度的升高而增大。因此，只要营养供应充足，互花米草将在竞争中取得优势。然而，随着淤积带来的滩涂高程抬升，由潮汐带来的水分和营养供应逐渐减少，最终将导致互花米草在高潮带被芦苇取代。此外，尽管盐沼通常受氮素限制，但人为干扰已经显著提高了滨海湿地营养物质的有效性，并可能促进互花米草在中低潮带的入侵。因为它比其他优势种对富营养化更为敏感。总的来看，在非生物及生物因子的共同作用下，滨海湿地中的植物群落也往往沿高程梯度呈带状分布 (Bertness et al., 2002)。

以上研究加深了对滨海湿地生态系统生物过程、营养元素循环、能量流动等机制的理解，是揭示滨海湿地功能机理的关键。因此，理解互花米草沼泽景观时空动态的一般规律与生态学机制，是开展淤泥质滨海湿地互花米草沼泽景观演变机制研究的基础与关键。然而，景观尺度的滨海湿地景观生态过程变化机制研究还比较缺乏，需要从研究方法上做进一步的探索。

3.3　滨海湿地景观生态功能研究

3.3.1　滨海湿地景观生态功能分类

滨海湿地景观是海陆交错而成的一类独特的、较为敏感的、兼具双重生态功能(海洋生态功能及陆地生态功能)的生态系统，具有丰富的生物多样性，是许多近海海洋生物及候鸟的生息繁衍地，还是全球气候变化的缓冲区 (方正飞等，2018)。因此，盐沼湿地具有极高的生态功能、社会功能及经济功能。其主要生态功能如下：

1. 重要的生物栖息地

滨海盐沼湿地是动植物生存繁衍的天堂，是十分重要的生物栖息地。据《中国海岸带湿地保护行动计划》统计，我国滨海湿地生物种类共有 8252 种(其中，浮游生物 481 种、浮游动物 462 种、游泳动物 593 种、底栖动物 2200 种) (吕彩霞，2003)，盐沼湿地作为其重要组成部分，物种种类同样非常丰富。同时，滨海盐沼湿地是重要的鸟类栖息地，如江苏省盐城市的滨海盐沼湿地是国家一级重点保护对象——丹顶鹤的重要栖息繁育地，辽河口湿地是濒危物种黑嘴鸥的重要栖息繁育地。盐沼湿地兼具陆地和海洋两种自然属性，既可以满足部分陆上生物的生存繁衍需求，又可以满足部分海洋生物的生存繁衍需求。盐沼湿地相较于其他一般的生物栖息含有更多、更丰富的有机盐等营养物质，可以为更多、更大的生物种群提供生存繁衍的营养物质。"水是生命之源"，滨海盐沼湿地内具有丰富的水资源，可以为湿地内的生物种群提供生命必要的水资源。同时，湿地基本位于近岸浅水区域，且由于湿地植被具有良好的消波作用，滨海湿地相较于外海区域波流作用更小，更适合多种小型海洋生物的生存繁衍。

2. 降解污染物，净化水质

作为海陆交错的过渡带，盐沼湿地是陆地生态系统与海洋生态系统的天然屏障，能够有效地降解污染物，净化海水水质。其一，陆源污染物通过地表径流或管道直排等方式进入滨海湿地，滨海湿地缓慢的水流促使颗粒较大的污染物发生沉淀达到初步降解陆源污染物、净化水质的作用；其二，滨海湿地中有大量的湿地植被，湿地植被能够有效吸收周围水体的重金属盐、富营养因子等物质，降低水体重金属含量及富营养程度，最终达到净化水质的作用。欧维新等(2006)调查了盐城海岸带不同污灌强度下的两片芦苇湿地，发现同一区域有芦苇的氮磷营养物质的自净率是没有芦苇的氮磷营养物质的自净率的3~10倍。对于海洋污染方面，如海上溢油、海上养殖产生的污染物及水质，盐沼湿地同样可以通过上述过程降解、净化，如种植碱蓬可以使石油烃的降解率提高21.7%~27.9%(李杏等，2007)，同时碱蓬对养殖废水中的磷元素的利用率在90%以上(高世珍等，2010)。

3. 削减自然灾害

作为陆地与海洋的天然屏障，盐沼湿地可以作为缓冲区，有效地保护后方陆域的生活生产设施免受风暴潮、海啸、海岸侵蚀等海洋自然灾害的破坏。葛芳等(2018)以长江河口地区海岸盐沼湿地为研究对象，发现自然状态下典型盐沼植被距海同等距离下的消浪强弱关系为互花米草>芦苇>海三棱藨草。波浪经过30m宽的互花米草时，有效波高衰减80%，波能衰减90%；同样衰减80%的有效波高，则需要经过40m宽的芦苇，或185m的海三棱藨草区域。

4. 调节水分和气候

滨海湿地中的许多生态类型具有强大的水分储存能力，是巨大的蓄水库，如草本沼泽、灌丛沼泽、森林沼泽等。这些湿地既可以蓄水，也有补水功能，一种情况是补给地下水；另一种情况是向周围其他湿地补水，或向地表承泄区排水。

滨海湿地在调节气候方面主要依靠湿地热容大及水资源丰富两大特性：滨海湿地的热容大，使湿地地区的气温变幅小，有利于改善当地的小气候；而湿地的水分则通过蒸发成为水蒸气，以降水的形式调节附近地区的湿度和降水量。

3.3.2　滨海湿地重要鸟类栖息地功能研究

滨海湿地具有众多的生态功能，包括缓解气候变化、稳定海岸线、风暴保护、保留沉积物和营养物、提供生物栖息地、保护生物多样性等诸多方面。鸟类处于滨海湿地生态系统食物链顶端，具有很强的生态功能指示作用。

江苏滨海湿地是东亚-澳大利西亚候鸟迁徙路线上重要的中转站，鉴于该区域在水鸟越冬、繁殖、迁徙中转中的重要作用，越来越多的学者开始关注盐城滨海湿地水鸟栖息地的时空动态变化。江苏滨海湿地景观结构变化对鸟类越冬生境的影响十分明显，并表现在多个方面。

首先，人类土地利用活动日益增强，尤其是 2009 年以来，江苏沿海开发上升到国家战略，新一轮大规模土地开发利用活动的进行，不仅使原生自然湿地面积不断减少，景观更加破碎化，栖息地空间隔离增强；还严重削弱了区域湿地生态服务功能，对生物多样性与生态安全造成巨大威胁。近年来，由于渔业利益高于盐业，盐场内盐田面积不断缩小，鱼塘面积不断增加。同时，原来养殖鱼塘区域大块鱼塘不断被分割为多个小块，人类干扰强度不断增强。盐场、养殖鱼塘景观结构的巨大变化对鸟类越冬栖息产生重要影响。

其次，自 1983 年人为引入互花米草以来，滨海湿地原生景观结构与生态过程发生巨大改变，互花米草成为区域生态环境最为重要的干扰因素。互花米草是第一批列入我国外来入侵物种名录的物种，在江苏沿海潮滩的生态位主要集中在中潮滩至高潮滩下部。互花米草入侵本土碱蓬植被群落，在生态交错带与土著碱蓬等植被产生竞争。自 2000 年互花米草由斑块状发展为带状以来，已经形成平均宽度为 3193m 的互花米草景观带，并且以年均 100m 左右的速度向海和向陆双向扩张，对原生碱蓬沼泽生态演变产生重要影响。互花米草植株高、密度大，呈带状分布，会影响海洋潮汐过程和地形地貌过程，从而对区域原有景观结构造成巨大影响。此外，相关研究显示互花米草入侵对底栖生物的影响十分明显，2004 年底栖生物平均密度与 1983 年相比下降了 89%，平均生物量下降了 78%。这种现象的发生可能与互花米草入侵对区域生态过程影响有密切关系。互花米草区年淤高速度可达 0.056m，形成一道天然堤坝，严重影响潮汐及其携带物质进入盐蒿与芦苇沼泽的频率和范围，对土壤沉积过程、水盐和营养物质输送过程产生重要影响。底栖生物量降低给鸟类越冬期食物来源造成重要影响。

目前，江苏盐城滨海湿地水鸟栖息地变化研究主要基于景观和区域尺度开展的水鸟种群与栖息地时空分布、土地利用对栖息地的影响及水鸟栖息地选择和利用等研究。其中，水鸟种群与栖息地时空分布研究集中于丹顶鹤等珍稀濒危物种的种群动态变化与栖息地的空间分布分析。例如，刘大伟等(2016)根据 2006～2014 年越冬丹顶鹤种群同步调查数据发现，丹顶鹤种群与栖息地分布区域有向核心区集中的趋势；江红星等(2008)运用 ARC/INFO 中 Bearing and Distance 模块计算了盐城滨海湿地核心区 1999～2007 年黑嘴鸥的巢址时空分布和面积变化，得出黑嘴鸥的巢区逐渐向东南方向偏移、巢区面积逐渐萎缩等研究结果。随着对物种种群数量与分布的研究逐渐深入，探讨周边土地利用对水鸟栖息地影响的研究开始兴起。综合目前已有的研究来看，主要表现为土地利用类型、农业种植模式、滩涂围垦及建设项目(沈汇超，2017)对水鸟种群及栖息地分布的影响研究。例如，刘伶(2018)在区域尺度下根据 1982～2015 年丹顶鹤越冬种群数量与栖息地分布变化，分析了土地利用类型与丹顶鹤越冬栖息地面积和栖息地网络结构的影响；张芳等(2018)对滨海湿地不同农业种植模式下鸟类群落与生境利用方式进行了研究,发现农田不同作物期保留一定的谷物有利于鸟类多样性的提高;颜凤等(2018)分析了盐城滨海湿地北缓冲区和核心区围垦活动对水鸟种类、数量、多样性和空间分布的影响,结果表明,围垦造成的生境变化对鹬类、鹤类、鸻鹬类等水鸟栖息地影响较大。土地利用类型、方式及强度的变化导致湿地环境因素产生变化。为了进一步探究环境因素对水鸟栖息地选择和利用的影响,很多学者针对某一物种从景观及区域尺度开展栖息地适宜性评价研究,探讨环境因素对水鸟适宜生境分布及栖息地选择的影响机制。例如,曹铭昌等(2016)应用 MAXENT 模型对盐城保护区丹顶鹤越冬适宜生境变化和主要原因进行了分析,结果表明,距道路距离和距米草滩距离是影响丹顶鹤种群分布和栖息地利用的主要环境因子;任武阳(2019)通过对盐城滨海湿地 26 种水鸟生境利用的调查分析,发现不同水鸟生境选择的趋向性存在差异,但所有水鸟均会避开高覆盖度的互花米草生境,显示出高覆盖度植被对水鸟生境选择和利用的限制作用。

同时,一些学者对特定区域和生境中水鸟种群与栖息地利用进行了分析和评价,包括生态旅游区、河口区、水产养殖塘、互花米草等。盐城滨海湿地拥有独特的滩涂生态系统,旅游资源丰富,在开展生态旅游项目之前,对生态旅游区鸟类多样性与栖息地偏好进行研究对于湿地生态系统保护具有重要意义(赵永强等,2018)。盐城滨海湿地水资源丰富,陆地河流带来的泥沙和营养物质使河口滩涂成为众多鸻鹬类理想的觅食场所。受潮位和上游水量季节性变化影响,河口滩涂鸻鹬类的密度和多样性水平存在显著差异(侯森林等,2013)。盐城滨海湿地滩涂围垦主要利用方式为水产养殖业,这对越冬水鸟群落多样性及水鸟觅食活动的影响得到了一些学者的关注(张芳等,2018)。而互花米草作为入侵物种,与本地植物进行竞争,对水鸟群落和生境的影响也逐渐显现,张燕等(2017)对盐城自然保护区核心区中心路南侧互花米草、碱蓬和芦苇生境中越冬水鸟种类、数量、觅食行为和基底进行了研究,互花米草对碱蓬群落生境的挤压,导致珍稀水鸟越冬生境的面积逐渐减少,亟须进行生态保护和恢复。此外,一些学者对盐城滨海湿地水鸟生境时空分析方法进行了实践探索和应用。例如,谢富赋等(2018)运用极坐标定位方法开展了丹顶鹤多尺度越冬生境选择研究,分别从点缓冲尺度、景观尺度和区域尺度系统分析了丹顶鹤越冬生境的利用特征;欧维新和甘玉婷婷(2016)探讨了丹顶鹤越冬生境分析的最佳粒度和适宜生境指数,结果显示,丹顶鹤越冬生境分析的最佳粒度为 70m,显著景观因子有景观类型面积(CA)、散布与并列指数(IJI)和平均最近距离(ENN_MN)。这些研究丰富和发展了盐城滨海湿地水鸟种群和栖息地时空变化分析的理论方法和应用领域。

第4章 盐城滨海湿地景观格局研究

景观是由景观基本要素构成的系统，具有明显的结构特征。湿地景观结构是指一定区域或景观范围内湿地的景观属性特征及其时空变化，以及湿地生态单元的空间组成与景观镶嵌特征。

滨海湿地景观结构研究需要紧密结合研究区域湿地空间分布特征，围绕研究目标与内容，通过建立科学的湿地景观分类系统，选取合适的方法，揭示滨海湿地景观结构与格局。滨海湿地空间分布特征千差万别，决定了其景观结构研究方法具有多样性。如淤泥海岸湿地、砂砾海岸湿地、基岩海岸湿地、水下岩坡湿地、潟湖湿地、红树林湿地、珊瑚礁湿地等，这些滨海湿地景观分布特征存在巨大差异，必须寻求合适的方法，而不是千篇一律采取景观指数方法解决问题。

本章结合案例研究，展示如何针对盐城滨海湿地分布特点，选取合适的方法，科学地揭示其景观结构特征。

4.1 盐城滨海湿地景观格局与海岸线变化

滨海湿地是在海陆相互作用下形成的特殊湿地类型，是植被演替最为迅速、最为明显的地方。自然条件下，盐城淤泥质滨海湿地由泥沙组成的软相底质很容易在波浪、潮流作用下发生位移，引起潮滩高程的变化和潮侵频率的改变。通常情况下，潮滩的高程随着泥沙的淤积而增高，同时向海洋拓展。因此，潮滩上随着高程而发生变化的植物群落包含了时间序列上的演变过程。随着滩面高程的逐步增加，地下潜水埋藏深度增加，土壤母质及土壤脱离高盐度的海水和潜水影响时间变长，土壤逐步开始脱盐，形成海相沉积母质—潮滩盐土—草甸滨海盐土的典型湿地土壤演替序列(杨桂山等，2002)。随着土壤的脱盐进程，植被也从无到有，形成了裸地—盐生植物—淡水湿生植物的演替序列。在景观上表现为光滩—碱蓬沼泽—芦苇[白茅(*Imperata*)]沼泽的演替序列(杨桂山等，2002)。

景观结构是指不同景观单元的空间关系，包括景观单元的大小、数量、性状、类型及组合状况，是进行景观生态学研究的基础。通过对景观结构的描述，可以对景观格局进行分析和量化，进而可与生态过程相关联。鉴于此，本书选择景观结构指数反映研究区景观构成及组合情况；选取景观动态度衡量景观类型的变化速率；通过转移矩阵反映景观类型之间的转换关系。在此基础上，对滨海湿地景观变化的驱动力进行分析。

4.1.1　研究区概况及数据处理

1. 研究区概况

1) 地理位置及概况

盐城滨海湿地处于江苏省沿海海岸带中部区域，由盐城市东台、大丰、射阳、滨海和响水五县(市、区)沿海滩涂组成(图 4-1)，是中国沿海面积最大的滩涂湿地，总面积 4553.3km²，可分为 1673km²的潮上带、1613.3km²的潮间带及 1267km²的辐射沙洲(任美锷，1986；严宏生等，2008)，射阳河口以南地区仍以 100~200m/a 的速度向大海方向延伸，形成新的滩涂湿地。盐城滨海湿地是我国滨海湿地生态系统中类型最为齐全的区域，也是中国最大的动态潮间系统(邱虎和吕惠进，2010；严宏生等，2008)。

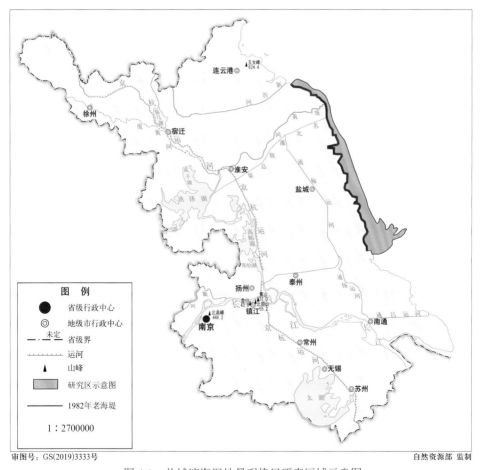

审图号：GS(2019)3333号　　　　　　　　　　　　　　　　　　　自然资源部 监制

图 4-1　盐城滨海湿地景观格局研究区域示意图

盐城滨海湿地南北跨地逾 200km，东临黄海，以苏北灌溉总渠为界，渠南为北亚热带，渠北为暖温带，气候差异显著，海洋性季风气候特征显著。受海陆位置、纬度、洋流的影响，盐城滨海湿地的气候特征为海洋性、过渡性、季风性 (St-Hilaire-Gravel and Bell，2012)。盐城滨海湿地处于北亚热带向暖温带过渡的地带，1 月均温在 0～2.5℃，7 月均温在 26.5～27.5℃，气温年较差在 25～26℃，年内无霜期有 230 多天，全年四季分明(邱虎和吕惠进，2010)。该区域年均降水量 900～1060mm，年降水量的分布特点是南部多、北部少，全年降水主要集中在夏、秋两季，其中 5～9 月降水量可达 700mm，占全年降水总量的 70%。盐城滨海湿地均为平原地貌，分为里下河平原、滨海平原、黄淮平原，西北部和南部地势高、中部和东北部地势低洼，地面高程为 2.0～2.5m，苏北灌溉总渠(高良涧—扁担港)部分区域在 4.0～5.5m，里下河平原地势较低，在 1.6～2.3m，通榆运河以东地区地势在 4.0～5.0m(严宏生等，2008；盐城市地方志编纂委员会，1998)。河流含沙量较大，三角洲仍以每年 30km² 的成陆速度向东扩展，具有明显的淤长性动态变迁特征。冬季，部分河流有结冰期，但冰期不长。海洋水受潮汐和风暴控制，以正规半日潮为主，平均潮差为 1～3m，海水 pH 在 8.0 左右，海水含有丰富的营养盐类(邱虎和吕惠进，2010)。

2) 生物多样性

盐城淤泥质滨海湿地是植被演替发生最迅速的地方,植物物种资源非常丰富,经统计包括 190 种浮游植物、84 种藻类及 480 种种子植物(于堃，2011；任美锷，1986；王磊等，2007；朱莹等，2014)，其中包含 4 种国家重点保护野生植物，分别是野大豆、珊瑚菜、细果野菱、莲，都属于二级保护植物(吕士成等，2007a)。自然状况下，其主体包括潮上带、潮间带和潮下带。潮上带区域大多被围垦，不再受到潮汐的影响，而潮下带区域长期被潮水淹没，高等植物难以存活。相对而言，人们更关注潮间带的环境变化。潮间带的植被群落分布主要受潮侵频率与土壤盐度含量的影响，具有较为明显的过渡性。由无植被带向陆地方向，逐渐出现盐城滨海湿地的三大优势盐沼植物：其一，互花米草群落，是中国引进的外来物种，最先由人工种植，但因其强大的繁殖能力，已经遍布中国滨海湿地(郭云文等，2007；沈永明等，2008；左平等，2014)；其二，随着土壤盐分的降低，碱蓬等耐盐植物开始出现在潮滩上，它是滨海湿地的关键先锋植物，对湿地的发育和演化具有重要作用，但其物种面积正急剧减小；其三，芦苇，是全球广布物种，由于潮滩的淤积增高及脱盐作用，大片的芦苇、菖蒲群落也开始出现于水分充足的滩涂洼地及河口地区(赵可夫等，1999)。潮间带环境复杂多变，盐沼植物通过群落的演替适应自然环境的变化，从而维持整个生态系统的稳定和平衡(汪承焕，2009)。滨海湿地的动物资源超过 1500 种，包括哺乳类 47 种、鸟类 381 种、两栖爬行类 45 种、鱼类 281 种、昆虫 310 种、腔肠动物 43 种、环节动物 65 种、软体动物 156 种和甲壳动物 139 种。区内共有 43 种特有物种，以鱼类为主。濒危物种有 62 种，其中鸟类达 46 种。国家一级重点保护的野生动物有丹顶鹤、白头鹤、白鹤、东方白鹳、黑鹳、中华秋沙鸭、大鸨、白肩雕、白尾海雕、白鲟等 12 种；国家二级重点保护的野生动物有獐、黑脸琵鹭、大天鹅等 67 种。

3) 地形特征

潮滩淤长是滨海湿地结构和生产力变化的主要驱动力 (童春富，2004)。潮水位、潮滩的发育时间、滩面坡度和滩面植被覆盖情况都会直接影响潮滩的泥沙淤积，形成高程差异。潮汐无法抵达的区域，潮滩高程基本保持不变。潮滩发育时间越长，滩面越高。同时，潮滩高程与土壤盐度、水淹时间、水淹深度、土壤氧化还原电位等重要的环境因子紧密相关 (王卿等，2012；何彦龙，2014)，潮滩高程变动对滨海湿地生态系统至关重要。

整体上，盐城淤泥质滨海湿地的绝大多数植被都集中分布于 0.9～2.7m 高程 (侯明行等，2013)。潮间带的低潮滩以互花米草群落为主，具有强大的扩张力，多分布于海拔 1.5m 以下；中潮滩以碱蓬为主，是原生湿地的先锋物种，但受竞争能力的限制，分布在 1.5～2.1m 的湿地区域；位于高潮滩的芦苇群落的分布较为分散 (张华兵等，2012)，1.8～4.5m 高程均有分布，但由于生态位的限制，芦苇主要分布于高程较大的区域。光滩分布频率最高值则出现在 0～0.6m，波动的环境为盐渍藻类营造了良好的环境，为大量底栖生物提供了食物 (傅勇，2004)。此外，三种主要植被促淤效果也存在明显的差异。互花米草茎叶面积大，根系发达，可以促进泥沙的沉降，促淤效果高于碱蓬群落和芦苇群落 (钦佩，2006)。

4) 土壤特征

滨海湿地长期受海水影响，其土壤普遍具有盐分较高、肥力较低的特点 (张华兵等，2013)。土壤盐度被广泛地认为是影响植被空间分异的关键因子 (马志刚，2011)。滨海湿地土壤盐度通常受潮汐和高程的共同影响，当水体盐度相同时，高程位于最大高潮位以上的区域，受到潮汐的影响较小，但经常会受到降水淋溶的作用，土壤中含有的盐分逐渐被淋洗出来，盐度含量相对较低；高程介于高潮位和最大高潮位的区域，长期暴露在空气中，水分蒸发较高，同时潮水不断向土壤中补充含盐的水体，因此土壤盐度含量相对升高；高程低于高潮位的潮滩，长期被水淹没，土壤中的水分蒸发少，受潮水影响的程度远远高于降水的作用，因此盐度含量相对降低。盐城滨海湿地高程位于最大高潮位以上的区域土壤盐度为 0.1%～0.4%，高程介于高潮位和最大高潮位的区域土壤盐度为 0.5%～1.0%，高程低于高潮位的潮滩土壤盐度在 0.8%～0.9%，土壤盐度呈现出随高程的降低先增加后降低的变化趋势 (杨桂山等，2002)。盐城滨海湿地受强烈波浪和潮汐作用，土壤肥力较低，土壤基质主要为细砂和粉砂，碳酸钙和磷酸盐含量较高，有机质含量中等，土壤中沉积物的粒度依次为细砂—砂质粉砂—粉砂—泥质粉砂—黏土

（谢富赋等，2018）。

5）鸟类生境

盐城滨海湿地是众多鸟类栖息和繁殖的适宜场所，在保护生物多样性方面意义重大，尤其在为水鸟提供繁殖生境或越冬生境上起着重要的作用。每年春秋时节，超过 300 万只候鸟迁飞经过，近百万只候鸟在此越冬，其中最具代表性的便是雁鸭类、鸻鹬类和鹤类。

盐城滨海湿地按照成因可划分为自然湿地和人工湿地。自然湿地是位于围堤内的潮滩区域，是受到潮汐规律性淹没的自然滩涂。而人工湿地是经围垦后，不再受到潮汐作用的水体覆盖区域，包括湿地公园、养殖塘、农田及堤内水塘等。盐城滨海湿地因其独特的地理位置，逐渐构成了拥有不同水域范围、不同水位高度的自然湿地与人工湿地，成为南北半球候鸟迁徙的重要驿站。开阔的自然和人工水域为鸟类提供了充足的活动空间，大面积的盐沼植物为水鸟营造了绝佳的觅食生境。充裕的食物及良好的生态环境吸引了众多鸟类来此栖息、停留、越冬。养殖塘的开发增加了水面面积，其生境组成较为多样化，可利用资源的多样化有利于提高鸟类丰富度(Hurlbert, 2004)，适合多种鸟类栖息，一些适应海洋环境的鸟类，如红嘴鸥、黑尾鸥和织女银鸥成为优势种。碱蓬植被适宜的覆盖度和高度，加上丰富的底栖生物，是众多鸟类偏好的生境类型。自然湿地和人工湿地均有芦苇植被分布，其生境异质性较高，可以为鸟类提供丰富食物且隐蔽条件好，吸引了大量鸟类前来觅食和栖息(阮得孟等，2015)。此外，芦苇能有效避免潮水影响，还可为水鸟提供隐蔽的筑巢环境(丁文慧等，2015)。

然而，自盐城湿地引种互花米草以来，其种群面积不断扩大，本土物种的面积比重逐渐缩小，植物空间分布格局发生了很大改变，水鸟生境面积和活动区域、种群的类别及数量也随之发生了明显的变化。

6）人类活动

滨海湿地是陆地和海洋之间的重要生态功能区域，孕育了丰富的自然资源，江苏盐城湿地珍禽国家级自然保护区和麋鹿国家级自然保护区闻名世界。同时，滩涂湿地是江苏省重要的后备土地资源，但因其特殊的区域位置和丰富的资源条件，潮滩区域往往是人类活动极为频繁的地区。随着我国东部沿海地区经济的高速发展，围垦、不合理的水产养殖、过度采捕滩涂贝类、生物入侵、偷猎毒杀等导致这一地区湿地严重退化和丧失。近年来，人类大规模开发利用滨海湿地，使大量海岸带原生湿地退化消失(欧维新等，2004)。围海活动让原本的天然湿地变成人工湿地，水鸟赖以生存的自然滩涂和浅海直接被改变成工业或农业用地，水鸟可利用栖息地剧减。填海对围垦周边滩涂进行抽沙而破坏其底质，造成迁徙水鸟食物短缺，削弱了潮滩作为栖息地的功能，对需要滩涂湿地停歇的水鸟造成威胁。

目前，盐城市滨海湿地潮上带区域，近90%的滩涂被人类围垦，主要分布在射阳县、大丰区、东台市境内，主要开发利用方式为农业利用，辅以工业、盐业、旅游业等方式。其中，种植业和养殖业是滩涂利用的传统方式，已利用面积约占现在已围潮上带面积的 43.0%（王楠，2014），如表 4-1 所示。

表 4-1　盐城潮上带滩涂主要土地利用方式　　　　　（单位：×10⁴hm²）

滨海类型	开发类型	响水	滨海	射阳	大丰	东台	合计
已围	种植业	0.17	0.05	0.78	0.78	0.18	1.96
	养殖业	0.26	0.23	1.14	1.37	0.94	3.94
	盐业	1.71	0.83	0.83	0	0	3.37
	林业	0	0	0.30	0.53	0.60	1.43
	芦苇	0	0	0.61	0	0	0.61
	其他用地	0.21	0.29	0.82	0.92	0.18	2.42
未围	—	0.16	0	0.59	0	0.70	1.45
总计		2.51	1.40	5.07	3.60	2.60	15.18

注：其他用地包括道路、自然河流、居住区、加工厂等。

7）社会经济概况

2009 年国务院常务会议审议通过《江苏沿海地区发展规划》，江苏沿海开发正式上升为国家战略，这对盐城滨海地区的社会经济发展起到了推动作用，也的确取得了一系列成绩。2018 年，盐城全市完成地区生产总值 5487.1 亿元，其中，沿海东台市、大丰区、射阳县、滨海县和响水县共完成地区生产总值 2940.50 亿元，占全市的 53.59%。沿海五县（市、区）第一产业完成增加值 376.06 亿元，第二产业完成增加值 1194.26 亿元，第三产业完成增加值 1370.18 亿元，人均国内生产总值（GDP）为 74567.8 元，三次产业结构持续优化，第一、二、三产业比重为12.79：40.61：46.60，如图 4-2 所示。

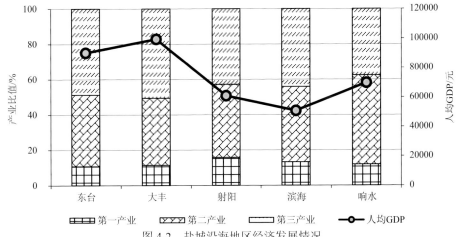

图 4-2　盐城沿海地区经济发展情况

盐城充分利用沿海港口资源，发挥滩涂资源优势，大力发展海洋经济，深入推进沿海开发，获批国家级海洋经济发展示范区。2018年，盐城新增万吨级以上码头泊位3个，全年吞吐量为9500万t。滨海港区30万t级深水航道等工程列入淮河生态经济带发展规划。

2018年，五县(市、区)的居民恩格尔系数平均达31%。同时，城镇化水平都有不同程度的提高，响水县城镇化率为57.36%，滨海县最低，为57%，射阳县达58.98%，大丰区城镇化率最高，为61.79%，东台市为61.7%，城镇空间分布总体上呈现出聚集状态，南部密度高，北部密度低。

2. 基础数据采集与处理

本书海岸线和湿地信息提取为1987~2018年的Landsat影像数据，影像分辨率为30m。考虑围垦建设特点和数据可获取性，本书大致以5年为时间间隔，分别选取1987年、1992年、1998年、2002年、2007年、2011年和2018年各两期遥感影像。所有Landsat影像均从地理空间数据云网站(http://www.gscloud.cn/)免费下载(表4-2)。通过野外沿海大调查，并辅助结合"908"专项盐城海岸专题数据和最新Google影像，与遥感影像对照，采用面向对象监督分类方法进行自动解译，并使用目视解译进行修正。首先对研究区2018年湿地类型和海岸线进行解译，并利用2018年11月中旬课题组沿海调查验证2018年影像解译精度，各期解译精度均超过93%。之后，以2018年解译的图层为底图，对照遥感影像、Google影像及其他历史文献资料，依次解译之前年份的影像，从而避免解译误差。

表4-2 各期数据来源影像列表

序号	卫星平台	传感器	空间分辨率/m	轨道号	成像时间(年-月-日)
1	Landsat 5	TM	30	119037、120036	1987-06-10、1987-09-21
2	Landsat 5	TM	30	119037、120036	1992-05-22、1992-05-29
3	Landsat 5	TM	30	119037、120036	1998-05-23、1998-05-30
4	Landsat 5	TM	30	119037、120036	2002-09-23、2002-09-22
5	Landsat 7	ETM	30	119037、120036	2007-05-08、2007-04-13
6	Landsat 7	ETM	30	119037、120036	2011-09-24、2011-10-17
7	Landsat 8	OLI	30	119037、120036	2018-04-28、2018-04-19

研究区东界1982年–5m等深线和西界1982年海堤公路均来自1988年的《中国海岸带和海涂资源综合调查图集：江苏省分册》中扁担港口地貌图、新洋港口地貌图及弶港地貌图，经过扫描、地理配准和数字化得到。

4.1.2 景观格局研究方法

1. 滨海湿地类型划分

盐城滨海湿地是鸟类的重要栖息地,依据鸟类生境利用特征,将滨海湿地划分为三大类:自然湿地(水体、光滩、草滩、碱蓬沼泽、芦苇沼泽、互花米草沼泽)、人工湿地(待利用地、养殖塘和水田)和非湿地(建设用地)。其中,芦苇沼泽包括人工芦苇和自然芦苇;待利用地是指新围垦的区域,由于还未开发成人们所需的土地类型,保留着大面积的光滩,仍可被大多数水鸟利用(刘大伟等,2016);水体主要指自然河流及水深不足 5m 的浅水海域。

2. 景观格局指标选择

本书选用景观类型面积(CA)、景观类型面积百分比(PLAND)、最大斑块指数(LPI)、斑块数量(NP)、边缘密度(ED)、面积加权的平均斑块形状指数(SHAPE_AM)、周长-面积分维指数(PAFRAC)、斑块密度(PD)、平均最近距离(ENN_MN)、散布与并列指数(IJI)、聚合度指数(AI)、蔓延度指数(CONTAG)、平均斑块分维数(FRAC_MN)、香农多样性指数(SHDI)等指数来反映斑块水平和景观水平景观格局的变化,具体计算如下。

(1)景观类型面积(CA):假设区域共有 m 种景观类型,某种景观 i 的斑块数量为 n,某个斑块的面积为 a_{ij},则该类型景观的总面积 $CA_i(hm^2)$ 为

$$CA_i = \sum_{j=1}^{n}(a_{ij}/10000) \tag{4.1}$$

(2)景观类型面积百分比(PLAND):

$$PLAND = P_i = CA_i/A \tag{4.2}$$

式中,P_i 为景观 i 面积所占百分比;A 为所有景观的总面积。PLAND 用以量化每一景观类别面积在整体景观中所占的比例。

(3)最大斑块指数(LPI):

$$LPI = \frac{\max\limits_{j=1}^{n}(a_{ij})}{CA_i} \times 100 \tag{4.3}$$

式中,a_{ij} 为某个斑块的面积。LPI 等于某一斑块类型中的最大斑块占据整个景观面积的比例。

(4)斑块数量(NP):

$$NP_i = n_i$$
$$NP = N$$

$$(4.4)$$

式中,NP 在斑块类型水平上等于景观中某一斑块类型 i 的斑块总个数,在景观水平上等于景观中所有的斑块总数,取值范围为 NP≥1;N 为景观中所有斑块总数。

(5)边缘密度(ED):

$$ED = \frac{\sum_{k=1}^{m} e_{ik}}{A} \times 10000$$

$$(4.5)$$

式中,e_{ik} 为类型 k 和 i 斑块相邻的边长(m),包括类型 i 所邻的景观边缘;ED 为景观单位面积的长度(m/hm²),揭示了要素类型被边界分割的程度,反映景观的破碎化程度;取值范围为 ED≥0。

(6)面积加权的平均斑块形状指数(SHAPE_AM):

$$SHAPE\_AM = \sum_{j=1}^{n} \left[\left(\frac{0.25 P_{ij}}{\sqrt{a_{ij}}} \right) \left(\frac{a_{ij}}{\sum_{j=1}^{n} a_{ij}} \right) \right]$$

$$SHAPE\_AM = \sum_{i=1}^{m} \sum_{j=1}^{n} \left[\left(\frac{0.25 P_{ij}}{\sqrt{a_{ij}}} \right) \left(\frac{a_{ij}}{CA_i} \right) \right]$$

$$(4.6)$$

式中,P_{ij} 为斑块 ij 的周长(m);a_{ij} 为斑块的面积。SHAPE_AM 在斑块类型水平上等于斑块类型 i 各个周长与面积的平方根之比乘以正方形校正系数,再乘以斑块占其类型景观总面积的比例,然后求和;在景观水平上则对所有斑块进行求和,其中面积比例为斑块面积比景观面积。SHAPE_AM 取值范围为 SHAPE_AM≥1。

(7)平均斑块分维数(FRAC_MN):

$$FRAC\_MN = \frac{FRAC}{n_i} = \frac{2\ln(0.25 P_{ij})}{n_i \ln a_{ij}}$$

$$(4.7)$$

式中,FRAC 为分维数;P_{ij} 为斑块 ij 的周长(m);a_{ij} 为斑块 ij 的面积(km²);n_i 是该景观类型斑块总数;FRAC_MN 为景观类型平均分维数,满足 1 < FRAC_MN < 2,FRAC_MN 值越接近 1,该景观类型形状越简单,FRAC_MN 值越大,反映该景观类型的形状越复杂。

(8)斑块密度(PD):

$$PD = \frac{N}{A}$$

$$(4.8)$$

式中，N 为景观中斑块总数(个)；A 为景观总面积(m^2)。PD 等于单位面积的斑块数量，单位为个/100hm^2，取值范围为 PD>0。

(9)周长-面积分维指数(PAFRAC)：

$$PAFRAC = \frac{2\ln(0.25P)}{\ln a} \tag{4.9}$$

式中，P 为斑块周长；a 为斑块面积。PAFRAC 的区间为[1，2]，指数越高，斑块形状越复杂，反之越简单。

(10)平均最近距离(ENN_MN)：

$$ENN\_MN_i = \frac{\sum_{j=1}^{n} h_{ij}}{n_i}$$

$$\tag{4.10}$$

$$ENN\_MN = \frac{\sum_{i=1}^{m}\sum_{j=1}^{n} h_{ij}}{N'}$$

式中，h_{ij} 为斑块 ij 到同类型斑块的最近距离；n_i 为类型 i 的斑块数目；N'为具有最近距离的斑块总数，在斑块水平上等于斑块 ij 到同类型斑块的最近距离之和除以具有最近距离的斑块总数，在景观水平上等于所有斑块与其邻近距离的总和除以景观中具有最近距离的斑块总数。ENN_MN 单位为 m，取值范围为 ENN_MN>0。

(11)散布与并列指数(IJI)：

$$IJI = \frac{-\sum_{i=1}^{m}\sum_{k=i+1}^{m}\left[\left(\frac{e_{ik}}{E}\right)\ln\left(\frac{e_{ik}}{E}\right)\right]}{\ln[0.5m(m-1)]}\cdot 100 \tag{4.11}$$

式中，m 为景观类型数量；e_{ik} 为在景观中景观类别 i 与景观类别 k 之间共同边界的总长；E 为整个景观内部斑块边界的总长。

(12)聚合度指数(AI)：景观聚合度，是景观组成要素的最大可能相邻程度的度量，来源于斑块水平上的邻近矩阵的计算，仅仅反映同类型斑块的邻近程度。景观中的同类型斑块以最大程度离散分布时，其聚集度为 0；当此类型斑块聚集的程度更加紧密时，聚集度也随之升高；当景观中的此类斑块被聚合成一个单独的、结构紧凑的斑块时，聚集度为 100。

$$AI = \left[\sum_{i=1}^{m}\left(\frac{g_{ii}}{\max g_{ii}}\right)P_i\right]\cdot 100 \tag{4.12}$$

式中，AI 为景观聚合度指数(取值范围 AI≥0)；P_i 为类型 i 斑块占景观的比例；g_{ii} 为同一斑块类型 i 不同斑块之间的像元数量，$\max g_{ii}$ 为同一斑块类型 i 不同斑块之间的最大可能像元数量，其中：①当 $A-n^2=0$ 时，$\max g_{ii} =2n(n-1)$；②当 m

≤n 时，max $g_{ii} = 2n(n+1)+2m-1$；③当 $m>n$ 时，max $g_{ii} = 2n(n+1)+2m-2$。在上述三种情况中，A 为景观面积；n 为比 A 小的最大整数正方形的边长，$m = A - n^2$。

(13) 蔓延度指数 (CONTAG)：

$$CONTAG = \left\{ 1 + \left[\sum_{i=1}^{m} \sum_{k=1}^{m} \left(P_i \frac{g_{ik}}{\sum_{i=1}^{m} g_{ik}} \right) (\ln P_i) \frac{g_{ik}}{\sum_{k=1}^{m} g_{ik}} \right] (2 \ln m)^{-1} \right\} \cdot 100 \qquad (4.13)$$

式中，m 为研究区中景观类型的总数；g_{ik} 为景观类型 i 和景观类型 k 之间相邻的网格单元数目。CONTAG 既反映景观的空间分布，又反映不同景观类型的混置。

(14) 香农多样性指数 (SHDI)：

$$SHDI = -\sum_{i=1}^{m} (P_i \ln P_i) \qquad (4.14)$$

式中，P_i 为景观类别 i 所占景观总面积的比例。SHDI 值的大小反映景观要素的多少和各要素所占比例的变化。当景观由单一要素构成时，景观是均质的，其多样性指数为 0：由两个及以上要素构成的景观，当景观类型所占比例相等时，其景观的多样性为最高；各景观类型所占比例差异增大，则景观的多样性下降。

3. 互花米草扩张质心模型

质心模型可以很好地体现景观类型的空间变化情况 (刘大伟等，2016；崔丽娟等，2010；王聪和刘红玉，2014)，通过计算景观类型质心在各个时期的分布情况，可以发现景观空间变化规律和趋势，也可以区分自然因素及人为因素对景观变化的影响 (Zhang et al.，2016)。如某一时段内景观面积在各方位上均匀消长，则景观质心位置不变；如在某一方向上消长明显，则景观在该方位或反向方位发生明显偏移 (方仁建，2015)。面积加权质心模型计算公式为 (刘红玉，2005)

$$X_t = \frac{\sum_{t=1}^{n} (C_{ti} \times X_{ti})}{\sum_{i=1}^{n} C_{ti}} \qquad (4.15)$$

$$Y_t = \frac{\sum_{t=1}^{n} (C_{ti} \times Y_{ti})}{\sum_{i=1}^{n} C_{ti}} \qquad (4.16)$$

式中，X_t 和 Y_t 分别为第 t 年某一景观斑块质心的经度和纬度坐标；C_{ti} 为第 t 年第 i 个景观类型斑块的面积；X_{ti} 和 Y_{ti} 分别为第 i 个斑块的经度和纬度坐标；n 为斑块个数。

4. 海岸线变化研究方法

1) 岸线提取

对获取的遥感影像在 ENVI 中进行辐射定标、大气校正等预处理，并进行影像增强，依据各类海岸线在标准假彩色遥感影像上的色调、形态与分布等特征，参照扁担港和新洋港地形图、野外实地调查等辅助资料来判读海岸线的位置，最后实地调查并进行精度验证。

研究区属于粉砂淤泥质海岸，根据海岸线定义，本书选取平均高潮线作为解译标志(Noujas et al., 2016)。虽然近年来互花米草在研究区海岸滩涂上快速蔓延，使原来的盐蒿滩的分布急剧退缩，植被边界东移显著，但根据前人的研究结果，互花米草的扩张速率与滩涂围垦速率基本保持一致，本书主要研究滩涂围垦的影响，所以依然选取植被线作为盐城海岸线的指示岸线，并结合地域特征和研究目标，将海岸线分为自然岸线和人工岸线，自然岸线包括粉砂淤泥质岸线与河口岸线。对研究区不同类型海岸的海岸线采用不同的遥感判读原则(李飞等，2018)，如表 4-3 所示。

表 4-3　遥感解译标志

岸线类型		解译标志
自然岸线	粉砂淤泥质岸线	向陆一侧植被生长茂盛，在假彩色合成影像中呈红色或者暗红色；向海一侧植被较为稀疏，呈浅红色或没有植被
	河口岸线	一般以最接近河口的防潮闸或者是跨河道路桥梁为河海分界线，如果没有明显的分界线，则一般定在河流缩窄或两岬曲率最大处
人工岸线		包括养殖围堤、建设围堤、海堤公路、农田围堤等，一般有规则的水陆分界线，取人工海岸向海一侧为人工岸线

2) 海岸线迁移速率研究方法

本书利用美国地质调查局(USGS)研发的数字海岸线分析系统(digital shoreline analysis system，DSAS)，借助 ArcGIS 平台，对江苏盐城 1987~2018 年围垦岸线与海岸线进行分析。首先，根据盐城岸线走向向海一侧生成一条与岸线大致平行的基线。其次，以 500m 为间隔，在进行多次拟合、调整后生成 499 条与基线垂直的并与所有岸线相交的切线，并自北向南进行 1~499 编号。根据研究需要计算不同时段岸线终点变化速率，反映岸线变化的空间差异。本书采用端点速率法来计算海岸线位置变化速率(Ichichi and Ergul, 2017)。终点变化速率(end point rate)的计算公式如下：

$$\text{EPR}_{i,j} = \frac{S_{i,j}}{\Delta Y_{j,i}} \tag{4.17}$$

式中，$\text{EPR}_{i,j}$ 为相邻年份沿某条切线 m 的岸线终点变化速率；$S_{i,j}$ 为沿切线 m 第 j 期海岸线到第 i 期海岸线距离；$\Delta Y_{j,i}$ 为第 j 期与第 i 期岸线年差值（刘鹏等，2015）。

在研究港口建设对海岸淤蚀的影响时，本书在原基线法（Crowell et al., 1999）基础上进行一定的修改，以港口导堤为基准做出一条垂直于导堤并在所有岸线的向陆/海一侧的基线，以 20m 为间隔做出垂直于基线的断面，从北向南依次编号，得出各期海岸线的变迁速率。

港口对岸线变迁的辐射范围主要由南/北方向和向海扩张两个要素决定。各时期岸线按分辨率 30m 间隔从导堤起始沿南/北取若干个点，向南/北影响最远点可以通过计算研究范围内其岸线相邻点之间折线的斜率值来确定，数学表达式为

$$K = \frac{y_{i+1} - y_i}{x_{i+1} - x_i} \tag{4.18}$$

式中，K 为海岸线上点的斜率；(x_i, y_i) 和 (x_{i+1}, y_{i+1}) 为研究某时期岸线上相邻两点的坐标。最后取绝对值生成如图 4-3 所示的趋势线，趋势图中最大值所在的距离为导堤促淤影响南/北最大范围。

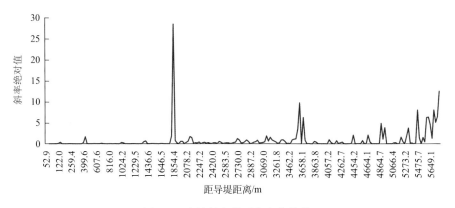

图 4-3　岸线斜率绝对值变化趋势

4.1.3　盐城滨海湿地景观格局及海岸线时空变化

1. 盐城滨海湿地景观类型时空变化

本节通过 eCognition 8.0 软件的面向监督分类及目视解译法解译了研究区 1987～2018 年的湿地类型，并通过 ArcGIS10.5 对各期湿地类型图以及新增围垦图进行叠加分析，统计得到盐城滨海湿地新增围垦导致的各期湿地类型面积变化（图 4-4）。

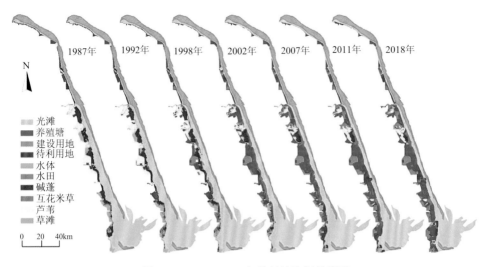

图 4-4　1987～2018 年盐城滨海湿地类型

　　整体来看，围垦对湿地类型的影响十分严重。由于围垦大量的自然湿地转化成人工湿地或者非湿地，1987～2018 年的 32 年（表 4-4），自然湿地面积由原来的 322063.00hm² 缩小到 220642.80hm²，损失的主要是碱蓬沼泽（占比 30.92%）和光滩（占比 47.08%）；人工湿地由原来的 7968.70hm² 扩大到 104580.00hm²，增长了 12 倍多，增加的主要是养殖塘（占比 66.64%）和水田（占比 27.90%）；非湿地类型也直接增加 4808.9hm²，面积相对较小，但增速很快。

表 4-4　1987～2018 年盐城滨海湿地面积统计变化　　　　（单位：hm²）

湿地类型	1987 年	1992 年	1998 年	2002 年	2007 年	2011 年	2018 年
水体	72751.9	72800.2	72760.7	72776.6	72777.8	72796.0	72728.6
互花米草	458.1	1346.2	9463.4	16385.5	14455.7	13693.4	13179.6
芦苇	31177.0	31208.3	22128.9	14269.7	12477.8	14429.2	13783.7
碱蓬	33241.6	26353.7	22853.0	7867.0	4960.4	3330.9	1881.4
光滩	166811.8	167230.8	160466.0	149021.6	137578.1	128831.5	119064.2
草滩	17622.6	16371.8	10634.3	7479.1	5724.3	1880.3	5.3
待利用地	692.2	4676.2	5409.2	1660.8	6508.1	7056.2	5967.0
水田	163.8	163.8	8828.7	12917.8	18648.0	24064.2	27115.2
养殖塘	7112.7	9870.0	17447.0	47507.1	56475.1	62075.0	71497.8
建设用地	0.3	11.1	40.8	146.8	426.6	1875.4	4809.2

2. 盐城滨海湿地景观格局时空变化特征

本节基于 ArcGIS 10.5 平台和 Fragstats 4.2 软件，利用景观格局指数和湿地景观类型数据，计算得到研究区 1987～2018 年各期各湿地类型的景观格局指数（表 4-5～表 4-7），并从斑块水平和景观水平两方面研究盐城滨海湿地景观格局的动态变化。在斑块水平上，1987～2018 年，研究区湿地景观斑块由 157 个增长为 514 个。各景观类型中，光滩和水体一直是区域湿地景观的优势类型（面积比例超过或接近 20%）。基于围垦活动的影响，光滩、碱蓬和养殖塘、水田之间的转化是湿地景观面积变化的最重要体现，光滩面积减少最多，为 47747.6hm^2，而养殖塘面积增加最多，为 64385.1hm^2。1987 年光滩、碱蓬、养殖塘和水田占区域总面积比例分别为 50.54%、10.07%、2.16% 和 0.50%，2018 年光滩、碱蓬、养殖塘和水田区域总面积比例分别为 36.08%、0.57%、21.66% 和 8.22%。水体、光滩、碱蓬、草滩、芦苇的面积呈减少趋势，而养殖塘、水田、互花米草、建设用地和待利用地呈增加趋势。

表 4-5 盐城滨海湿地 1987～2018 年碱蓬湿地景观格局指数计算结果（斑块水平）

指数	1987 年	1992 年	1998 年	2002 年	2007 年	2011 年	2018 年
CA/hm^2	32007.42	22107.96	20461.32	6988.50	4893.48	3394.08	1883.52
PLAND/%	9.6984	6.6988	6.1999	2.1176	1.4828	1.0284	0.5707
LPI/%	1.8054	1.1901	1.2715	1.0616	1.1663	0.9131	0.4530
NP/个	33	46	46	57	39	19	13
ED/(m/hm^2)	2.3859	2.1027	2.1472	1.2437	0.6107	0.3469	0.3322
SHAPE_AM	3.0804	3.3205	3.2264	3.0289	2.4304	2.8359	3.8061
FRAC_MN	1.1171	1.1051	1.1092	1.1092	1.1014	1.1004	1.0858
IJI/%	66.2296	72.9081	78.0111	74.8939	76.0452	58.6063	39.707
AI/%	98.2182	97.6963	97.4684	95.8124	97.2146	97.8197	96.3023

表 4-6 盐城滨海湿地 1987～2018 年芦苇景观格局指数计算结果（斑块水平）

指数	1987 年	1992 年	1998 年	2002 年	2007 年	2011 年	2018 年
CA/hm^2	31054.41	30023.91	21509.91	13318.92	13452.03	16111.53	13783.05
PLAND/%	9.4097	9.0974	6.5176	4.0357	4.0760	4.8819	4.1763
LPI/%	2.5774	2.5016	1.6142	1.2930	0.9196	1.7119	1.9048
NP/个	25	29	39	40	46	47	70
ED/(m/hm^2)	1.3969	1.4357	1.5814	1.4761	1.6444	1.7995	1.9363
SHAPE_AM	2.3110	2.2692	2.3264	2.9037	3.1711	3.4118	3.2694
FRAC_MN	1.1301	1.1248	1.1184	1.1265	1.1294	1.1297	1.1149
IJI/%	66.5501	68.0389	71.3649	62.1789	67.3201	67.6442	69.0417
AI/%	98.6107	98.5852	97.9433	97.0234	96.6508	98.8672	96.1369

表 4-7 盐城滨海湿地 1987～2018 年互花米草景观格局指数计算结果(斑块水平)

指数	1987 年	1992 年	1997 年	2002 年	2007 年	2011 年	2018 年
CA/hm²	2625.21	4105.44	9553.95	16643.79	14548.05	13967.64	13177.44
PLAND/%	0.7955	1.2440	2.8949	5.0432	4.4081	4.2323	3.9928
LPI/%	0.1578	0.1578	0.8346	1.9407	1.2608	1.7525	1.7082
NP/个	19	37	40	21	29	51	49
ED/(m/hm²)	0.3905	0.7734	1.2618	1.5032	1.7068	1.6508	1.7135
SHAPE_AM	1.6935	1.9998	2.6012	4.0227	3.9594	4.242	4.2305
FRAC_MN	1.0667	1.0765	1.0869	1.1069	1.1091	1.0960	1.1059
IJI/%	40.5209	50.9068	51.4637	61.4107	57.4030	56.1015	60.5184
AI/%	96.8860	95.7865	97.0192	97.9919	97.3217	97.3011	96.8973

形状指数通常是指斑块相对于如正方形等简单几何图形的结构特征,研究采用面积加权的平均斑块形状指数,即 SHAPE_AM 来表述斑块形态的复杂程度,结果值越大表明斑块形状越不规则,且大面积斑块具有更大的权重。最大斑块指数(LPI)是指某种景观类型中最大斑块面积占景观总面积的百分比,有助于确定景观的优势类型,反映人类活动的干扰强度。

1987～2018 年研究区各地类形状指数差别较大,湿地景观类型中形状指数较大的是水体和光滩,在 1987～2007 年形状指数变化不大,2007～2018 年减小速度较快,主要原因是该时期围垦强度大,地类面积快速减小。形状指数年际变化较大的是建设用地和互花米草,1987～2018 年分别增加了 4.8245 和 2.5370。形状指数与斑块面积存在一定正相关,说明建设用地和互花米草受人为活动影响,面积逐年增加,斑块复杂程度提高。

分维指数是依据分维几何理论提出的形状测度指标,研究采用平均斑块分维数,即 FRAC_MN 来衡量景观的规则程度。分维数值一般处于 1～2,值越大,反映该斑块边界线的曲折性越大,形状越不规则,受干扰程度越小。从表 4-5～表 4-7 可看出,研究区三种类型景观的分维数指标均小于 1.2,类型差别和年际变化不大。

散布与并列指数(IJI)用于描述不同斑块间的邻接程度,IJI 取值小表明斑块类型仅与少数几种其他类型相邻接,IJI 值达到 100 表明各斑块间比邻的边长是均等的,即各斑块间的比邻概率是均等的。由表 4-5～表 4-7 可知,三种湿地类型景观与其他三种景观的邻接比率都很高,充分显示了湿地穿越多种景观的特征。

聚合度指数(AI)用于描述特定斑块类型的聚集程度,取值越小说明斑块越分散,AI 值达到 100 时表明该斑块类型只有一个紧密聚集的斑块。由表 4-5～表 4-7 可以看出,盐城滨海湿地三种地类的聚合度整体较高,其中建设用地因面积增加及用地特性等,聚合度相对较低但呈上升趋势;草滩在 2011～2018 年面积锐减,斑块破碎分散；其余湿地类型在 1987～2018 年 IJI 值均在 95 以上且年际变化较小，表明湿地景观在空间上趋于集中分布。

根据盐城滨海湿地景观格局指数计算数据(表 4-8)，从整体景观水平研究该区域景观格局的动态变化，分析围垦对湿地景观格局的影响。斑块数量(NP)、斑块密度(PD)和蔓延度指数(CONTAG)可表征滨海湿地景观的破碎化程度，NP 为景观中所有斑块总数，PD 是单位面积的斑块数量，1987～2018 年盐城滨海湿地的 NP、PD 指数增长趋势明显，斑块数量从 1987 年的 157 个增加到 2018 年的 514个，斑块密度从 1987 年的 0.0476 个/100hm^2 增加到 2018 年的 0.1557 个/100hm^2，其中，2011～2018 年的增长速度最快，这表明盐城滨海湿地景观破碎化程度加重，空间异质性增强。同时，CONTAG 呈下降趋势，1987 年为 67.9400%，2018 年降到最低，为 62.1676%，表明蔓延度水平降低，不同类型斑块之间的连通性减弱，景观破碎化程度加重。

表 4-8　盐城滨海湿地 1987～2018 年湿地景观格局指数计算结果(景观水平)

指数	1987 年	1992 年	1998 年	2002 年	2007 年	2011 年	2018 年
NP/个	157	207	281	276	278	289	514
PD/(个/100hm^2)	0.0476	0.0627	0.0851	0.0836	0.0842	0.0876	0.1557
LPI/%	47.8710	47.0748	46.5802	42.6168	39.1551	30.3362	27.5395
PAFRAC	1.2574	1.2429	1.2680	1.2883	1.2643	1.2547	1.2857
ENN_MN	4174.5961	3212.4172	1708.4015	2020.5080	2018.5305	1894.9196	772.0001
CONTAG/%	67.9400	66.5486	64.2464	64.3334	63.0026	62.9277	62.1676
IJI/%	63.6375	68.7391	74.5142	74.8796	75.2882	72.1498	75.2238
SHDI	1.4245	1.4852	1.5802	1.5765	1.6376	1.6422	1.6629
SHEI	0.6187	0.6450	0.6863	0.6847	0.7112	0.7132	0.7222
AI/%	99.1411	99.0904	98.9328	98.9374	98.9373	98.9482	98.6833

最大斑块指数(LPI)为景观中最大斑块占景观总面积的比例，1987～2018 年该指数持续减小，2018 年的 LPI 数值约为 1987 年的 1/2。表明随人类活动增强，景观中最大斑块的面积在不断减小。

周长-面积分维指数(PAFRAC)定量反映了斑块边界的曲折性，1987～2018年呈先减小再增大之后减小又增大的趋势，数值总体变化不大，最小为 1992 年的1.2429，最大为 2002 年的 1.2883，数值小、接近 1，说明斑块的形状比较规则，特别是养殖塘、建设用地等受人为因素影响，形状十分规则。

平均最近距离(ENN_MN)、散布与并列指数(IJI)和聚合度指数(AI)可表征景观中所有斑块的隔离度和邻接、聚集程度。在景观水平上，ENN_MN 等于盐城滨海湿地所有斑块与其邻近距离的总和除以景观中具有最近距离的斑块总数，值越大表明同类斑块距离越远，隔离度越高；IJI 为各斑块类型的总体散布与并列状况，值越大表明各斑块间的比邻概率更均等，邻接的斑块类型越多；AI 则表示斑块的聚集分散程度，当斑块极端分散时取值为 0。1987～2018 年，盐城滨海湿地景观格局指数中 ENN_MN 波动减小，2018 年最小，IJI 指数整体呈增长趋势，AI 指数略有减小，总体接近于 100%，表明斑块间的邻接概率增大，邻接的斑块类型增多，同类型斑块距离变近，隔离度降低。

　　景观多样性是表征景观的重要指标，香农多样性指数(SHDI)和香农均匀度指数(SHEI)用于衡量盐城滨海湿地景观组分的多样性水平。1987～2018 年盐城滨海湿地景观 SHDI 值增大，说明景观中斑块类型增多，景观多样性水平提高；香农均匀度指数 SHEI 到 2018 年增大到 0.7222，即均匀度水平为最大水平的 72.22%，说明景观斑块比例不是十分均匀。

　　3. 互花米草扩张及其时空格局特征

　　1)互花米草沼泽面积变化

　　从图 4-5 可以看出，1987～2018 年互花米草的面积迅速扩大，面积共增长 12721.5hm^2，增加近 28 倍，互花米草沼泽已经从零散斑块迅速演变成连续、带状分布的整体，并且连续分布的互花米草带将射阳河以南稳定及淤长岸段的碱蓬沼泽、草滩沼泽和芦苇沼泽与光滩基本完全分隔开。

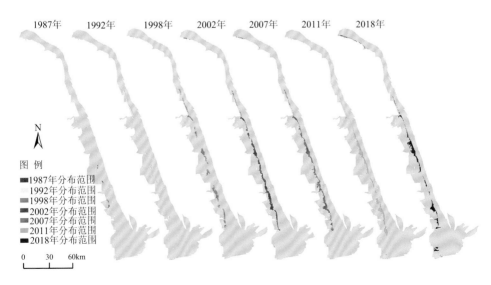

图 4-5　互花米草沼泽分布

从互花米草沼泽面积(图4-6)来看,1987~2018年互花米草沼泽以2002年为转折点,呈现迅速增长-缓慢降低的态势。1987年互花米草在盐城海岸引种不久,面积为458.1hm²,平均斑块面积2.8hm²,仅零星分布;1987~1992年互花米草沼泽生长较慢,年均增长177.6hm²;1992~2002年,互花米草迅速扩张,增长速率高达1503.9hm²/a;2002~2018年,由于围垦占用互花米草面积增多,围垦速率高于互花米草扩张速率,互花米草面积有所减少,但减少速率逐渐降低,年均减少200.4hm²。

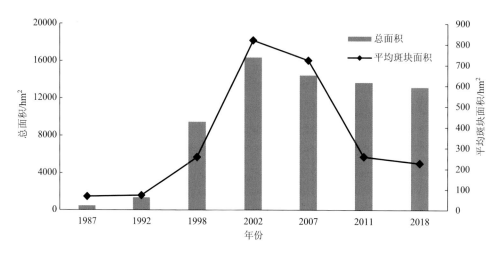

图4-6　互花米草沼泽面积变化

从平均斑块面积来看,互花米草沼泽仍然以2002年为转折点先增加后减少。1987~1992年,平均斑块面积年均增加1.1hm²,这表明互花米草处于小斑块引种状态;1992~2002年,平均斑块面积以74.8hm²/a的速度高速增加,表明互花米草迅速扩张,并且开始集中成片;2002~2011年,平均斑块面积以62.3hm²/a的速度较快减少,其降速明显快于总面积的降速,显示出围垦导致互花米草沼泽面积的减少和破碎;2011~2018年,由于围垦与互花米草扩张都趋于稳定,平均斑块面积变化较小。

2) 互花米草沼泽空间扩张

本节利用质心分析方法,通过研究各个年份互花米草沼泽质心空间移动方向和速度,得出互花米草空间扩张趋势与规律(图4-7)。互花米草沼泽斑块质心一直位于斗龙港口以南岸段,其扩张也主要发生在射阳河口—斗龙港口岸段和斗龙港口以南岸段。就斑块质心的运动轨迹而言,以向海方向移动为主。其中,1987年,互花米草引种盐城不久,主要在盐城南部,斑块质心位于大丰港附近;1987~1992年,互花米草在射阳河和斗龙港附近迅速生长,质心向东北方向移动最快,年均移动 10177.2m；1992～1998 年，互花米草迅速扩张，且淤长岸段更为显著，质心向东南方向移动，年均移动 5554.8m；1998～2007 年，互花米草继续扩张，质心在四卯酉河附近移动，变动较小，但大致是向海洋方向移动；2007～2011 年，质心继续向东南方向移动，且移动速度较快，速度达 2126.5m/a；2011～2018 年，围垦重心南移，互花米草斑块质心向西北方向移动，年均移动 1049.2m。

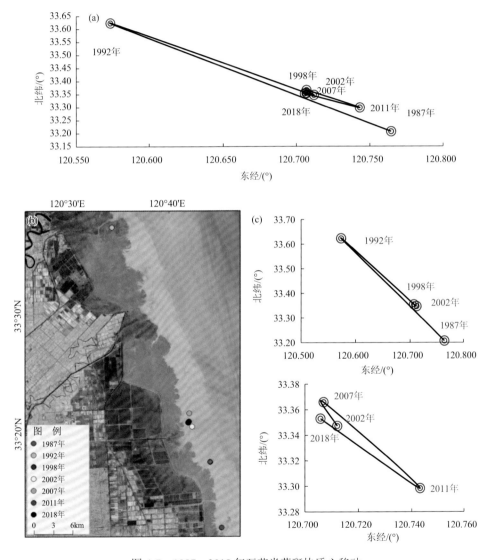

图 4-7　1987～2018 年互花米草斑块质心移动

(a)1987～2018 年互花米草沼泽质心位置；(b)1987～2002 年互花米草沼泽质心空间移动方向和速度；
(c)2002～2018 年互花米草沼泽质心空间移动方向和速度

4. 海岸线时空变化特征

1)海岸线长度和类型变化

本节根据张学勤等(2006)的研究结果及盐城海岸淤蚀和分布特征,把盐城海岸分成4段:灌河口—翻身河口(岸段①)、翻身河口—射阳河口(岸段②)、射阳河口—斗龙港口(岸段③)和斗龙港口以南(岸段④),其中岸段①与岸段②为侵蚀岸段,但岸线走势不同,岸段③为淤蚀交替岸段,包括盐城保护区核心区、北缓冲区和部分北实验区,岸段④为完全淤长岸段(图4-8)。

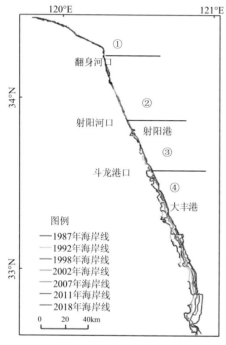
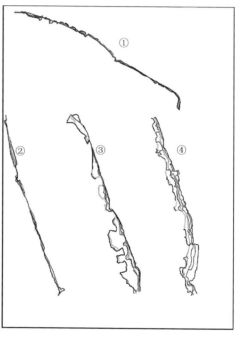

图4-8　盐城海岸线分布

从岸线长度(表4-9)来看,研究区岸线总长度以2007年为转折点,呈现先缩短后增长趋势,2007年之前,研究区海岸线由325.4km缩减至277.29km,年均缩短2.4km,1998~2002年减少最快,达4.0m/a;2007年之后,岸线整体呈增长趋势,11年共增长4.9km,年均增长速率为0.4km/a,且岸线增速由2007~2011年的1.06km/a减小到2011~2018年的0.09km/a,岸线长度逐渐趋于稳定。不同岸段岸线长度变化也不同,侵蚀岸段(岸段①和岸段②)岸线长度以2002年为转折点呈现先缩短后增长的趋势,但变化率较小;淤蚀交替岸段(岸段③)岸线长度大致呈现缩短趋势,仅在2011~2018年岸线略有增长,其中,1987~1998年缩短速率较快，年均缩短 0.5km，1998～2011 年岸线缩短速率较慢，为 0.20km/a；淤长岸段(岸段④)岸线在 1987～1992 年缩短，年均减少 1.4km，2002～2011 年增长速率为 0.6km/a，2011～2018 年岸线又缩短，年均减少 0.4km。

表 4-9　岸线长度及比例变化

岸线		1987 年	1992 年	1998 年	2002 年	2007 年	2011 年	2018 年
总长度/km		325.4	315.14	295.15	279.05	277.29	281.53	282.19
自然岸线	长度/km	286.26	271.08	248.79	222.51	181.43	178.34	158.26
	比例/%	87.97	86.02	84.29	79.74	65.43	63.35	56.08
人工岸线	长度/km	39.14	44.06	46.36	56.53	95.87	103.19	123.92
	比例/%	12.03	13.98	15.71	20.26	34.57	36.65	43.92

从岸线类型变化(图 4-9)来看，整个盐城滨海湿地自然岸线不断缩短，1987～2018 年自然岸线减少 128000m，年均缩短 4.1km/a，人工岸线持续增加，岸线人工化显著。1987～1998 年人工岸线缓慢增加，年均增加 0.66km，人工岸线比例由原来的 12.03%增加到 15.71%；1998～2007 年，由于港口建设等围垦开发活动，人工岸线迅速增加，增幅高达 5.5km/a，人工岸线比例迅速提升到 34.57%；2007年之后，围垦活动得到严格监管，人工岸线增速减缓，但由于互花米草治理，自然岸线缩短明显，人工岸线比例提高到 43.92%。不同岸段岸线类型及占比变化也不同，其中，侵蚀岸段(岸段①和岸段②)的自然岸线由 1987 年的 84.8km 缩短到2018 年的 40.1km，人工岸线比例由原来的 28.21%增加到 66.07%；岸段③2011年之前均为自然岸线，2011～2018 年人工岸线增加 2.7km，人工岸线比例增加到6.15%；岸段④自然岸线不断缩减，以 2002 年为界缩短速率先慢后快，年均缩短0.75km，岸线人工化在 2002 年之后迅速提升，2018 年人工岸线比例达到 36.33%。

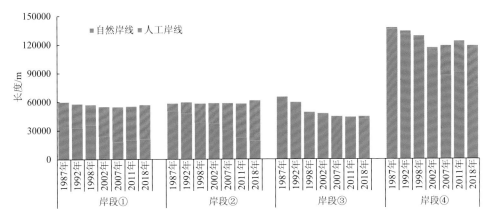

图 4-9　盐城不同岸段岸线长度及构成变化

2)海岸线迁移速率变化

如图 4-10 所示,盐城海岸线依然保持南淤北蚀的大规律,但不同时期不同岸段由于围垦强度不同岸线变迁速率也有很大的差异。岸段①海岸线在 1987~1998 年

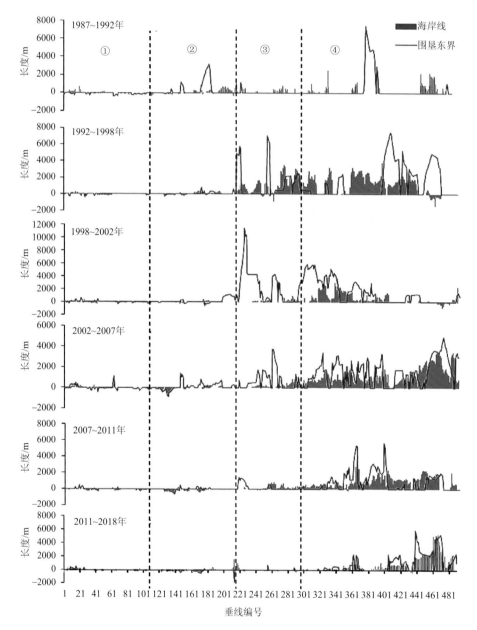

图 4-10 海岸线与围垦东界变迁速率

略有侵蚀，年均蚀退 2.8m；1998～2002 年侵蚀加剧，蚀退速率高达 20.0m/a，侵蚀主要发生在废黄河口—翻身河口这一岸段；2002～2011 年继续保持侵蚀，但蚀退速率有所下降，达 8.7m/a；2011～2018 年，灌河口附近淤积明显，整体淤积大于蚀退，岸段平均东淤 3.0m/s。岸段②海岸线 1987～2007 年以扁担港为界北蚀南淤，且岸段变化速率整体由 1987～1992 年的 9.7m/a 下降到 2002～2007 年的 -9.0m/a；2007 年之后淤蚀交替点不断南移至射阳河口，侵蚀岸段增长，但侵蚀速率减慢，由 2007～2011 年的 20.1m/a 减慢到 10.9m/a。岸段③在 2011 年之前以淤积为主，快速淤积岸段主要集中在盐城保护区的核心区，1992～1998 年岸段整体淤积速率最快，高达 111.4m/a，2011～2018 年岸线由淤转蚀，保护区核心区和北缓冲区岸段蚀退速率高达 10.2m/a。岸段④海岸线 1987～2007 年东淤速率不断提高，由 41.3m/a 增加到 240.8m/a，2007 年之后淤积速率减缓，2011～2017 年淤积速率下降到 142.0m/a，淤积重心南移。

对比 1987～2018 年海岸线和围垦岸线的迁移速率发现：1987～1992 年围垦强度较小，仅在岸段②和岸段④有部分围垦，海岸线受人类活动影响较少，其变迁以自然因素为主导，岸线迁移速率较小，保持南淤北蚀的大规律；1992 年之后，由于人类活动增强，围垦等人类活动逐渐成为海岸线变迁的主导因素，海岸线变迁规律与围垦岸线变迁规律基本保持一致，而盐城自然保护区核心区和缓冲区由于加强了保护，人类干扰较少，岸线逐渐趋于稳定。

4.2　滨海湿地景观格局变化驱动因子分析

对盐城滨海湿地景观结构与格局变化的研究不断增多，并且这些研究集中在湿地景观结构变化和异质性变化方面，强调演变的速率而缺乏对演变方向的辨识。由于滨海湿地景观演变不仅表现在演变速率和方向上，还表现在人为活动影响和互花米草入侵的影响上，因此只有深入理解与认识滨海湿地景观演变的人为影响及生态胁迫，才能真正地掌握盐城滨海湿地景观演变的规律和机制。

4.2.1　围垦对滨海湿地景观及海岸线的影响

1. 盐城各期新增围垦湿地面积变化

1987～2018 年，研究区围垦面积不断增加，自然湿地累计损失达 106751.6hm^2，约为整个江苏省围垦面积的 2/3，年均围滩速率为 3443.6hm^2/a，围垦强度以 2002 年为界呈现先增加后减少的趋势(图 4-11)。1987～1992 年由于经济欠发达，围垦速率最慢，新增陆地面积为 6865.7hm^2，年均围滩速率仅 1373.14hm^2/a；1998～2007 年的围垦速率最快，共计新围滩地 51924.3hm^2，围滩速率高达 5769.4hm^2/a，是前期的 4 倍多，占 31 年来围垦总面积的 48.6%；2007～2018 年围垦速率有所下降，但仍保持 2189.2hm²/a 的较高围垦强度，围垦对盐城滨海湿地继续施加影响。

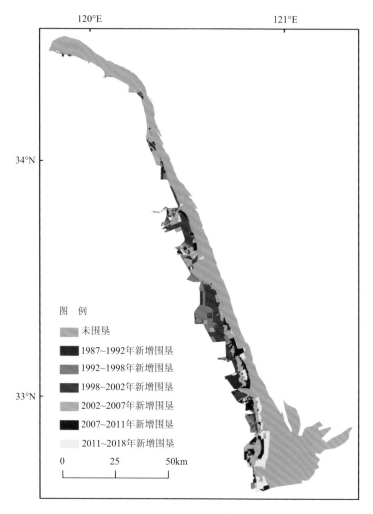

图 4-11　1987～2018 年盐城沿海围垦情况

　　从围垦角度来看，各时期新增围垦区域原湿地类型主要是光滩、水体及盐沼等自然湿地，围垦后自然湿地转变为人工湿地(待利用地、养殖塘和水田)和非湿地(建设用地)类型(图 4-12)。1987～1992 年，新增围垦区域原湿地类型以碱蓬沼泽、草滩沼泽及芦苇沼泽为主，分别占总围垦面积的 43.34%、34.01% 及 18.36%，围垦后 40.88% 的自然湿地转变为养殖塘，剩下的围垦用地利用速度较慢，58.96% 为待利用地；1992～1998 年围垦的自然湿地面积陡然上升，围垦区原湿地类型以芦苇沼泽(11527.9hm²)为主，占总面积的 64.67%，围垦开发成养殖塘的面积为

8381.2hm^2，是上一时段的近 3 倍，围垦成水田的面积为 8318.0hm^2，两者共占该时段围垦新增陆地的 93.68%；1998～2002 年围垦的自然湿地主要转化成养殖塘，计 28308.1hm^2，占该时段整体围垦面积的 91.92%；2002 年之后，新增围垦利用方式以养殖塘、待利用地和水田为主，自然湿地中芦苇、草滩和碱蓬等原生盐沼湿地转化为围垦空间的面积较前一时期大幅下降，光滩和互花米草湿地面积占比则不断上升，2002～2018 年由原来的 16.18%上升到 69.16%，围垦的碱蓬湿地面积显著减少。

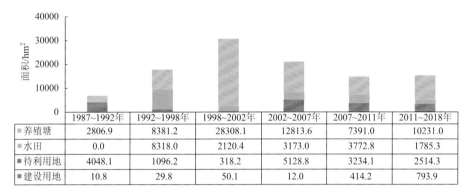

	1987~1992年	1992~1998年	1998~2002年	2002~2007年	2007~2011年	2011~2018年
▨ 养殖塘	2806.9	8381.2	28308.1	12813.6	7391.0	10231.0
▧ 水田	0.0	8318.0	2120.4	3173.0	3772.8	1785.3
▤ 待利用地	4048.1	1096.2	318.2	5128.8	3234.1	2514.3
■ 建设用地	10.8	29.8	50.1	12.0	414.2	793.9

(a) 现湿地类型

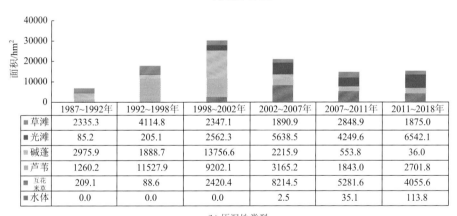

	1987~1992年	1992~1998年	1998~2002年	2002~2007年	2007~2011年	2011~2018年
■ 草滩	2335.3	4114.8	2347.1	1890.9	2848.9	1875.0
■ 光滩	85.2	205.1	2562.3	5638.5	4249.6	6542.1
▤ 碱蓬	2975.9	1888.7	13756.6	2215.9	553.8	36.0
▨ 芦苇	1260.2	11527.9	9202.1	3165.2	1843.0	2701.8
■ 互花米草	209.1	88.6	2420.4	8214.5	5281.6	4055.6
■ 水体	0.0	0.0	0.0	2.5	35.1	113.8

(b) 原湿地类型

图 4-12　围垦区域湿地类型变化对比图

研究期间，共计有 20269.8hm^2 的互花米草沼泽被围垦，占整个研究区围垦面积的 18.99%，仅次于芦苇沼泽的围垦总面积，且在 2011～2018 年仍然保持579.4hm^2/a 的高速被围垦速率，互花米草沼泽扩张相比于原生盐沼湿地进一步促进了围垦的发展。

2. 不同岸段围垦区域自然湿地类型变化

从岸段来看(图4-13),围垦导致的自然湿地类型转变主要发生在稳定岸段(岸段③)和淤积岸段(岸段④),即射阳河以南区域,1987~2018 年,盐城沿海原生自然湿地(草滩沼泽、碱蓬沼泽和芦苇沼泽)因围垦直接损失67131.4hm²(图4-14)。1987~1992 年,围垦主要发生在岸段④的川东港附近,且湿地类型转换主要是草滩沼泽/碱蓬沼泽—待利用地,占整个岸段围垦面积的 72.46%;1992~1998 年,围垦区域主要集中在射阳河以南的新洋港—大丰港岸段和川水港岸段,其中岸段②围垦导致的湿地转变主要是芦苇沼泽—养殖塘/水田(402.0hm²)和碱蓬沼泽—养殖塘(283.8hm²),岸段③主要是芦苇沼泽的丧失(3476.1hm²),同时盐城保护区核心区有部分芦苇沼泽和草滩沼泽被开发成养殖塘,岸段④主要是草滩沼泽—水田(2588.3hm²)、芦苇沼泽—水田/养殖塘(7667.7hm²);1998~2002 年,岸段③和岸段④的射阳河—川东港岸段除核心区外均发生了大规模围垦,岸段③主要是碱蓬沼泽—养殖塘(3985.9hm²)和芦苇沼泽—养殖塘(3884.7hm²),岸段④主要是自然湿地—养殖塘(17818.5hm²),从西往东大致被围垦的自然湿地依次是芦苇沼泽、碱蓬沼泽、互花米草沼泽和光滩;2002~2007 年射阳河以南除核心区均发生围垦,其中岸段③主要是芦苇沼泽—水田/养殖塘,占该岸段围垦总面积的80.23%,岸段④主要是光滩和互花米草沼泽的利用,分别占该区域围垦面积的33.02%和 44.24%;2007~2018 年围垦集中在岸段④,围垦重心不断南移,且越往南光滩这一自然湿地类型面积损失比重越大,大面积光滩被开发成待利用地和养殖塘。

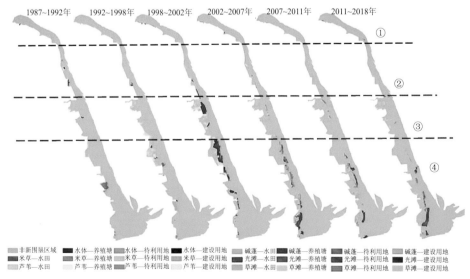

图 4-13　各时期湿地类型转化图

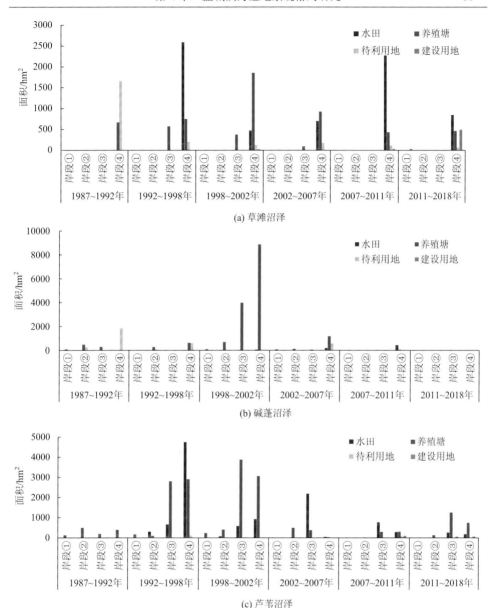

图 4-14　1987～2018 年盐城各岸段盐沼湿地围垦面积变化

1998 年之后由于大丰港和射阳港口的建设，出现部分自然湿地直接转为建设用地的湿地性质变化，同时由于生态保护，部分养殖塘恢复成芦苇沼泽，2011～2018 年条子泥垦区甚至出现了待利用地—碱蓬沼泽的逆利用，推进了自然湿地的恢复与保护。

4.2.2　互花米草扩张对滨海湿地景观结构的影响

1. 互花米草沼泽扩张对滨海湿地类型的影响

从互花米草沼泽转入情况(图 4-15)来看,互花米草主要向陆侵占碱蓬沼泽,向海侵占光滩。1987~2018 年互花米草共导致 34265.3hm² 的光滩和 1877.6hm² 的原生碱蓬沼泽的丧失。1987~1992 年,互花米草处于引种初期,生长较慢,仅转入 1757.8hm²,以光滩为主,占比 82.66%;1992~2002 年,互花米草迅速向海向陆扩张,年均侵占 1675.1hm² 的光滩和 72.8hm² 碱蓬沼泽,并且出现了互花米草扩张到芦苇沼泽及养殖塘的情况;2002~2011 年,互花米草向海向陆扩张的速率均有所减缓,年均侵占 1227.9hm² 的光滩和 32.8hm² 的碱蓬沼泽;2011~2018 年,向海扩张速度继续减缓,为 519.2hm²,但向陆侵占速率显著增加,年均侵占碱蓬沼泽 94.4hm²。

从互花米草转出情况(图 4-15)来看,1987~1998 年,互花米草沼泽由于分布较少且靠近光滩,利用面积较少;1998~2007 年,互花米草沼泽利用面积不断上升,主要转出为养殖塘,计 9929.3hm²,占整体转出面积的 92.36%,并开始出现转出为建设用地的情况;2007~2018 年互花米草沼泽的转出量有所减少,仍然以养殖塘为转出对象,但占比下降到 81.35%,转出为光滩、芦苇沼泽和待利用地的比例有所提升,但转出为待利用地的比例迅速下降,互花米草的利用率显著提高。

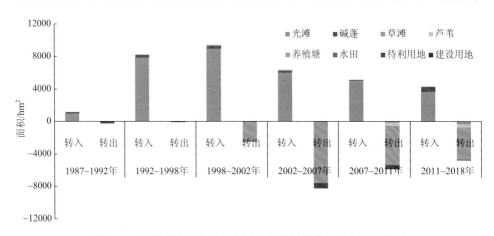

图 4-15　不同时期互花米草沼泽与其他湿地类型转入转出情况

2. 不同岸段互花米草扩张对湿地类型的影响

互花米草沼泽具有促淤造陆功能,其生长扩张与海岸淤蚀及围垦基本呈正相关关系,所以研究不同岸段互花米草扩张时依然把盐城海岸分成 4 段:灌河口—

翻身河口(岸段①)、翻身河口—射阳河口(岸段②)、射阳河口—斗龙港口(岸段③)
和斗龙港口以南(岸段④)，其中岸段①与岸段②为侵蚀岸段，岸段③为淤蚀交
替岸段，包括盐城保护区核心区、北缓冲区和部分北实验区，岸段④为淤长岸
段(图 4-16)。

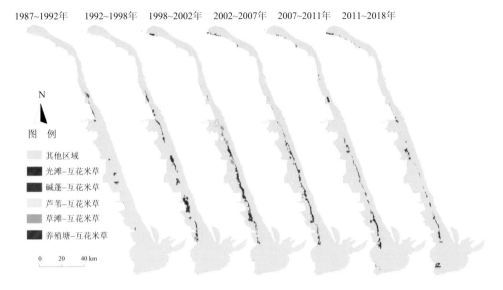

1987~1992年　　1992~1998年　　1998~2002年　　2002~2007年　　2007~2011年　　2011~2018年

图 4-16　盐城各时期其他自然湿地转化成互花米草沼泽分布情况

　　研究期间，互花米草沼泽主要生长在射阳河以南的淤蚀交替岸段(岸段③)和
淤长岸段(岸段④)，互花米草侵占的自然湿地类型以碱蓬沼泽和光滩为主
(图 4-17)。1987～1992 年，有 1157.8hm² 的原生自然湿地转化为互花米草沼泽，
其中岸段②有 563.1hm²，占整个岸段的 48.64%，侵占碱蓬沼泽和光滩的面积分别
占 14.5% 和 85.5%；岸段③互花米草扩张面积达 301.3hm²，以侵占光滩为主，占
整体的 95.56%，剩余被侵占的自然湿地则为草滩沼泽(13.4hm²)；岸段④互花米
草新增 293.42hm²，占整个新增面积的 25.34%，侵占的碱蓬沼泽和光滩分别占
38.04% 和 61.96%。1992～1998 年，新增互花米草沼泽面积陡然上升，岸段①开
始出现 22.7hm² 的光滩—互花米草沼泽；岸段②分别有 201.0hm² 的碱蓬沼泽和
180.5hm² 的光滩转化为互花米草，岸段②互花米草新增面积较前一时期有所下降；
岸段③有 2149.6hm² 的光滩被互花米草侵占，占岸段③互花米草新增面积的
99.49%；岸段④有 5462.1hm² 的光滩转化成互花米草，占淤长岸段的 96.93%，另
外有 160.8hm² 的碱蓬沼泽和 12.4hm² 的草滩沼泽被互花米草沼泽侵占。1998～
2002 年，岸段①除了有 142.8hm² 的光滩转化成互花米草沼泽外，开始出现养殖
塘被互花米草侵占的现象，有 0.8hm²；岸段②互花米草新增面积较前一时期继续

下降，有 92.8hm² 的光滩转化成互花米草沼泽，并出现 12.9hm² 的芦苇沼泽—互花米草沼泽；岸段③互花米草新增 1922.3hm²，其中 95.57%由光滩转化而来，芦苇沼泽、碱蓬沼泽和草滩沼泽被侵占面积分别为 21.1hm²、31.2hm² 和 32.9hm²；岸段④互花米草新增面积较前一时期增长 1592.1hm²，其中，侵占光滩面积 6863.2hm²(占比 94.96%)，并有 311.2hm² 的碱蓬沼泽和少量的芦苇沼泽及草滩沼泽转化成互花米草。2002~2007 年，岸段①互花米草侵占养殖塘的面积增加到 31.3hm²，还有 130.7hm² 的光滩转化成互花米草沼泽，占比为 77.11%；岸段②仅有 106.3hm² 的光滩—互花米草沼泽；岸段③有 81.57%的互花米草由光滩转化而来，有 105.7hm² 的碱蓬沼泽和 81.5hm² 的草滩沼泽被互花米草侵占，并且此岸段首次出现互花米草侵占养殖塘的现象，达 5.3hm²；岸段④互花米草侵占光滩面积达 4922.9hm²，占 97.89%，其余新增互花米草由 16.3hm² 的芦苇沼泽和 89.8hm² 的碱蓬沼泽构成。2007~2011 年，岸段①新增互花米草沼泽面积继续减少，但构成较之前阶段复杂，分别有 3.1hm² 的养殖塘、1.1hm² 的碱蓬沼泽和 58.7hm² 的光滩被侵占；岸段②互花米草新增面积大幅度减少，但新出现 7.4hm² 的养殖塘转化成互花米草沼泽，占比 15.90%；岸段③有芦苇沼泽、碱蓬沼泽和光滩转化成互花米草沼泽，分别占 1.73%、13.51%和 84.76%；岸段④有碱蓬沼泽和光滩转化成互花米草沼泽，其中光滩—互花米草沼泽面积达 4435.8hm²，占比 99.76%。2011~2018 年，岸段①新增互花米草沼泽面积大幅度提升，是前一阶段的 2 倍，其中侵占碱蓬沼泽 32.4hm²、光滩 338.8hm²；岸段②仅有 102.4hm² 的光滩—互花米草沼泽；岸段③互花米草侵占的碱蓬沼泽面积首次超过光滩，并有 5.2hm² 的养殖塘也被侵占；岸段④首次出现养殖塘—互花米草沼泽(13.6hm²)，其余均为光滩—互花米草沼泽，面积高达 2961.7hm²。

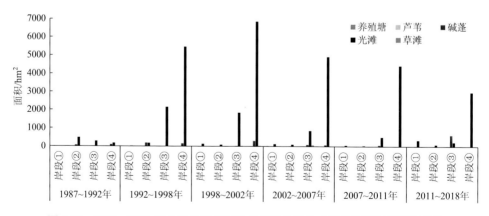

图 4-17　1987～2018 年盐城各岸段其他自然湿地转化成互花米草沼泽面积变化

第5章 盐城滨海湿地景观过程研究

景观过程，是指景观水平上景观要素之间相互作用、相互影响下各种生态流流动过程，包括动植物空间运动，水、矿质养分的空间流动等。景观过程的具体体现就是各种形式的生态流及其时空变化。景观生态过程与景观功能关系密切，景观过程决定景观功能。深入理解与认识景观中动植物运动、景观要素过程与功能，是景观生态研究的核心内容。滨海湿地景观过程研究的重点在于深入认识滨海湿地景观尺度生态要素(水、土、动植物等)的空间异质性及其时空演变机制，从过程、机理上认识湿地功能及其时空变异问题。

5.1 环境因子的空间分异对景观过程的影响

5.1.1 地形因子空间分异对景观过程的影响

1. 研究区概况与研究方法

盐城滨海湿地是我国乃至世界集潮间带滩涂、潮汐、河流、盐沼于一体最具代表性的淤泥质湿地分布区之一，目前主要分布于江苏盐城湿地珍禽国家级自然保护区核心区。该区域自 1983 年开始，为了保滩护岸，增强促淤功能，引种了互花米草。由于互花米草有宽生态幅的特征，较原生盐沼植被具有更强的竞争优势，使区域景观结构、过程与功能均发生巨大变化。此外，人类活动也对区域湿地景观产生影响。

本章研究选取江苏盐城湿地珍禽国家级自然保护区核心区为研究对象，根据人类活动影响将区域划分为人工管理区和自然条件区两部分，以便从对比的思路，认识景观过程及其变化特征与规律(图 5-1)。

滨海湿地位于海洋与陆地过渡地带，具有敏感而动态演变十分明显的特征。海洋潮汐作用直接塑造区域地形地貌特征，而地形地貌反过来又影响海洋潮流淹没范围和淹水频率，从而影响土壤属性特征的空间分异和植物群落的空间分布。因此，自然条件下滨海湿地景观具有带状分布特征，地形条件是关键影响因素之一。

为了深入理解与认识滨海湿地时空动态演变的内在过程与机制，从区域地形空间分异角度，利用 GIS 技术和方法，刻画区域地形空间分异特征，阐明其与湿地景观类型空间分布的关系。其中，地形数据来源于地形测量数据。

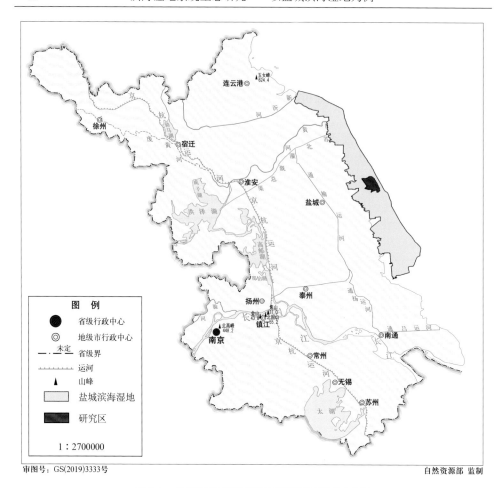

图 5-1　盐城滨海湿地景观过程研究区域示意图

　　为了便于说明不同景观类型在地形因子上的分布特征，本章引入分布指数的概念，旨在消除高程分段与景观类型面积差异对结果造成的影响。分布指数计算公式如下：

$$P = (S_{ie} / S_i) / (S_e / S) \tag{5.1}$$

式中，P 为分布指数；S_{ie} 为 e 地形区间下第 i 种景观组分的面积；S_i 为整个研究区内第 i 种景观组分的总面积；S_e 为整个区域内第 e 种地形区间特定等级下的总面积；S 为整个区域的面积。P 值越大，说明某种景观类型出现的频率越高。

2. 滨海湿地地形与景观类型之间的关系

1) 湿地地形剖面形态特征与变化

图 5-2 是江苏盐城湿地珍禽国家级自然保护区核心区中路港断面自陆向海方

向高程分布情况。总体来看，受潮汐过程泥沙沉积的影响，其地形梯度特征十分明显。2002 年总体趋势表现为从陆向海方向逐渐降低。但是，通过对比 2002 年与 2011 年的数据，区域地形特征发生很大改变，即外来物种互花米草的定居与扩张，使互花米草控制区域地形得到明显抬升。2011 年研究区域地形打破单一从陆向海方向逐渐递减格局，变化为两面高、中间低的地形特征。这种变化将对区域景观演变产生重要影响。

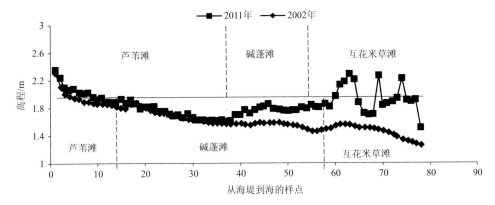

图 5-2   研究区从陆向海断面高程变化图

2) 地形空间分布特征与湿地类型关系

以 2002 年景观类型图和高程分级数据为基础，借助 ArcGIS 空间叠加功能进行分析，得到研究区不同高程级别内各景观类型面积分布比例，如图 5-3 和表 5-1 所示。

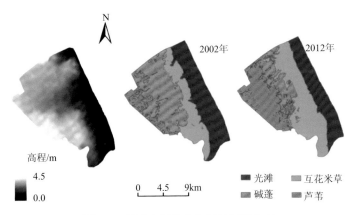

图 5-3   地形空间分布和湿地景观分布

表 5-1　不同高程级别内各景观类型分布面积及比例

景观类型		高程分级							
		0.6~0.9m	0.9~1.2m	1.2~1.5m	1.5~1.8m	1.8~2.1m	2.1~2.4m	2.4~2.7m	2.7~4.5m
互花米草	面积/km²	4.96	9.24	6.57	2.80				
	比例/%	21.06	39.20	27.87	11.87				
碱蓬	面积/km²			5.81	16.62	13.45	3.76		
	比例/%			14.66	41.93	33.93	9.48		
芦苇	面积/km²					1.30	4.48	1.73	1.61
	比例/%					14.25	49.12	18.97	17.66

由表 5-1 可知，整体上，研究区各高程段内均有植被分布，但绝大多数植被都集中分布于高程 0.9~2.7m。其中，碱蓬和互花米草是 2002 年与 2012 年分布最广泛的植被类型，分别占总面积的 36.76% 和 21.85%。碱蓬作为湿地的先锋物种，受竞争能力的限制，其分布范围局限于 1.5~2.1m，占到碱蓬总面积的 75.86%；互花米草是研究区的外来物种，虽然具有强大的扩张能力，但其扩张趋势更多的是向低海拔的光滩上蔓延，88.13% 的互花米草分布在海拔 1.5m 以下，其分布频率最高的海拔范围出现在 0.9~1.5m，达到互花米草面积的 67% 以上，而在海拔 1.5m 以上区域分布面积甚少；在经济驱动及人为干扰作用的影响下，芦苇的高程分布较为分散，在 1.8~4.5m 均有分布，但在生态位的制约下，芦苇仍然较集中分布于高海拔区段，其中 2.1~2.7m 是其优势分布区间，分布面积达 6.21km²，占芦苇总面积的 68.09%。

处于三大主要植被间的交错带，其海拔分布趋势与交错带中主体植被的优势分布区间具有高度的一致性。互花米草-碱蓬交错带主要分布于研究区的东北部，分布区间为 1.2~1.8m。互花米草强大的扩张能力，使它在交错带中占据绝对比例，相应地其优势分布范围也影响着交错带的分布区间，1.2~1.5m 的区间集中了互花米草-碱蓬交错带面积的 48% 以上，这与互花米草的分布范围具有较强的相似性。碱蓬-芦苇交错带则主要分布于研究区的西南部，分布区间为 1.8~2.4m。其中，海拔 2.1~2.4m 的区域集中分布了交错带面积的 52.78%，优势分布区间同样呈现出与主体植被芦苇的强烈吻合度。

3. 地形空间分异对湿地景观动态变化的影响

以 2002 年、2012 年两期景观类型图为基础，运用 ArcGIS 的叠加功能，计算 10 年间盐城滨海湿地景观类型的变化情况。研究区不同时期景观类型面积及所占比例见表 5-2，10 年间不同景观类型向海和向陆方向扩张/收缩趋势如表 5-3 所示。

表 5-2 2002 年和 2012 年研究区景观类型变化统计表

类型	2002 年		2012 年		变化总量/km²	年变化量/km²	年变化率/%	变化趋势
	面积/km²	比例/%	面积/km²	比例/%				
互花米草	23.57	21.86	39.19	36.34	15.62	1.562	1.448	↑
碱蓬	39.64	36.76	16.25	15.07	23.39	2.339	2.169	↓
芦苇	9.12	8.46	26.68	24.74	17.56	1.756	1.628	↑

表 5-3 2002 年与 2012 年相比较——景观类型向海和向陆方向扩张/收缩趋势表(单位：m)

景观类型	指标	扩张/收缩方向	
		向海(低海拔区间)	向陆(高海拔区间)
互花米草	最大宽度	+1385	+733
	最小宽度	+285	+164
	平均宽度	+661	+359
碱蓬	最大宽度	−3408	−1063
	最小宽度	−1753	−215
	平均宽度	−2103	−486
芦苇	最大宽度	+4298	+2221
	最小宽度	+1943	+246
	平均宽度	+2457	+1351

注："+"表示景观扩张；"−"表示景观收缩。

结合表 5-2、表 5-3 及图 5-4 的分析结果，2002～2012 年的 10 年间研究区景观面积发生了显著变化。整体上主要表现为碱蓬面积持续减小，而互花米草、芦苇面积大幅度增加的趋势。互花米草面积呈大幅度增长趋势，其间共计增加15.62km²，平均每年增加 1.562km²，到 2012 年已增长为原来的 1 倍多。同时互花米草向海扩张最大宽度为 1385m，而向陆扩张最大宽度仅为 733m。这主要是由于互花米草的促淤作用，不断形成新的滩涂，泥沙的淤积使水分、盐度等营养元素产生新的组合，不断形成新的适宜互花米草的生存环境。碱蓬的面积变化显著，从 2002 年的占比 36.76%骤降至 2012 年的 15.07%，共计减少 23.39km²，降幅之大居各类景观之首，10 年间碱蓬向海方向上的收缩宽度最大为 3408m，向陆方向上的收缩宽度也达 1063m，至 2012 年碱蓬的分布已仅局限于较窄的宽度范围内。2002～2012 年的 10 年间，芦苇面积也发生了巨大变化，由最初的 9.12km²迅速增加到 26.68km²，共计增加 17.56km²，平均每年净增加 1.756km²。其间芦苇景观向海方向扩张的最大宽度为 4298m，直接扩张面积达 12.30km²，而这部分的扩张主要是不断侵占碱蓬的生长区域所致，向陆方向的扩张最大宽度也达到了 2221m。

进一步利用分布指数揭示地形影响，受湿地地形客观条件的限制，各景观类型在分布指数上的格局仅表现为高中、中低二段式的空间分布结构。低段区域(区间：1～4)是互花米草的优势分布区间，中段区域(区间：5～8)是互花米草、碱蓬的优势分布区间，高段区域(区间：8～10)则只分布着单一景观类型——芦苇。

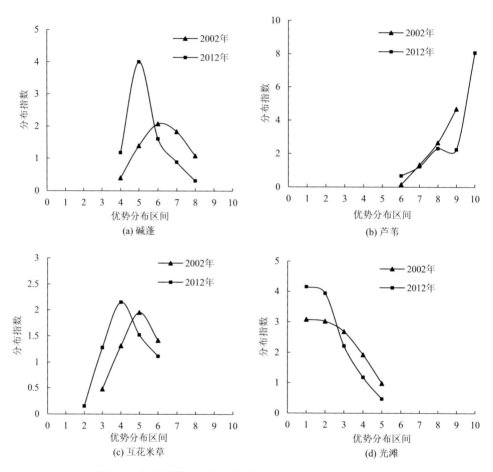

图 5-4　分布指数方法展示地形高程与湿地类型的影响关系

碱蓬(Suaeda)随区间的升高总体上呈下降趋势，且其高程分布区间(4～8)十分狭窄，在优势分布区间上，由 2002 年的区间 6 下降至 2012 年的区间 5，且在分布指数上上升较快，而在其他区间上相对于 2002 年，2012 年各区段分布指数大多呈下降趋势。这样的格局主要是受东西两个方向上互花米草(Spartina alterniflora)和芦苇(Phragmites)的挤占影响。芦苇分布随区间的上升呈增高趋势，

2002 年芦苇的优势分布区间为 8～9，2012 年则扩展到 8～10。同时 2012 年芦苇在较高区间上的分布指数增长迅速，高出 2002 年近 4 倍。这说明随着时间的推移，芦苇虽向低海拔区间的碱蓬扩张，但在其最适宜的高海拔区间内的分布指数非但没有削弱反而得到加强，这种变化得益于人类对经济效益的追求而大面积在高海拔区段开发芦苇田。整体来看，互花米草和光滩(bare flat)的分布规律较为一致，都具有明显的向低海拔区间转移的趋势，并且在低海拔区间上的分布指数也不断升高。其中，互花米草的优势分布区间由 4～5 下降为 3～5，并在区间 4 内的分布指数明显上升，显示出强烈地向低海拔区间扩张的趋势；光滩随区间的上升分布指数呈快速下降的趋势，优势分布区间 10 年内未出现明显变化，但在低海拔区段的分布指数变化速率加快，在区间 1 内，2002 年光滩所占总面积的比例为42.07%，而至 2012 年已增长到总面积的 50.34%。在互花米草的促淤功能下，泥沙的淤积使光滩范围不断向海洋延伸，加之互花米草的扩张作用，使光滩的分布指数不断向低区间收缩。

　　从时空动态变化来看，互花米草的优势分布区间由 0.9～1.5m 下降为 0.6～1.2m，显示出强烈地向低海拔区间扩张的趋势；碱蓬随区间的升高总体上呈下降趋势，区间 1.8～2.1m 是其优势分布范围；芦苇的优势分布区间由 2002 年的 2.1～2.7m 上升为 2011 年的 2.1～3.0m。

5.1.2　土壤水/盐空间分异对景观过程的影响

1. 研究思路与方法

　　研究区域的滨海湿地是海洋潮汐过程影响下形成的淤泥质滨海湿地类型。在海洋潮汐过程影响下，出现日潮淹没带、月潮淹没带和年潮淹没带，导致不同淹没带水分、盐分空间分异明显。水/盐是区域湿地景观结构演变的内在过程因子。因此，研究通过监测不同湿地景观类型水、盐因子，揭示水/盐空间分布与湿地类型之间的关系，并确定阈值。在此基础上，利用神经网络模型，建立水/盐与湿地类型的空间关系，利用 GIS 平台，实现水/盐空间化分布研究。然后通过构建基于水/盐过程驱动的景观模型，揭示区域在自然与人为双重影响下，湿地景观格局动态演变过程与趋势。图 5-5 是针对滨海湿地景观演变特征和景观生态过程变化规律构建的湿地景观过程模型框架。

　　从图 5-5 可以看出，景观过程模型构建既需要以景观尺度数据为基础，还要对驱动景观变化的景观生态过程(土壤水/盐)变化规律进行深入研究。基本方法是基于 GIS 元胞转换规则确定，运用 Matlab 编程，构建基于过程的景观演变模拟模型，并与 GIS 耦合实现空间显示。具体方法是在 ArcGIS 9.3 中，将所有的景观类型数据(A)、土壤盐度(B)、土壤水分(C)数据，转化成 ASCII 格式，再以矩阵 A、

B、C 的形式导入 Matlab 中，以一年为时间步长进行参数调试、敏感性分析、一致性分析和精度检验。其中，景观数据是利用 2000 年数据模拟 2006 年景观，2006年数据模拟 2011 年景观。

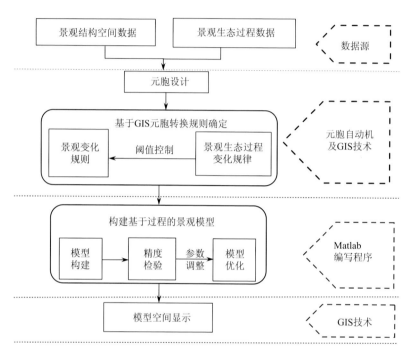

图 5-5　滨海湿地景观过程模型框架

2. 滨海湿地土壤水/盐空间分布及其变化特征

1)湿地土壤水分类型分异

湿地土壤水分差异主要体现的是在海陆方向上、不同景观类型之间的差异。通过单因素方差分析(ANOVA)(显著性水平 $\alpha=0.05$)得出：在干旱年份或者湿润年份，不管是在人工管理区还是自然条件区，盐城滨海湿地不同景观类型之间土壤水分存在着显著差异性。从图 5-6 和图 5-7 可以看出：滨海湿地土壤水分从陆地向海洋呈现波动上升的趋势，即从芦苇沼泽、碱蓬沼泽到互花米草沼泽，土壤水分呈上升态势。这主要由于从芦苇沼泽、碱蓬沼泽到互花米草沼泽，随着距离海洋由远及近，受到海水潮汐的影响逐渐增大，土壤水分逐渐升高。

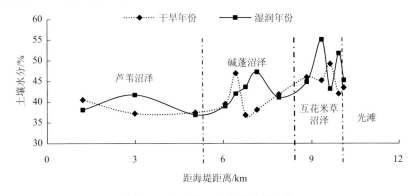

图 5-6　人工管理区土壤水分变化

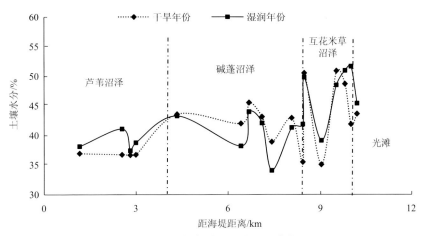

图 5-7　自然条件区土壤水分变化

　　人工管理和自然条件两种驱动模式对滨海湿地土壤水分产生不同的影响。通过单因素方差分析（ANOVA）（显著性水平 $\alpha=0.05$）可知，人工管理区和自然条件区土壤水分存在着明显的差异。为了进一步解释人工管理和自然条件两种模式下土壤水分的差异,对人工管理区和自然条件区滨海湿地土壤水分平均值进行对比,可以得出：无论干旱年份还是湿润年份，人工管理区各景观类型的土壤平均水分含量均高于自然条件区。干旱年份，人工管理区土壤水分平均值为 42.001%，略高于自然条件区的 41.749%；人工管理区，从芦苇沼泽、碱蓬沼泽到互花米草沼泽土壤水分平均含量依次为 38.834%、41.053%、46.965%；自然条件区，从芦苇沼泽、碱蓬沼泽、互花米草沼泽到光滩土壤水分平均含量依次为 36.786%、40.703%、44.159%、42.785%。湿润年份，人工管理区土壤水分平均值为 43.848%，略高于自然条件区的 42.650%；人工管理区，从芦苇沼泽、碱蓬沼泽到互花米草沼泽土壤水分平均含量依次为 39.002%、43.496%、47.681%；自然条件区，从芦苇沼泽、碱蓬沼泽、互花米草沼泽到光滩土壤水分平均含量依次为 38.848%、

40.417%、46.034%、48.493%。人工管理区,通过人工建设拦水堤坝,蓄积淡水,并通过地表排水或地下径流对碱蓬沼泽的土壤水分产生影响,但人工管理区互花米草沼泽的宽度明显小于自然条件下互花米草沼泽的宽度,更容易受到海水影响。

2)滨海湿地土壤盐分类型分异

土壤盐度在海陆方向上的差异,是滨海湿地景观格局形成的重要因素之一。通过单因素方差分析(ANOVA)(显著性水平 $\alpha=0.05$)得出:在干旱年份或者湿润年份,不管是在人工管理区还是自然条件区,盐城滨海湿地不同景观类型土壤盐度均存在着显著的差异性。从图 5-8 和图 5-9 可以看出:滨海湿地土壤盐度从陆地向海洋呈现波动上升的趋势,即从芦苇沼泽、碱蓬沼泽到互花米草沼泽,土壤盐度呈上升态势。海水是土壤盐度的主要来源,从芦苇沼泽到互花米草沼泽,随距海堤距离增加,离海洋越来越近,地下潜水位变浅,受海水影响的时间增加,土壤盐度呈现相应升高。

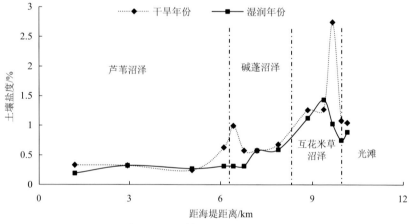

图 5-8　人工管理区土壤盐度变化

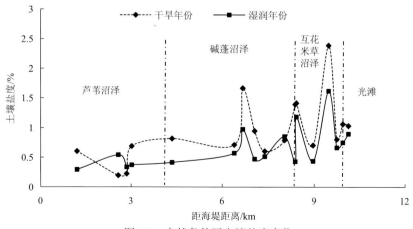

图 5-9　自然条件区土壤盐度变化

　　人工管理区主要是通过对土壤盐度施加影响，改变自然状态下滨海湿地景观演变过程。通过单因素方差(ANOVA)分析(显著性水平 $\alpha = 0.05$)，人工管理区和自然条件区土壤盐度存在着明显的差异。进一步比较人工管理区和自然条件区土壤盐度的平均值得出：无论干旱年份还是湿润年份，在人工管理区，容易受到淡水影响的芦苇沼泽和碱蓬沼泽盐度明显低于自然条件区。干旱年份，人工管理区土壤盐度平均值为 0.905%，低于自然条件区的 0.948%；人工管理区从芦苇沼泽、碱蓬沼泽到互花米草沼泽土壤平均盐度依次为 0.388%、0.707%、1.756%；自然条件区从芦苇沼泽、碱蓬沼泽、互花米草沼泽到光滩依次为 0.433%、0.927%、1.342%、1.057%。湿润年份，人工管理区土壤盐度平均值为 0.628%，低于自然条件区的 0.662%；人工管理区从芦苇沼泽、碱蓬沼泽到互花米草沼泽土壤平均盐度依次为 0.283%、0.453%、1.192%；自然条件区从芦苇沼泽、碱蓬沼泽、互花米草沼泽到光滩则依次为 0.379%、0.628%、0.866%、0.823%。主要原因在于：①人工管理区实施了人工围堰，恢复了淡水芦苇沼泽，使芦苇沼泽土壤盐度降低；②人工管理区互花米草沼泽带宽度较自然条件区窄，而且岸滩较之南部自然条件区表现出一定的侵蚀作用，使互花米草沼泽更容易受到海水的影响，造成土壤盐度升高；③碱蓬沼泽相对于芦苇沼泽，高程较低，人工围堰区的淡水易通过地表径流和地下渗透的方式影响碱蓬沼泽，而互花米草沼泽的促淤功能在一定程度上也阻挡了潮水的入侵，使碱蓬沼泽土壤盐度下降。

3. 滨海湿地土壤水/盐模型预测

1)滨海湿地土壤水/盐空间分布与阈值效应

　　滨海湿地生态系统是动态、开放和非线性的复杂系统。其中，土壤水分和盐度是滨海湿地景观演变关键生态因子。为了实现这些影响因子的空间化研究，在Matlab 中运用人工神经网络模块和 2011 年景观分布图与实地水/盐调查数据构建神经网络模型。利用此模型，实现各时段水/盐等生态因子的空间化研究。图 5-10 为 2011 年人工与自然区域土壤水分和盐度空间分异图。

　　由此发现，研究区滨海湿地土壤水分和盐度的空间分异特征均呈现出沿海岸方向延伸、沿海陆方向更替的特征；沿东西海陆方向的变异明显大于南北海岸延伸方向上的变异。进一步将土壤水/盐空间分布图与各时段植被分布图叠加分析，确定了滨海湿地土壤水分和盐度的阈值范围(表 5-4)。

　　不同类型土壤水/盐阈值表现出如下特征：芦苇沼泽的土壤水分阈值范围为33.1132%～42.2824%，土壤盐度阈值范围为 0.1531%～0.5325%；碱蓬沼泽的土壤水分阈值范围为 33.1132%～48.6342%，土壤盐度阈值范围为 0.5325%～0.8862%；互花米草沼泽的土壤水分阈值范围为26.4158%～55.3316%，土壤盐度阈值范围为 0.8862%～1.4375%；光滩的土壤水分阈值范围为 48.6342%～

66.5934%，土壤盐度阈值范围为 0.3148%～0.8862%。滨海湿地土壤水分和土壤盐度阈值的组合，可以作为滨海湿地景观演变生态影响因子变化范围的判别依据。

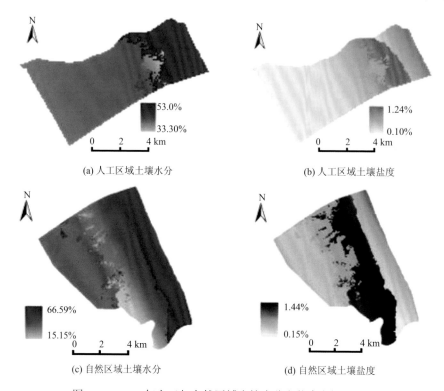

(a) 人工区域土壤水分

(b) 人工区域土壤盐度

(c) 自然区域土壤水分

(d) 自然区域土壤盐度

图 5-10　2011 年人工与自然区域土壤水分和盐度空间分异图

表 5-4　不同景观类型土壤水分和盐度的阈值范围　　　　（单位：%）

项目	水分值	盐度值
芦苇沼泽	33.1132～42.2824	0.1531～0.5325
碱蓬沼泽	33.1132～48.6342	0.5325～0.8862
互花米草沼泽	26.4158～55.3316	0.8862～1.4375
光滩	48.6342～66.5934	0.3148～0.8862

2）滨海湿地景观演变过程与趋势

利用构建的景观模拟模型，对区域水/盐驱动下的湿地景观演变进行模拟研究，结果如图 5-11 和图 5-12 所示。

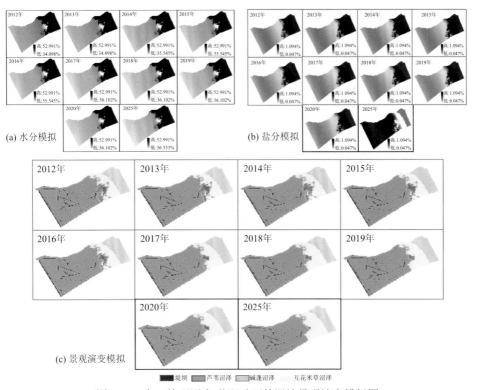

(a) 水分模拟

(b) 盐分模拟

(c) 景观演变模拟

■堤坝　■芦苇沼泽　碱蓬沼泽　互花米草沼泽

图 5-11　人工管理区水/盐驱动下的湿地景观演变模拟图

模型模拟结果显示，2012～2025 年，人工管理区和自然条件区景观演变都呈现出芦苇沼泽和互花米草沼泽扩张、碱蓬沼泽面积减少的过程。但是相比之下，人工管理区景观演变格局与速度均与自然条件区差异很大。其中，芦苇和互花米草扩张速度均较快，到 2017 年仅有少量碱蓬沼泽斑块幸存，到 2025 年将基本消失。自然条件区，景观演变带状格局特征维持到 2025 年，之后互花米草的迅速扩张将导致碱蓬植被基本消失。

5.2　外来植物入侵对原生景观演变的影响

5.2.1　互花米草沼泽时空演变过程研究

1. 互花米草沼泽景观空间演变特征

1996～2011 年的 15 年间，研究区不同生长年龄的互花米草沼泽景观发生了显著的变化，为弄清该景观随时间演变的特征，从该区滨海湿地整体景观结构入手，通过分析互花米草景观面积和其他各景观指数的变化，阐明互花米草沼泽景观 15 年间的演变方向与趋势。

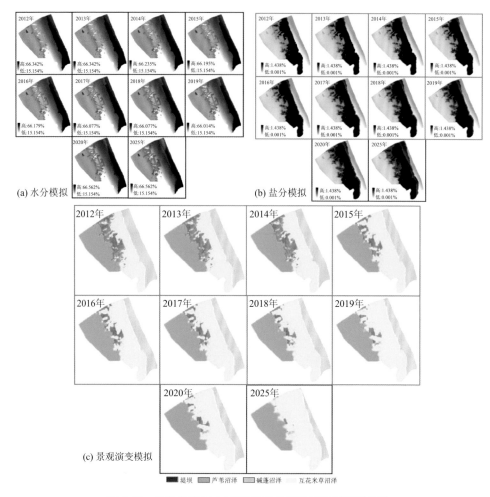

(a) 水分模拟

(b) 盐分模拟

(c) 景观演变模拟

■堤坝 ▨芦苇沼泽 □碱蓬沼泽 ▨互花米草沼泽

图 5-12   自然条件区水/盐驱动下的湿地景观演变模拟图

互花米草沼泽景观的时间演变深受滨海湿地整体景观结构变化的影响，同时又对整体景观结构变化产生影响。分析滨海湿地景观结构及其时间变化，可为进一步研究互花米草沼泽景观的特征奠定基础。研究区 1996～2011 年滨海湿地景观变化如图 5-13 所示。

从图 5-13 可以看出，1996～2011 年互花米草沼泽景观已经从零散分布的斑块演变为连续、带状分布的整体，占据了整个潮间带的中下部。其间，互花米草沼泽面积迅速扩大，并且连续带状分布的互花米草将核心区带状分布的碱蓬沼泽与光滩景观完全地分隔开。将 2011 年互花米草生长年龄定为 1 年，1996 年互花米草生长年龄定为 16 年，以此类推计算生长年龄。在扩张方向上，10～16 年龄的互花米草沼泽空间扩张特征表现为以沿平行海岸方向扩张为主；小于 10 年龄的互花米草则表现为以垂直海岸方向扩张为主。在互花米草生长的整体时段内，它向陆侵占碱蓬沼泽，向海侵占光滩湿地，表现为向海与向陆的双向扩展。

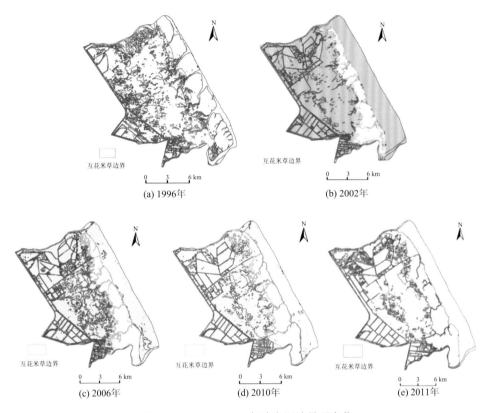

图 5-13　1996～2011 年滨海湿地景观变化

从互花米草的分布面积变化看，互花米草沼泽面积和斑块平均面积变化十分显著，如图 5-14 所示。

1996～2011 年这 15 年中，互花米草沼泽面积增长了 2661.74hm²，年均增长 177.45hm²，增幅 215.42%，年变化率为 14.36%。其中，10～16 年生的互花米草面积的增幅最大，年均增长面积为 205.06hm²，表现为快速增长特征；6～10 年生的互花米草年均增长面积为 136.34hm²，表现为持续增长特征；2～6 年互花米草增长速度减慢，年均增长面积为 92.33hm²，表现为稳定增长特征。这主要与互花米草较高的生物生产力、较强的繁殖能力和对盐生生境较强的适应性有关。此外，新生互花米草沼泽面积减少 79.40hm²，这可能与中路港北部的人为开发和管理有关。但是，整体时段内，互花米草沼泽的面积呈递增趋势，互花米草面积年均增长率为先增大后减小。

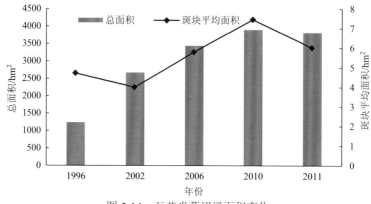

图 5-14 互花米草沼泽面积变化

从斑块平均面积来看，10～16 年生的互花米草斑块平均面积减小了 $0.72hm^2$，但总面积增长最快。由此可见，由于这个阶段互花米草的迅速扩张，产生了大量的小斑块。6～10 年生的互花米草斑块平均面积增长 $1.79hm^2$，年均增长 $0.36hm^2$，表现为斑块平均面积增长加快的趋势。这主要是互花米草由分散的斑块逐渐连接成带状分布所致；2～6 年生的互花米草斑块平均面积增长 $1.66hm^2$，年均增长 $0.33hm^2$，斑块平均面积持续增长，但与前阶段相比增幅略有减小；1～2 年生的互花米草平均斑块面积减少，景观破碎化程度加深。总体看，互花米草斑块扩张趋于稳定。

2. 互花米草沼泽景观格局演变特征

景观格局主要指景观空间格局，即不同景观单元空间上的位置、分布和组合状况。互花米草沼泽景观发生过程中，受各种生态过程综合作用，形成了其景观特定的组成和结构。由于景观边界内各种生态系统间相互作用发生的时间长短和空间范围不同，从而对互花米草景观的分布特征造成影响。在景观水平上，表现为各景观要素互为条件的复杂格局。因此，景观格局不仅能反映不同景观类型在空间上的位置关系，而且能反映不同景观类型之间潜在的相互作用关系。

1）互花米草沼泽景观格局指数空间变化

在景观尺度上，选择斑块密度(PD)、景观形状指数(LSI)、散布与并列指数(IJI)和聚合度指数(AI)来反映景观格局变化，如表 5-5 所示。

表 5-5 不同生长年龄互花米草沼泽景观格局指数变化

生长年龄	PD	LSI	IJI	AI
16 年	0.3395	9.7436	69.2976	76.7711
10 年	0.6168	12.0174	84.2237	80.4867
6 年	0.7104	3.3435	87.6607	86.8740
2 年	0.6691	9.7626	71.1746	87.1938
1 年	0.7161	8.7899	85.5980	88.4259

表 5-5 反映出 15 年中互花米草沼泽各景观指数的变化。景观斑块密度(PD)整体呈现增大趋势,反映出区域湿地景观斑块数量不断增多的趋势。景观形状指数(LSI)表示斑块边缘形状的发育程度,LSI 越高,表明景观斑块形状越复杂。整体时段内,LSI 呈先增大,后减小,再增大,最后又减小的趋势;LSI 的变化表明研究区景观斑块形状由简单到复杂最后又变简单的过程。由于互花米草分布面积大,与其他景观类型空间邻接广泛且交错分布,所以散布与并列指数(IJI)偏大。整体上 IJI 先增大,又减小,再增大。其中,6 年生互花米草的 IJI 值最大,16 年生的最小。聚合度指数(AI)呈现不断增长的变化特征,表明景观聚合程度不断加强。这主要是受到互花米草分布格局变化的影响,互花米草斑块由分散向整体的带状发展,使整体景观聚合度增加。AI 减小说明景观由许多小斑块组成,区域的斑块类型逐渐分散为不同景观组分的斑块形态特征,同一类型景观之间呈破碎孤立分布态势。总的来看,研究区互花米草沼泽景观不断聚集,表现为由分散到连续带状分布的同时,互花米草与其邻接景观交错分布,景观内部破碎化程度加强。

2)互花米草整体斑块质心分析

斑块质心移动,能反映出景观整体移动方向和移动速率。1996～2011 年,江苏盐城互花米草沼泽景观整体质心移动如图 5-15 所示。

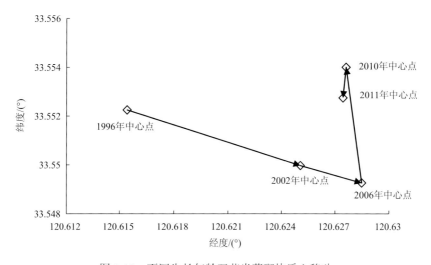

图 5-15　不同生长年龄互花米草斑块质心移动

从图 5-15 可以看出,江苏盐城互花米草沼泽景观整体质心总体向东偏移。其中,6～16 年生的互花米草斑块质心向东南方向移动,向东移动约 0.013°,约 1220.53m,平均每年向海移动 110.96m,互花米草扩张处在自然演替快速扩张阶段;向南移动 0.003°,斑块质心整体以向海推进为主。2～6 年生互花米草斑块质心向西北方向移动,向北移动 0.005°,向西移动约 0.001°,移动速度约 98.60m/a;

1 年生互花米草斑块质心呈现出向陆方向移动。互花米草质心偏移方向的变化，说明不同生长年龄的互花米草向海自然演替的速度在减慢，西北方向向陆演替的速度有所增加，可能与西北方向潮流侵蚀加强有关。

　　总体时段内，互花米草质心以向海扩张为主。从移动速度来看，6～16 年生互花米草向东偏移速度快；2～6 年生互花米草向北偏移速度快，新生互花米草斑块质心向陆(偏西南方向)移动速度较快。

　　3) 互花米草垂直海岸方向向海、向陆扩张距离分析

　　为进一步揭示不同生长年龄互花米草景观的扩展方向和速率，采用质心、边界、断面分析和图上量算相结合的方法，分别在研究区北部、中部和南部以 16 年生互花米草斑块质心为中心，沿大致与海岸垂直的方向向海、向陆取三个断面并与各年互花米草稳定边界相交，量算互花米草质心到各交点的距离，最后取三者的平均值，以此确定互花米草稳定边界向海、向陆年均移动的距离，如图 5-16 所示。

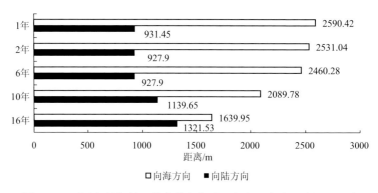

图 5-16　不同生长年龄互花米草斑块质心向海、向陆方向扩张距离

　　从图 5-16 可以看出，互花米草沼泽景观向海和向陆双方向扩张，整体时段以向海扩张为主。向海方向上，10～16 年生互花米草向海扩张了 449.83m，年均向海扩张 74.97m；6～10 年生的互花米草向海扩张了 370.5m，年均向海扩张 92.63m；2～6 年生互花米草向海扩张了 70.76m，年均扩张 17.69m，与前两个生长年龄段相比，互花米草向海扩张速度明显降低，就此推断，互花米草向海扩张可能进入稳定阶段，扩展速度降低；1～2 年生的互花米草扩张速度为 59.38m/a。整体时期内，互花米草年均向海扩张 63.36m。总的来看，互花米草的定居促进了滨海湿地的淤长；湿地的淤长又为互花米草的进一步扩张提供了广阔的生态位。

　　向陆方向上，互花米草年均向陆扩张 26.01m。其中，10～16 年生互花米草向陆扩张了 181.88m，年均向陆扩张 30.31m；6～10 年生的互花米草向陆扩张了 211.75m，年均向陆扩张 52.94m；2～6 年生的互花米草向陆扩张不明显，1～2 年

生的互花米草扩张速度仅为–3.55m/a，与前几个生长时期相比，互花米草向陆扩张速度明显降低。总的来看，向陆方向上，互花米草扩张慢，受水分和盐度条件等的控制，带状扩张不明显。

比较不同定居年龄的互花米草向海、向陆扩张的距离，可以发现共同的扩张规律，6～10 年生的互花米草年均扩张距离最大，10～16 年生的互花米草年均扩张距离次之，2～6 年生的互花米草年均扩张距离最小，1～2 年生的互花米草年均扩张距离略有增加。

3. 互花米草沼泽景观整体转移矩阵分析

为了进一步弄清互花米草沼泽景观的动态变化情况，从滨海湿地整体景观入手，利用转移矩阵的方法，具体分析各定居年龄互花米草沼泽的动态变化情况。由于滨海湿地六种主要类型中，道路这类地物的线形特征比较明显，面积相对较小，所以在进行景观转移分析时，不作主要考虑。只对其余五种景观类型之间的转移状况进行分析。通过对 1996 年、2002 年、2006 年、2010 年和 2011 年五期影像进行两两叠加分析，得到四个时期景观转移矩阵（表 5-6～表 5-9）。

表 5-6　1996～2002 年滨海湿地转移矩阵

类型	光滩	碱蓬沼泽	芦苇沼泽	互花米草沼泽	水体
光滩/hm²	3128.79	531.38	360.56	834.30	656.73
占比/%	56.08	9.52	6.46	14.95	11.77
碱蓬沼泽/hm²	63.49	3760.25	818.12	725.38	1104.18
占比/%	0.95	56.32	12.25	10.86	16.54
芦苇沼泽/hm²	6.62	123.46	1407.18	193.60	1251.37
占比/%	0.20	3.69	42.08	5.79	37.42
互花米草沼泽/hm²	2.73	50.95	287.61	856.45	22.10
占比/%	0.22	4.14	23.34	69.51	1.79
水体/hm²	873.51	41.29	185.92	43.09	664.37
占比/%	45.88	2.17	9.77	2.26	34.90

注：行数据表示前一时期某一景观类型转变为下一时期各景观类型的面积与所占前期面积的比例；下同。

表 5-7　2002～2006 年滨海湿地转移矩阵

类型	光滩	碱蓬沼泽	芦苇沼泽	互花米草沼泽	水体
光滩/hm²	3341.26	56.21	0.45	440.52	243.10
占比/%	81.50	1.37	0.01	10.75	5.93
碱蓬沼泽/hm²	51.87	2613.79	635.49	304.84	858.61
占比/%	1.15	57.83	14.06	6.74	19.00

续表

类型	光滩	碱蓬沼泽	芦苇沼泽	互花米草沼泽	水体
芦苇沼泽/hm²	28.89	128.83	2259.04	232.56	296.41
占比/%	0.92	4.12	72.16	7.43	9.47
互花米草沼泽/hm²	9.95	178.60	172.07	2204.93	74.10
占比/%	0.37	6.69	6.45	82.60	2.78
水体/hm²	177.37	382.12	481.37	216.13	2276.94
占比/%	4.65	10.03	12.63	5.67	59.75

表 5-8　2006～2010 年滨海湿地转移矩阵

类型	光滩	碱蓬沼泽	芦苇沼泽	互花米草沼泽	水体
光滩/hm²	3004.98	102.76	71.35	283.92	155.34
占比/%	82.73	2.83	1.96	7.82	4.28
碱蓬沼泽/hm²	2.98	2206.80	792.98	219.03	154.43
占比/%	0.09	63.75	22.91	6.33	4.46
芦苇沼泽/hm²	0.45	450.20	2725.29	224.08	170.84
占比/%	0.01	12.15	73.54	6.05	4.61
互花米草沼泽/hm²	4.42	215.52	123.86	2993.59	58.10
占比/%	0.13	6.27	3.61	87.13	1.69
水体/hm²	219.97	149.30	888.65	623.79	1932.33
占比/%	5.63	3.82	22.72	15.95	49.41

表 5-9　2010～2011 年滨海湿地转移矩阵

类型	光滩	碱蓬沼泽	芦苇沼泽	互花米草沼泽	水体
光滩/hm²	3099.18	11.37	0.27	43.76	90.22
占比/%	95.50	0.35	0.01	1.35	2.78
碱蓬沼泽/hm²	344.87	2916.65	329.69	180.07	140.45
占比/%	8.56	72.41	8.19	4.47	3.49
芦苇沼泽/hm²	53.76	804.23	3204.90	192.31	59.53
占比/%	1.20	17.95	71.55	4.29	1.33
互花米草沼泽/hm²	21.56	390.97	85.70	3321.08	59.81
占比/%	0.55	10.03	2.20	85.21	1.53
水体/hm²	353.88	233.10	59.62	57.74	1822.72
占比/%	13.46	8.86	2.27	2.20	69.32

从表 5-6～表 5-9 可以看出,四个时期内,各景观类型面积都发生了不同程度的变化。其中,互花米草面积增加最为显著。1996～2002 年景观结构变化表明,

2002 年由光滩转为互花米草沼泽的面积占 1996 年光滩总面积的 14.95%；2002～2006 年为 10.75%；2006～2010 年为 7.82%；2010～2011 年为 1.35%，此值不断减小，可能与互花米草面积不断扩大、分母增大有关，也与互花米草扩张态势趋于稳定、面积变化幅度减小有关。四个时段内，互花米草向碱蓬沼泽扩张所占前期的比例分别为 4.14%、6.69%、6.27% 和 10.03%。总体上，滨海湿地景观结构表现为互花米草沼泽向光滩和碱蓬沼泽扩张，芦苇沼泽向碱蓬沼泽扩张，碱蓬沼泽面积不断缩小的趋势。这与时间上的扩张相吻合。综合以上信息，进一步明确互花米草沼泽景观转移面积与变化率，结果如表 5-10 所示。

表 5-10　互花米草沼泽景观转移面积及变化率

参数	10～16 年	6～10 年	2～6 年	1～2 年	1～16 年
增加/hm²	1813.07	1221.22	903.76	576.27	2942.6
减少/hm²	375.64	464.63	442.13	496.87	363.02
变化量/hm²	1437.43	756.59	461.63	79.4	2579.58
变化率/%	116.67	28.34	13.44	−2.04	208.31
占有率/%	6.47	13.96	17.94	20.37	19.99

从表 5-10 可以看出，江苏盐城滨海湿地互花米草面积增加较多，15 年中互花米草面积增加了 2942.6hm²，减少了 363.02hm²，变化增加量达到 2579.58hm²。充分说明该阶段互花米草不断扩展，侵占周边其他类型的湿地能力较强。前四个生长时段内互花米草的变化量、变化率均呈现逐渐降低的趋势，以 10～16 年生的互花米草面积变化量最大，说明此年龄段的互花米草扩张最为迅速，之后其扩张趋于稳定，1～2 年生的互花米草面积略有增加。四个时段内互花米草占有率(表示各类型占研究区面积的比例)逐渐增大。

增加的互花米草沼泽景观主要侵占光滩、碱蓬、芦苇和水体；减少的互花米草沼泽景观主要被碱蓬、芦苇、水体和道路(土路)所侵占。具体增加、减少的情况如图 5-17 和图 5-18 所示。

整体时段内，互花米草面积增加部分主要来自光滩(1722.67hm²)、碱蓬(750.24hm²)、芦苇(225.88hm²)和水体(219.07hm²)，其中贡献最大的是光滩，表明互花米草沼泽在向海扩张的过程中不断侵占光滩，使光滩面积不断减小；其次是向碱蓬沼泽扩张，与碱蓬植被交错分布；再次是向芦苇沼泽扩张；互花米草侵占水体最少。转移贡献率(转移部分面积占原资源类型面积的百分比)，光滩、碱蓬、芦苇和水体分别为 30.85%、11.23%、6.75% 和 11.41%。

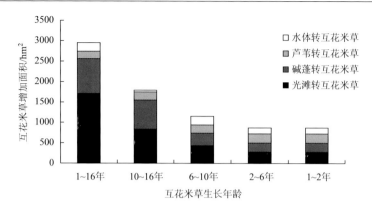

图 5-17　不同时段互花米草增加面积及来源

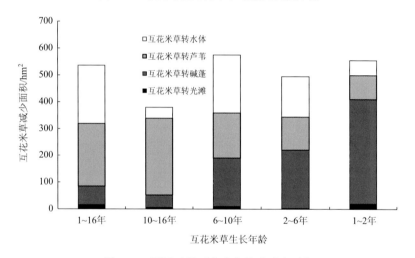

图 5-18　不同时段互花米草景观减少面积

相对增加量而言，互花米草的减少量较小。总体时段内，互花米草减少部分主要转移方向为碱蓬（69.74hm²）、芦苇（231.60hm²）、水体（225.29hm²）和光滩（18.56hm²），转移贡献率分别为1.54%、6.07%、1.08%和0.48%。其中，1~2年和6~10年生的互花米草沼泽景观减少面积较大。整体时段内，6~10年生的互花米草累计减少面积最大。

4. 不同生长年龄互花米草植物群落影响

研究区不同定居年龄互花米草植被群落各因子在海陆方向上的分布如图5-19~图5-21所示。

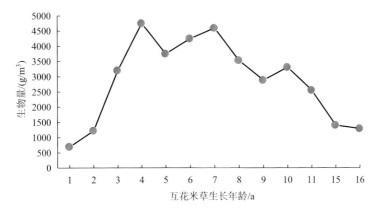

图 5-19　互花米草生物量与生长年龄的关系

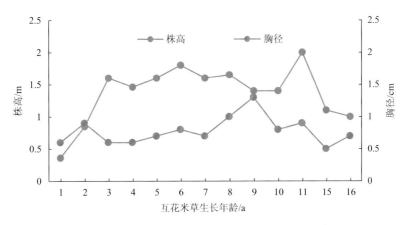

图 5-20　互花米草株高、胸径与生长年龄的关系

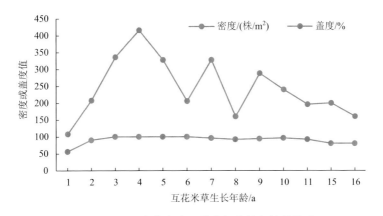

图 5-21　互花米草密度、盖度与生长年龄的关系

比较图 5-19～图 5-21 发现，在向海扩张的前沿，植株矮小，植被密度、盖度和地上生物量指标都低，表现出先锋植被适应生境扩展的特征，处在植被生长初期(1 年以来)。2～6 年生的互花米草，由于适应了生境条件，植被生长旺盛，表现为平均植株高度高，植被密度、盖度和地上生物量指标都较高，盖度达到 100%，生物生产力最大值出现在该时期。9 年生的互花米草，平均植株高度最高，胸径最大。11～16 年生的互花米草由于地面高程的增加，限制了潮流的范围，水分条件逐渐变差，造成植被植株变矮，盖度降低。

总的来看，互花米草沼泽高程的差别和当地潮位的高低不同，决定了某一高度的植物群落淹水时间的长短。而淹水时间长短直接影响互花米草群落的分布特征和生物量的高低。建立在小潮高潮线附近滩面的互花米草群落，其密度、高度、地上生物量，均比建立在偏低、偏高位置滩面的群落高。互花米草群落地上生物量以 4 年生群落为最高。由于潮水及沼泽土壤的含盐量和养分不同，涨潮次数和淹没时间也不同，这些因素均直接影响互花米草群落的分布特征和生物量。为进一步理解不同生长年龄的互花米草植物群落分布特性，对其生长年龄与植物群落指标的相互关系进行了分析(表 5-11)。

表 5-11　生物生产力指标 Pearson 相关性分析表

		年龄	株高	胸径	密度	盖度	生物量
年龄	Pearson 相关	1	0.148	0.037	−0.268	−0.06	−0.199
	显著性(双侧)		0.63	0.903	0.376	0.845	0.514
株高	Pearson 相关	0.148	1	0.26	0.44	0.823**	0.762**
	显著性(双侧)	0.63		0.391	0.133	0.001	0.002
胸径	Pearson 相关	0.037	0.26	1	−0.106	0.251	0.079
	显著性(双侧)	0.903	0.391		0.73	0.409	0.798
密度	Pearson 相关	−0.268	0.44	−0.106	1	0.714**	0.717**
	显著性(双侧)	0.376	0.133	0.73		0.006	0.006
盖度	Pearson 相关	−0.06	0.823**	0.251	0.714**	1	0.805**
	显著性(双侧)	0.845	0.001	0.409	0.006		0.001
生物量	Pearson 相关	−0.199	0.762**	0.079	0.717**	0.805**	1
	显著性(双侧)	0.514	0.002	0.798	0.006	0.001	

**表示 $P<0.01$。

由表 5-11 可以看出，互花米草的生长年龄和株高、密度、盖度和生物量之间不存在显著的相关性；但生物量与株高、密度、盖度之间在 $P<0.01$ 上存在显著的正相关关系；盖度与株高、密度之间在 $P<0.01$ 上也存在显著的正相关关系。表明株高、密度、盖度越高，生物量越高；株高、密度越大，盖度也越大。

为查明不同生长年龄的互花米草植被群落影响因子与土壤影响因子的关系，表 5-12 和表 5-13 进一步分析了不同生长年龄的互花米草植被生物生产力、盖度与各土壤影响因子的相互关系。

表 5-12　生物生产力与土壤因子 Pearson 相关性分析表

生物量	盐度	氨态氮	速效钾	有机质	有效磷	容重	水分
Pearson 相关性	0.094	0.202	0.315	0.649*	0.396	0.593*	0.114
显著性（双侧）	0.761	0.509	0.294	0.016	0.180	0.033	0.712

*表示 $P<0.05$; $N=13$。

表 5-13　盖度与土壤因子 Pearson 相关性分析表

盖度	盐度	氨态氮	速效钾	有机质	有效磷	容重	水分
Pearson 相关性	0.123	0.275	0.155	0.345	0.358	0.629*	0.218
显著性（双侧）	0.688	0.363	0.612	0.248	0.230	0.021	0.474

*表示 $P<0.05$; $N=13$。

互花米草生物量和土壤有机质、容重在 $P<0.05$ 上存在显著的相关性。这主要是因为植被生物量越大，植物死亡后累积在土壤中的有机质就越多。此外，互花米草的盖度和土壤容重间存在显著的相关性。互花米草植被生长旺盛的地方，往往植被盖度高。某种程度上，互花米草植被的生长使土壤孔隙度增加，最终导致土壤容重降低。

5. 互花米草沼泽景观演变机制模型

1）互花米草沼泽景观演变机制模型概念框架

互花米草沼泽景观的动态演变是一个多因素相互作用的复杂时空过程。元胞自动机（CA）模型基于元胞的动态模拟系统，与基于栅格的 GIS 系统能够很好地集成，可对复杂的时空现象和过程进行动态分析，因而满足本研究的需要。基于互花米草沼泽景观的时空演变特征和景观生态过程的时空变化规律，设计了互花米草沼泽景观演变机制模型的概念框架，如图 5-22 所示。

从图 5-22 可以看出，模型的构建主要分为两大部分：一部分是获取空间参数及其阈值；另一部分就是模型模拟的过程。模型采用空间动态反馈机制并运用 CA 原理建模。空间实体的个体行为共同创造了空间过程，空间过程重塑了空间格局，空间格局又反过来影响空间过程和行为，如此反复，形成互花米草沼泽景观的动态演化过程。模型中，空间实体的个体行为指诸多因子相互作用下不同生长时期的互花米草沼泽景观的空间转化行为；空间过程指互花米草沼泽生态过程；空间格局指互花米草景观的空间分布、组合状况。

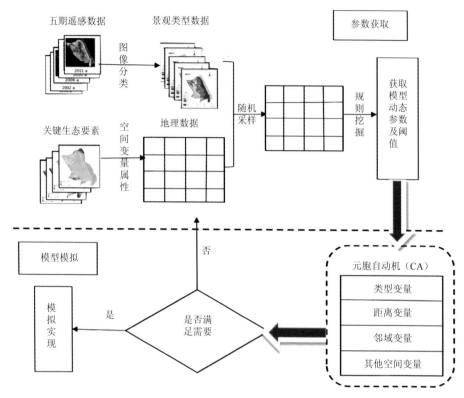

图 5-22　互花米草沼泽景观演变机制模型的概念框架

2) 互花米草沼泽景观演变模拟结果

根据 2006～2011 年的模拟模型建立的规则，利用 C 语言在 Matlab 中编写程序，预测未来互花米草景观的变化情况。运行程序，得到互花米草沼泽景观变化序列，如图 5-23 所示。

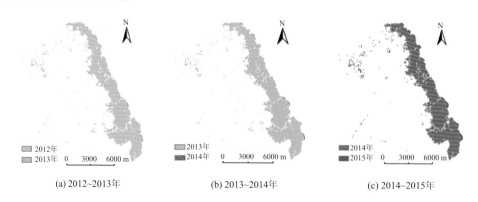

(a) 2012～2013 年　　　　　　(b) 2013～2014 年　　　　　　(c) 2014～2015 年

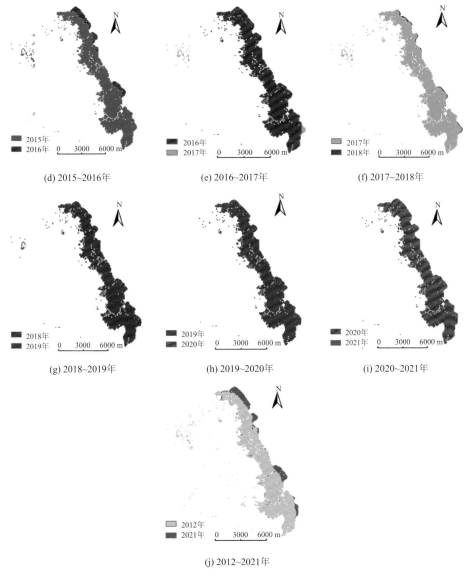

图 5-23　互花米草沼泽景观演变趋势

从图 5-23 的互花米草沼泽景观预测序列可以看出：2012～2021 年，研究区互花米草沼泽景观变化显著。互花米草沼泽向海、向陆均有不同程度的扩展。其中，各预测年份互花米草元胞个数和面积如表 5-14 所示。

比较表 5-14 中不同预测年份互花米草沼泽景观的面积变化，可以看出，总预测时段内，研究区互花米草沼泽面积呈不断增长的趋势。2013～2021 年，互花米草沼泽面积由 3849.03hm^2 增加到 4172.22hm^2。互花米草沼泽的扩张，深刻改变了滨海湿地的结构和功能，对湿地植被的影响巨大。

表 5-14　各预测年份互花米草元胞个数和面积

项目	2013 年	2015 年	2017 年	2019 年	2021 年
元胞个数/个	42767	43694	44180	45178	46358
面积/hm²	3849.03	3932.46	3976.2	4066.02	4172.22

3)互花米草沼泽景观模拟精度评价

模拟显示迭代次数为 100 次的 2011 年模拟景观趋于稳定。故将此数据和 2011 年真实景观数据比较来评价模型的模拟精度。模型模拟精度评价采用总体精度、Kappa 系数分析和正确率分析。

(1)总体精度分析。

将互花米草沼泽景观迭代 100 次的模拟结果与 2011 年真实景观数据进行比较分析得到预测精度，其值的大小等于模拟结果中正确模拟的元胞个数除以整体的元胞个数。

$$E_a = \frac{\sum_{k=1}^{n} M_k}{P} \times 100\% \tag{5.2}$$

式中，E_a 为总体模拟精度；M_k 为某一类型景观 k 被正确模拟的元胞个数；n 为景观类型的数量；P 为景观总元胞个数。本书中，n 值为 1。2011 年互花米草沼泽景观模拟精度如表 5-15 所示。

表 5-15　2011 年互花米草沼泽景观模拟精度

互花米草元胞个数		互花米草元胞个数	精度
		实际值　不是 模拟值　是	
模拟值　是 实际值　是	33077	9466	77.75%
模拟值　不是 实际值　是	8635	3257.18	
精度	79.30%	实际值　不是 模拟值　不是	95.20%

总体精度检验结果显示：2011 年的模拟总体精度达到了 95.20%。实际值"是"互花米草元胞模拟的精度达到 79.30%；实际值"不是"互花米草元胞模拟的精度

为 77.75%。进一步研究发现景观模拟值与真实值发生不一致的区域主要集中在互花米草与碱蓬植被的交错带和零散分布的互花米草区域。由此推测，受研究尺度的控制，可能是这些区域互花米草沼泽景观边缘形状复杂及斑块的破碎化影响了模型的模拟精度。通过总体精度分析，认为模型参数设置基本合理，模型有效。研究还表明，CA 模型和 GIS 的集成，一方面使 GIS 的时空动态建模功能得到增强，作为动态空间模拟的一种框架 CA 被纳入 GIS 分析中；另一方面，GIS 提供的强大空间数据处理功能为 CA 模型获取数据提供支持，如挖掘有效的 Cell 转换规则及模拟结果的分析等。

（2）Kappa 系数分析和正确率分析。

Kappa 系数作为评价模型模拟精度的常用指标，能够从数量和位置的保持能力上评价景观变化。其计算公式如下：

$$k = \frac{\sum\limits_{i=1}^{n} P_{ii} - \sum\limits_{i=1}^{n} S_i R_i}{\sum\limits_{i=1}^{n} R_i^2 - \sum\limits_{i=1}^{n} S_i R_i} \tag{5.3}$$

式中，k 为 Kappa 系数；P_{ii} 为景观模拟图与真实景观图类型一致部分的比重；n 为景观类型的数量；$S_i R_i$ 为景观模拟图与真实图的期望值；R_i 为景观模拟图相对于景观真实图的变化程度，如果模拟图与真实图完全相同，R_i 之和等于 1。

Kappa 系数通过将模拟结果图与真实景观图叠加，构建两幅图之间的景观概率转移矩阵，如表 5-16 所示。

表 5-16　景观模拟图与真实图的概率转移矩阵

模拟景观	真实景观				
	A_1	A_2	$\cdots$	A_n	合计
A_1	P_{11}	P_{12}	$\cdots$	P_{1n}	$S_1=\mathrm{SUM}(P_{1i})$
A_2	P_{21}	P_{22}	$\cdots$	P_{2n}	$S_2=\mathrm{SUM}(P_{2i})$
$\vdots$	$\vdots$	$\vdots$	$\vdots$	$\vdots$	$\vdots$
A_n	P_{n1}	P_{n2}	$\cdots$	P_{mn}	$S_n=\mathrm{SUM}(P_{ni})$
合计	$R_1=\mathrm{SUM}(P_{i1})$	$R_1=\mathrm{SUM}(P_{i2})$	$\cdots$	$R_1=\mathrm{SUM}(P_{in})$	1

在 ArcGIS 中，利用 Spatial Analyst Tools→Zonal→Tabulate Area 计算 2011 年模拟数据与实际数据的转移矩阵，如表 5-17 所示。

表 5-17　真实数据与模拟数据的转移矩阵分析　　　（单位：hm²）

	道路	水体	芦苇	光滩	互花米草	碱蓬	实际合计
道路	311.04	252.00	167.04	79.20	23.31	184.32	1016.91
水体	109.44	1588.68	404.64	433.44	145.53	1010.61	3692.34
芦苇	146.88	119.52	2368.80	113.76	223.20	688.41	3660.57
光滩	14.40	74.16	28.80	1745.10	276.57	73.98	2213.01
互花米草	30.24	63.72	72.00	163.53	2976.93	513.45	3819.87
碱蓬	69.12	136.80	747.36	136.17	108.54	2030.67	3228.66
模拟合计	681.12	2234.88	3788.64	2671.20	3754.08	4501.44	17631.36

从表 5-17 可以看出，研究区各种类型的滨海湿地模拟景观与实际景观相比的模拟正确率分别为：道路 45.67%、水体 71.09%、芦苇 62.52%、光滩 65.33%、互花米草 79.30%、碱蓬 45.11%，总体正确率为 62.55%。Kappa 分析两类（互花米草和非互花米草）的结果为 0.7589。多类 Kappa（滨海湿地 6 种类型的景观）分析的结果为 0.7069。因为模型只从互花米草的元胞个数变化出发，没有考虑其他景观类型之间的相互转化，故芦苇和碱蓬的模拟精度不高。而客观上，这两种植被相邻，芦苇植被与碱蓬植被间的转移比较多。出于以上考虑，模拟的总体精度受到影响。互花米草沼泽数据的模拟结果正确率达到了 79.30%，模型有效。互花米草沼泽的真实面积 3819.87hm²，模拟面积 3754.08hm²，没有发生变化的面积为 2976.93hm²。互花米草沼泽减少的面积主要转向碱蓬 513.45hm²、光滩 163.53hm²、芦苇 72.00hm²和水体 63.72hm²；增加的面积主要由光滩 276.57hm²、芦苇 223.20hm²、水体 145.53hm²和碱蓬 108.54hm²转入。比较模拟数据中互花米草转入和转出为碱蓬的数据，可以推断出，在互花米草与碱蓬植被的交错带，由于两者存在种间竞争等，这一区域情况比较复杂，大量小斑块的存在影响了模拟的精度。互花米草沼泽向陆方向上的模拟需要在以后的研究中进一步加强。

5.2.2　互花米草入侵对景观演变的影响

1. 景观数据来源与处理

1）遥感影像数据来源

遥感技术是获取地表覆盖信息的有效技术手段，目前广泛应用于湿地研究中，并取得了丰硕的成果。针对江苏滨海湿地的时空分布特征，选择五期 TM 影像为数据源，如图 5-24 所示。一方面，TM 遥感影像是目前应用最为广泛的遥感影像，波段较多，质量较好；另一方面，相对于江苏滨海湿地整体而言，研究区面积相对较小，中等空间分辨率影像能够满足研究需求。

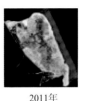

| 1996年 | 2002年 | 2006年 | 2010年 | 2011年 |

图 5-24　研究区 1996～2011 年遥感影像

由于研究区的互花米草引种于 1983 年，但是，直到 1996 年才初具规模并呈明显的沿海岸大致平行分布的特征，所以本小节选择 1996 年的影像作为起始研究对象。另外，根据互花米草空间分布状况，1996～2002 年各大斑块沿平行于海岸方向扩张迅速，并到 2002 年连接呈条带状分布；2002 年后带状互花米草主要沿垂直于海岸方向向海、向陆不断扩展。为进一步弄清研究区互花米草的时空变化特征，选择了 1996 年、2002 年、2006 年、2010 年和 2011 年共五期 TM 影像，影像数据来源如表 5-18 所示。

表 5-18　TM 影像数据来源

数据类型	轨道号	接收时间
TM	119037	19960922
TM	119037	20020922
TM	119037	20060918
TM	119037	20100921
TM	119037	20110924

潮滩植被的季相变化大，所以选择植物生长季节的遥感图像，其光谱信息丰富，有利于植被识别。同时，选择较低潮位时的影像，以利于对近海滨海湿地地物的识别。

2) 遥感影像处理

滨海湿地地物在遥感影像上的光谱分布比较复杂。野外调查和影像研究发现，潮滩植被带状分布特征明显，并存在明显的植被交错带。特别是对植被带、植被交错带和零星分布的植被斑块的进一步区分十分困难，这也对分类精度造成较大影响，这一问题在分类时必须充分考虑(王聪等，2013)。经多次试验，用一种方法，一次将所有有效信息提取出来非常困难。因此，根据研究需要，采用逐级分层分类提取的方法。该方法的优点在于可充分利用地物光谱信息，把复杂的问题划分为相对简单的问题，并根据不同的分类目标选择最佳的波段组合，从而避免了一次划分多种类别在选择波段或特征参数时遇到的困难。在逐级分层分类思想指导下，结合应用需要，建立以下分类流程，如图 5-25 所示。

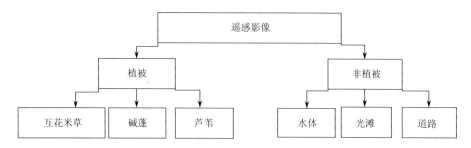

图 5-25　潮滩湿地类型逐级分类系统

用适宜方法对湿地遥感信息进行有效提取，以达到理想精度，一直以来都是湿地遥感研究的重要内容。利用光谱特征进行分类，其结果的精度很大程度上取决于所选取的波段组合和特征提取方法。因此，适宜波段组合和遥感分类方法的选取直接影响影像分类的精度，从而影响景观数据分析结果的有效性和精确性。

2. 生态数据采集与处理

生态数据采集主要包括土壤样品和互花米草植被数据的采集。其中，土壤样品监测指标主要包括样点位置(经纬度)、水分、盐度、有机质、氨氮、有效磷、速效钾和容重；植被样点数据主要包括样点位置(经纬度)，以及互花米草植被的平均高度、盖度、胸径和地上生物量指标。

1)野外样点的设置

沿中路港两侧，根据实验室通过影像叠加确定的不同生长年龄的互花米草样点坐标信息，利用手持 GPS 仪器在野外横穿互花米草带布设样点。采样点的选择不仅要充分考虑互花米草植被分布的代表性和均匀性，而且要考虑交通的可进入性和地上生物量的明显差异。利用 GPS 定位采样点位置(经纬度)，在沿大致与海岸线垂直的方向共布设 25 个互花米草样地，如图 5-26 所示。

(1)土壤样点布设。

每个样地设置 3 个样点，以距离地表 0～10cm、10～20cm、20～30cm 三层进行取样。将每一层的 3 个样进行混合，并利用"环刀"进行土壤容重取样。同时运用 PICO-BT(德国)水分便携式测量仪，在每个样地 3 个断面现场分别测量距地表 0～10cm、10～20cm、20～30cm 深度的土壤水分含量。然后，对每层土壤水分含量取其平均值。

(2)植被样方调查。

在每个土壤样地附近选择 3 个 100cm×100cm 的样方，记录互花米草植被的平均高度、盖度、胸径等指标，取平均值；从地上 5cm 处剪下样方内所有植被的地上部分，标记取样，带回实验室处理，测量其生物量。

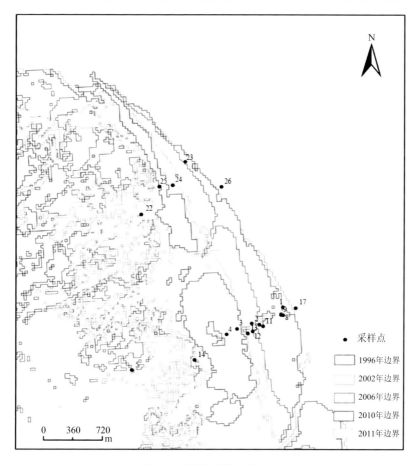

图 5-26　野外采样点分布图

2）实验室分析

（1）土壤样品处理。

土壤容重样品在第一时间称湿重后，在 70℃烘干至恒重称干重。计算结果并保存数据。

其他土壤样品放置于烘箱中，在 50℃温度条件下烘干至恒重。烘干后的土壤，进行研磨，去除较大的植物残体、石块、贝壳及其他杂物。然后将样品放置在厚塑料板上，用木棍进行滚压粉碎，使土壤全部通过 100 目筛。将研磨好的土样，用自封袋封装好，放于干燥器中备测。

土壤的盐度、有机质、氨态氮、有效磷和速效钾的测定方法采用土壤农业化学常规测量方法。土壤氨态氮的测定采用靛酚蓝比色法；土壤有效磷的测定采用碳酸氢钠浸提-钼锑抗比色法；土壤速效钾的测定采用四苯硼钠比浊法；土壤有机质的测定采用水合热重铬酸钾氧化-比色法；土壤盐度的测定采用 TFC-203 土壤化肥速测仪所提供的方法。计算结果并保存试验数据。共获取 25 个样点，每个样点三个样方，每个样方三层（0～10cm、10～20cm、20～30cm），共 225 个数据。取每个样点 9 个数据的平均值作为以后分析的基础数据。

（2）植被样品处理。

为便于称取植被湿重和烘干，将高大互花米草植被铡段，第一时间称取植被湿重；将其在阴凉处晾干，然后在 70℃烘干至恒重称取各样点植被干重，并计算地上生物量。

3）样点植被生长年龄的确定

在空间代替时间思想的指导下，以统一的地图投影和坐标系统为参考，确定各样点植被生长年龄。主要采用样点与矢量边界叠置的方法，先将五期的互花米草矢量边界叠加在一起，再将各采样点与叠置后的矢量边界图叠加，以此确定互花米草大致的生长年龄段。将 2011 年的互花米草定为 1 年龄，2010 年的为 2 年龄，以此类推，1996 年的为 16 年龄。通过此方法确定的互花米草不同生长年龄段样点编号情况如表 5-19 所示。

表 5-19　互花米草不同生长年龄段样点编号情况

项目	1～2 年（Ⅰ）	2～6 年（Ⅱ）	6～10 年（Ⅲ）	10～16 年（Ⅳ）
向陆方向点号	21、5	22	14	25
向海方向点号	1、17	23、11、9、8	13、12、2、10	4、3、24

不同生长年龄互花米草样点水平位置分布示意图如图 5-27 所示。

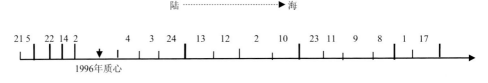

图 5-27　不同生长年龄互花米草样点水平位置分布示意图

从表 5-19 和图 5-27 可以看出，向海方向上，1～2 年（Ⅰ）的样点有 2 个，分别是 1 号和 17 号点；2～6 年（Ⅱ）的样点有 4 个，分别是 8 号、9 号、11 号和 23 号点；6～10 年（Ⅲ）的样点有 10 号、2 号、12 号和 13 号点；10～16 年（Ⅳ）的样点有 24 号、4 号和 3 号点；向陆方向上，1～2 年（Ⅰ）的样点有 21 号和 5 号；2～6 年（Ⅱ）的样点为 22 号；6～10 年（Ⅲ）的样点为 14 号点；10～16 年（Ⅳ）的样点为 25 号点。

互花米草生长年龄段确定后，利用已有样点分别与辅助影像数据（2000 年、

2003 年、2004 年、2005 年、2007 年、2008 年、2009 年)叠加的方法进一步确定各样点植被的具体生长年龄。以此方法确定的互花米草生长的具体年龄如表 5-20 所示。

表5-20　各样点互花米草生长年龄

年龄/年	1	2	3	4	5	6	7	8	9	10	11	13	16
向陆点号	21	5		22				14				25	
向海点号	17	1	8	9	11	23	10	2	12	13	24	3	4

从表 5-20 可以看出，向海方向上的样点比较多，而且年代信息较为丰富；向陆方向上的样点较少，主要为新生长的互花米草样点。记录各样点的经纬度，将其输入手持 GPS 仪器中，以备野外选样时调用。

3. 互花米草景观演变的元胞自动机模型模拟

为了科学地认识互花米草时空演变及对海岸湿地景观结构与功能的影响，研究从景观过程与影响机制入手，通过实地调查和模型研究，揭示互花米草未来时空演变特征与机制。实地调查是在利用遥感影像叠加基础上，识别互花米草生长的年代信息；然后对不同年代互花米草土壤属性与地形特征进行系统分析，从影响互花米草演变的地形和土壤过程影响角度，构建互花米草景观演变模型。

1) 互花米草沼泽景观演变的元胞自动机模型原理

元胞自动机模型是由若干栅格单元组成的栅格网络，每个栅格具有有限数量的状态，并与邻居栅格遵循某种规则相互作用、相互影响。在这种相互作用和相互影响下，栅格网空间格局发生变化。这些变化可以衍生、扩展至整个景观空间。因此，元胞自动机(CA)的特点是通过一些相对简单的局部转换规则，模拟出全局的、复杂的空间模式，即某个栅格单元在 $t+1$ 时刻的状态，完全取决于 t 时刻这个元胞及与其所有相邻栅格的状态，并且按照这种规则进行更新至整个空间。CA 模型用如下公式表示：

$$S(t+1) = f(L_d, S(t), N) \tag{5.4}$$

式中，S 为元胞的状态集合；L_d 为元胞空间；d 为元胞空间的维数；N 为元胞的邻域；f 为元胞状态转换的规则；t、$t+1$ 为不同的时刻。

从图 5-28 可以看出，元胞自动机由元胞、元胞空间、邻域及转换规则四部分组成。元胞是元胞空间组成中最基本的单元，也是 CA 模型的基础。元胞的空间状态指元胞在空间上集合的状态。邻域是以某个元胞为中心，与其相邻的元胞的数量及空间分布形态。元胞与元胞的空间状态表述的是空间系统的静态成分；如果景观演变是一种外在的现象，则导致其演变的本质是由元胞的动态变化所表达的，所以"动态"引入是必要的，并赋以转换规则。而元胞的转换规则是建立在一定空间范围内的，即元胞及其邻域。常见的二位元胞的邻域形式通常有以下几种(图 5-29)。

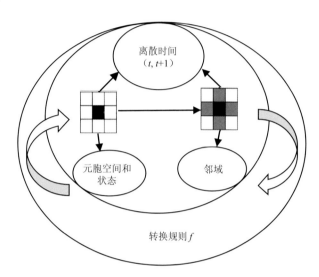

图 5-28 元胞自动机的构成

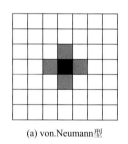 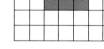 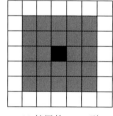

(a) von.Neumann型   (b) Moore型   (c) 扩展的Moore型

图 5-29 元胞自动机的邻域类型

von.Neumann 型，即任一元胞的邻域是由此元胞的上、下、左、右四个方向上相邻的元胞构成的，邻域半径 $r=1$；Moore 型，即任一元胞的邻域是由此元胞上、下、左、右、左上、右上、左下、右下八个方向上相邻的元胞构成的，邻域半径为 $r=1$；扩展的 Moore 型，就是将 Moore 型的邻域半径扩大，半径 $r \geqslant 2$。

2)C5.0 决策树算法原理

最初的 ID3 算法和 C4.5 算法是 C5.0 决策树算法的基础，C5.0 决策树算法就是在此基础上发展起来的。它可以通过提供最大信息增益的字段来分割样本数据，并对各分割的"叶子"进行裁剪或合并，以达到提高分类精度的目的，最终获得各"叶子"的最佳阈值。另外，C5.0 决策树为了提高分类精度，增加了 Boosting

算法。Boosting 算法思想是通过依次建立的一系列决策树方法，最终获得更准确的决策树。一般，后建立的决策树重点考虑之前被错分和漏分的数据。C5.0 决策树算法中的信息增益通常使用以下方法计算：

假设有一训练样本数据集 S，属于 m 个独立的类别 C_i（$i=1,2,\cdots,m$），则数据集 S 在分类中的期望信息量(熵)可以用下式计算：

$$I(S) = -\sum_{i=1}^{m} \frac{\text{num}(C_i,S)}{|S|} \log_2 \left(\frac{\text{num}(C_i,S)}{|S|} \right) \tag{5.5}$$

式中，$\text{num}(C_i,S)$ 为 S 中属于类别 C_i（$i=1,2,\cdots,m$）的样本数目；$|S|$ 为训练样本总数目。在分类过程中，根据属性 A 把 S 划分为 n 个子集 S_j（$j=1,2,\cdots,n$），则根据决策属性 A 可将数据集划分到不同的分枝中，属性 A 对于分类 C_i（$i=1,2,\cdots,m$）的期望信息量(熵)由下式计算获得

$$I_A(S) = \sum_{j=1}^{n} \frac{|S_j|}{|S|} I(S_j) \tag{5.6}$$

式中，S_j（$j=1,2,\cdots,n$）为 S 中根据属性 A 划分的子集；$|S_j|$ 为子集 S_j 的样本数目；$|S|$ 为训练样本总数目；$I(S_j)$ 为子集 S_j 在分类中的期望信息量。得到属性 A 作为决策分类属性的度量值 $\text{gain}(S,A)$，即分解后的信息增益如下：

$$\text{gain}(S,A) = I(S) - I_A(S) \tag{5.7}$$

由于信息增益在把数据集划分为更小的子集时，对变量的取值存在一定的偏差。为防止产生过多的分解数目，对信息增益 $\text{gain}(S,A)$ 进行标准化，得到增益率 $\text{gainRatio}(S,A)$。计算公式如下：

$$\text{gainRatio}(S,A) = \text{gain}(S,A) \left/ \left(\sum_{j=1}^{n} \frac{|S_j|}{|S|} \log_2 \frac{|S_j|}{|S|} \right) \right. \tag{5.8}$$

分类树中，每个节点的分解必须满足信息增益最大的要求，并利用递归计算寻找最佳的分解，从而生成新决策树。在转换规则中合理地确定符合研究区的参数值，是 CA 模型建立的关键。元胞自动机的转换规则由三部分组成：决策概率、随机扰动作用和单元约束条件，可用下式表示：

$$P = R \times P_{\text{rule}} \times \mu = (1 + [-\ln(r)]^\alpha) \times P_{\text{rule}} \times \mu \tag{5.9}$$

式中，R 为随机扰动作用；r 为随机变量函数产生的处于[0, 1]范围的随机数；α 为控制随机变量 R 取值范围的参数，通常取值为 5；P_{rule} 为决策树判断的决策概率，每条规则都对其是否转变进行判断，其置信度相当于元胞状态转换的决策概率；μ 为单元约束条件，设定实验只考虑区域景观发生变化的过程，将限定初始状态的元胞状态不变，这时令单元约束条件 $\mu=0$。

3）互花米草景观演变的元胞自动机模型模拟

互花米草沼泽景观演变模型构建是在 GIS 环境中，利用元胞自动机模型和 Matlab 中编程技术，将各种过程要素与 GIS 系统整合。元胞自动机模型构建包括初始状态的确定、转换规则的确定，以及邻居构形和 CA 模型所需要的空间变量的确定。基于互花米草沼泽景观演变特征和景观发生的生态过程变化规律构建元胞自动机模型，如图 5-30 所示。

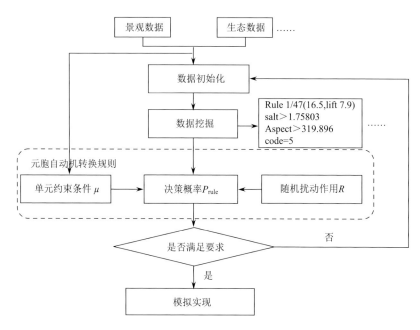

图 5-30　互花米草元胞自动机模型构建

（1）互花米草沼泽景观演变模型初始状态的确定。

根据对研究区湿地类型的野外调查，选择适宜时期的遥感影像，确立分类指标体系，对影像进行分类，并对分类结果进行检验。分类结果为互花米草、芦苇、碱蓬、水体、道路和光滩六种类型。在此基础上，针对互花米草沼泽景观确定模型初始状态为：互花米草沼泽景观的元胞个数增加为 1、减少为–1、不发生变化的为 0 三种状态。

（2）CA 模型空间变量确定及其获取方法。

互花米草沼泽景观发展概率与一系列空间距离变量、邻近互花米草景观的各类景观的元胞个数、元胞的属性等关系密切。结合研究区实际情况，同时考虑空间变量获取的可操作性，确定本研究区互花米草沼泽景观变化的 CA 模型中输入层为 15 个空间变量，这些变量及获取方法见表 5-21。

表 5-21　空间变量选择及其获取方法

空间变量	获取方法	空间变量	获取方法
坡度 x_8		样点距海堤的距离 x_1	利用 ArcGIS 的 Eucdistance
坡向 x_9		曲率 x_2	
坡度变率 x_{10}		高程 x_3	
坡向变率 x_{11}	利用 ArcGIS	盐度 x_4	利用 C 语言编程
平面曲率 x_{12}	的 Special Analyst 工具获取	水分 x_5	
剖面曲率 x_{13}		容重 x_6	
地面起伏 x_{14}		景观类型 x_7	遥感分类获取 Reclass
汇流累积 x_{15}		7×7 窗口的互花米草元胞数目	C 语言编程获取

从表 5-21 可以看出，15 个空间变量可进一步分为三类：距离变量、地形影响因子变量和土壤影响因子变量。结合第 4 章的研究结果，其中，坡度(slope)、坡向(aspect)、坡度变率(slope of slope)、坡向变率(slope of aspect)的变化虽不大，但是这些影响因子对互花米草植被生长的水盐条件都会产生影响，因此将这些影响因子作为空间变量考虑。高程(dem)、曲率(curvature)、平面曲率(plane curvature)、剖面曲率(profile curvature)、地面起伏(relief amplitude)和汇流累积(flow accumulation)都发生了比较明显的变化，对土壤水分和土壤盐度的影响都较大。研究区元胞的邻域设置为 7×7，邻居个数的获取主要通过 ArcGIS 和 C 语言编程的方法获取。具体实现是在 Matlab 中利用函数计算 7×7 邻域的元胞个数。

(3)转换规则的挖掘。

决策树学习法是数据挖掘中典型的分类算法，C5.0 决策树算法通常不需花费大量的训练时间就可自动建立决策树，且生成的决策树容易进行解译。本小节利用 C5.0 决策树算法从控制滨海湿地互花米草沼泽景观演变的主要空间生态环境影响因子变量中自动挖掘转换规则。其中，转换规则的确定是难点，需要根据所选择的参数进行反复试验。由于决策树学习法可以同时处理连续和离散训练样本数据，并以树型结构表达分类或决策集合，提取数据中隐藏的知识规则，产生的决策规则直观、易于理解，故而选用决策树算法从地形影响因子和土壤影响因子数据中挖掘转换规则，具体操作是通过数据挖掘软件 See5.0 对 2006 年各空间变量数据挖掘规则。

首先，在整个研究区范围内，运用 ArcGIS 9.3 中的随机采样工具，采集相对均匀分布的样点 10000 个。然后，沿不同生长年龄互花米草边界加密 4888 个样点。最后，利用 ArcGIS 中 Extract 工具提取 14888 个样点。使用数据挖掘软件 See5.0 对以上采样点的各空间变量进行规则挖掘。其中，class0、class1 和 class–1 分别表示没有发生变化的互花米草元胞、增加的互花米草元胞和减少的互花米草元胞。为进一步明确互花米草沼泽增加或减少的元胞个数,将利用C5.0决策树算法挖掘出的转换规则rule2006通过C语言编程技术分解成rule1和 rule2。Rule 1代表2006年互花米草沼泽增加的元胞个数的规则;rule2则代表互花米草沼泽减少的元胞个数规则。

决策树运行后,便自动根据读入的参数进行树形分解,除第一次外其他各次分解都是在上次漏分或者误分的数据基础上进行的,直到精度最优,每一个景观类型中,各参数所占比例及阈值都在自动计算后给出。在应用See5.0软件进行规则挖掘时,将主导景观格局变化的主要生态过程结合进元胞自动机的转化规则中。参考滨海湿地景观变化中的特征,使用以上方法获取的元胞自动机转换规则能反映滨海湿地景观变化中多种影响因素对景观格局的影响,可更直观、清晰地表达互花米草沼泽景观演变的内在机制,模型适合模拟复杂的滨海湿地生态系统景观演变过程。模型建立后,经过测试误差分析和精度检验,运行模型进行模拟研究。

4. 互花米草沼泽景观演变的地形因子影响

1)互花米草沼泽剖面高程变化特征

互花米草沼泽景观自然演变是按照一定的规律进行的。在自然条件下,淤长的淤泥质海岸,由于滩面不断淤高与向外延伸,受潮侵的频率降低,土壤盐度相对降低,适宜原生植被生长的生境被改变,原生植被向外迁移,适宜新生境的植被入侵,从而发生滨海湿地景观生态类型整体向海迁移延伸的现象。其中,互花米草沼泽景观整体上向海推进迅速,草带宽度逐年增大。不仅如此,植被往往随高程的变化呈带状分布。而高程变化可以反映土壤水分、盐度、沉积物营养元素特性的综合变化。为进一步弄清不同生长年龄互花米草植被的分布和沼泽地形的关系,根据2002年和2011年的DEM,在ArcGIS 9.30中,利用3D Analyst模块提取滨海湿地2002年和2011年的典型剖面,如图5-31所示。

从以上两个年份的剖面图来看,互花米草生长影响下的滩面地形淤高的特征十分明显,2002~2011年沼泽地形环境变化显著。变化不仅表现在互花米草植被使滩面高程增加,而且表现在互花米草生长范围的扩大。这主要是由于互花米草发达的根系不仅可以固定滨海受潮流规律性间断浸渍、松软流动的淤泥质土壤,而且带状密集的互花米草植物群落可以消浪、缓流、拦截潮水带来的泥沙,促进沼泽滩面增高和淤长。进一步将图5-31中互花米草沼泽剖面提取出来,研究不同生长时期互花米草的淤高状况,如图5-32所示。

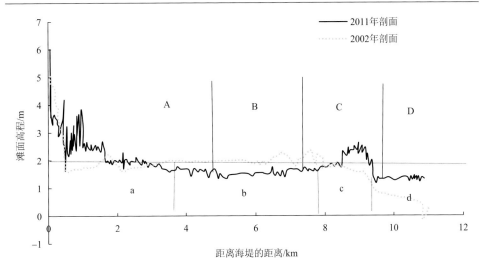

（2002年）a：芦苇沼泽；　b：碱蓬沼泽；　c：互花米草沼泽；　d：光滩

（2011年）A：芦苇沼泽；　B：碱蓬沼泽；　C：互花米草沼泽；　D：光滩

图 5-31　中路港附近同一剖面线不同年份剖面

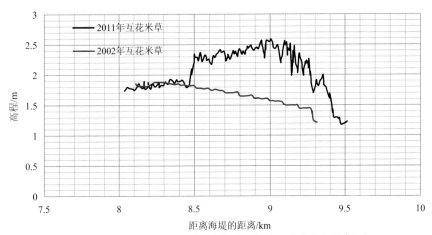

图 5-32　中路港附近同一剖面线不同年份互花米草沼泽剖面

从图 5-32 可以看出，2002 年互花米草分布在距离海堤 8108.09～9322.37m；2011 年的分布范围变为 8023.48～9503.56m。2002 年互花米草的高程分布在 1.21～1.88m，均值为 1.64m；2011 年互花米草的高程分布在 1.19～2.62m，均值为 2.07m，与 2002 年相比高程范围扩大，均值增加。互花米草在向陆、向海同时扩张，其中向海方向扩张明显，年均向海扩张速率为 67.46m/a；向陆扩张不明显，年均扩张速率仅为 9.40m/a。

总的来看，研究区互花米草沼泽滩面高程呈现中间高、两侧低的分布趋势。通常高程越低，植被成带时间越近，演替时间越短，植被生长年龄越小；反之，高程越高，植被成带时间越久，演替时间越长，植被生长年龄越老，即位于互花米草带中间的样点互花米草生长年龄老，两侧的生长年龄小；这主要是互花米草从中间向海、向陆双向扩张的结果。

2）互花米草沼泽淤高模型的建立与预测

由于高程是一个综合性的环境因子，不仅对湿地土壤淹水和盐度的影响十分显著，而且控制着互花米草的分布范围。淤长型海岸先锋植物定居后，随着时间的推移，高程逐渐变化导致植物土壤、水文环境发生改变，从而使植被演替处在不断变化之中。因此，可以利用高程(表5-22)这个空间要素来代替时间要素，确定互花米草沼泽生态系统演替的不同序列，通过空间的高程序列建立演替的时间序列。为了进一步揭示两者的关系，通过对不同生长年龄互花米草与地形淤高之间关系的分析，构建互花米草的淤高模型。

表5-22　不同生长年龄的互花米草高程　　　　　(单位：m)

项目	1 年	2 年	3 年	4 年	5 年	6 年	7 年	8 年	9 年	10 年
2002 年 DEM	0.79	0.81	0.84	0.84	0.97	1.06	1.14	1.24	1.31	1.44
2011 年 DEM	1.35	1.35	1.22	1.24	1.36	1.47	1.33	1.80	1.94	1.94

从 2011 年 DEM 上提取各样点(代表不同定居年龄的互花米草)高程，然后分析互花米草定居年龄与对应高程间的关系，检验其关系的密切程度，以此选择适宜的定居年龄信息作为互花米草高程建模的自变量因子。Pearson 相关性分析结果表明：两者相关系数为 0.9684，在 0.01 水平(双侧)上显著相关。在此基础上，利用散点图进一步分析互花米草定居年龄与高程间的关系，如图 5-33 所示。

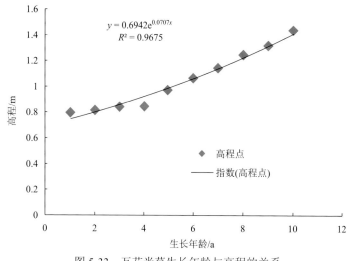

图 5-33　互花米草生长年龄与高程的关系

　　直观地比较坐标图中点线的匹配效果和模型的拟合优度（R^2 值），发现指数模型的拟合度较佳。互花米草生长年龄与对应高程间具有非线性的指数相关关系，可以判断不同生长年龄的互花米草与对应高程服从指数模型。拟合指数模型 $y=ae^{bx}$ 时，两边取对数，转为线性形式 $\ln y = \ln a + bx$。通过 SPSS 17.0 软件进行统计分析，得到线性回归模型的回归系数及相应统计量。根据回归结果建立回归模型，回归模型为

$$\ln y = \ln a + bx = -0.297 + 0.056x \tag{5.10}$$

　　从表 5-23 可以看出，常量和年代的 t 值分别为 -6.597 和 10.428，相应概率值均为 0.000，说明系数在 95% 置信区间非常显著。通过标准误差检验，证明建立的模型有效。标准化残差的标准 P-P 图如下（图 5-34）。

表 5-23　回归系数 a 表

模型	非标准化系数		标准系数	t	Sig.	B 的 95%置信区间	
	B	标准误差	Beta			下限	上限
（常量）	−0.297	0.045		−6.597	0.000	−0.396	−0.198
年代	0.056	0.005	0.953	10.428	0.000	0.044	0.068

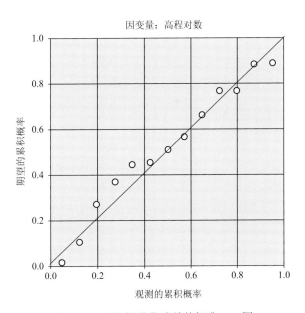

图 5-34　回归标准化残差的标准 P-P 图

　　从图 5-34 可以看出，预测点都分布在对角线的两侧，靠近对角线分布，表明回归结果符合正态分布，预测结果有效。通过回归有效地减小了残差，消除了平

滑效应,预测值与实测值较为接近。线性回归模型中的常数和 a(互花米草生长年龄)的系数分别为–0.297 和 0.056。受互花米草促淤的影响,滩面高程每年增加约 0.056m。

根据 2002 年各点高程和年均淤高速率预测 2011 年高程,并与 2011 年 DEM 实际提取高程比较,检验预测精度,结果如表 5-24 所示。

表 5-24 线性回归预测结果

年龄/a	预测值/m	实测值/m	预测精度/%
1	1.29	1.35	96
2	1.34	1.35	99
3	1.38	1.22	88
4	1.43	1.24	87
5	1.49	1.36	91
6	1.54	1.47	95
7	1.60	1.33	83
8	1.67	1.80	93
9	1.73	1.94	89
10	1.81	1.94	93

从表 5-24 可以看出,预测的总体精度达到 86%以上,预测结果有效。从不同定居年龄的互花米草沼泽滩面高程分布看,受互花米草植被扩张影响,互花米草沼泽向海、向陆双向扩展的同时,滩面也在不断淤高,并且两者都在向海一侧变化最为显著。

5. 互花米草未入侵情景下景观演变特征

利用 CA-Markov 模型模拟未受互花米草入侵情景下的原生景观演变特征(图 5-35)。结果表明,在没有互花米草入侵的情况下,1995~2017 年原生碱蓬面积呈增加趋势,面积增加 909.41hm²。原生芦苇面积也持续增加,面积增加 2157.21hm²,增幅达 35.65%。随着滩面不停向海淤长,碱蓬在没有互花米草的竞争下,呈现向海不断扩张的趋势。芦苇和碱蓬都由海向陆不断演替。

模型模拟结果(图 5-36)表明,原生芦苇主要分布在距海堤 3.3~8.8km 的范围,景观带平均宽 4.6km;原生碱蓬主要分布在距海堤 6.1~11.5km 的范围,景观带平均宽 4.1km。互花米草入侵后改变了原有生态系统。芦苇的最大离海堤距离由原来的 14076.88m 向陆移动到 11764.52m 处,向陆移动 2312.36m;碱蓬的最大距海堤距离由原来的 12980.36m 向陆移动到 11816.31m 处,向陆移动 1164.05m。以

2017 年为对照年份,芦苇湿地面积由原生的 10659.46hm² 减少到 8751.37hm²;碱蓬湿地面积由原生的 4509.61hm² 减少到现有的 992.46hm²。

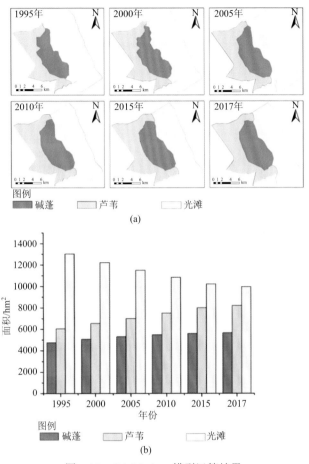

图 5-35　CA-Markov 模型运算结果

碱蓬作为先锋物种,在光滩上时时刻刻发生原生演替,1990~1995 年有 784.70hm² 的光滩上生长碱蓬,1995~2000 年碱蓬继续发挥先锋物种作用,有 448.26hm² 光滩演替成碱蓬;2000~2005 年原生演替速率减缓,仅有 301.71hm² 光滩演替为碱蓬;2010~2015 年,原生演替速率最慢,仅有 46.34hm² 光滩转变为碱蓬。光滩发生原生演替的同时,靠近的碱蓬被生态位更为宽泛的芦苇所代替。1990~1995 年 790.39hm² 的碱蓬被芦苇替代,1995~2000 年 534.68hm² 的碱蓬转变为芦苇,这种替代的速率在 2005~2010 年、2010~2015 年有所降低,分别有 256.58hm²、237.11hm² 碱蓬转变成芦苇;但是在 2015~2017 年替代速率增加,两年间有 515.76hm² 碱蓬转变成芦苇。

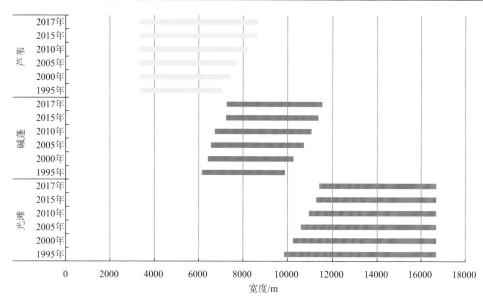

图 5-36　原生植被景观类型海陆方向景观带宽度分布

　　在互花米草未入侵状态下，原生植被分布大致呈条带状，景观结构完整，破碎化程度较低，由陆向海依次为芦苇、碱蓬和光滩。从变化方向来看，碱蓬逐年向海演替，1995～2017 年碱蓬质心向海移动 1281.1m（向海移动速率为 58.23m/a），且在 1990～1995 年向海移动速率最大（75.81m/a），同时在 1995～2005 年质心向海移动 715.4m（移动速率 71.54m/a），见表 5-25。

表 5-25　原生植被质心海陆向距离

年份	距海堤距离/m			移动速率/(m/a)		
	芦苇	碱蓬	光滩	芦苇	碱蓬	光滩
1995	5079.82	7949.92	13243.89			
				37.73	75.81	41.49
2000	5268.48	8328.99	13451.33			
				31.28	67.27	38.69
2005	5424.88	8665.32	13644.77			
				43.32	50.79	34.91
2010	5641.46	8919.29	13819.33			
				45.24	44.48	31.64
2015	5867.64	9141.70	13977.54			
				44.84	44.66	31.91
2017	5957.32	9231.02	14041.36			

6. 互花米草入侵对景观植被演变的影响

互花米草作为外来物种进驻盐城滨海湿地，必定会占据原生物种的生存空间（图 5-37 和图 5-38）。以 2017 年为例，从面积来看，碱蓬面积从模拟面积 5662.05hm² 减少为实际面积的 992.46hm²，减少面积占比为 82.47%；芦苇沼泽湿地面积由模拟的 8183.60hm² 增加为实际面积的 8750.49hm²，增加面积占比 6.93%。互花米草的入侵对本地物种芦苇和碱蓬的演替产生影响。碱蓬沼泽湿地最远边界从 11551.51m 向陆移动至 9970.24m 处，最远边界向陆移动 1581.27m，最近边界向海移动 1345.18m，碱蓬景观带平均宽度也由 4.3km 锐减至 1.4km。碱蓬受到海陆两侧胁迫。

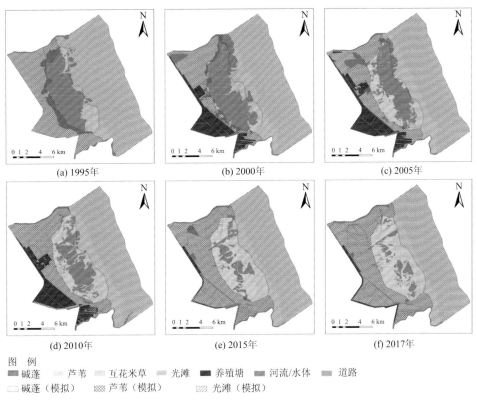

(a) 1995年　　　　　　(b) 2000年　　　　　　(c) 2005年

(d) 2010年　　　　　　(e) 2015年　　　　　　(f) 2017年

图　例
■ 碱蓬　　▨ 芦苇　　▨ 互花米草　　▨ 光滩　　■ 养殖塘　　■ 河流/水体　　▨ 道路
□ 碱蓬（模拟）　▨ 芦苇（模拟）　▨ 光滩（模拟）

图 5-37　盐城模拟植被演替与现状叠加图

芦苇占据碱蓬面积逐年增加，1990 年占据面积 67.46hm²，1995 年占据面积 190.84hm²，2000 年占据面积 78.40hm²，2005 年占据面积 164.21hm²，2010 年占据 169.81hm²，2015 年占据面积 1159.38hm²，2017 年占据面积 1440.28hm²。互花米草占据原生碱蓬面积逐年增加，所占比例到 2010 年稳定在 50% 左右。1990 年、

1995 年有 2151.22hm²、2688.00hm² 光滩占据碱蓬的生存空间，2005～2017 年占据碱蓬的光滩面积均少于 100hm²。

(a) 未受到互花米草入侵状态下，盐城典型滨海景观带分布剖面图

(b) 互花米草影响之下的盐城滨海景观带分布剖面图

图 5-38　互花米草入侵影响示意图

　　1995 年互花米草占原生碱蓬面积 166.89hm²，所占比例为 3.51%，1995～2010 年该比例持续增长，表明互花米草对碱蓬有持续影响且影响程度越来越大，以养殖塘和道路为代表的人工景观用地占原生碱蓬面积基本保持不变，2017 年所占比例为 1.67%，表明人为活动对碱蓬演变产生的影响较小。1995 年芦苇占据原生碱蓬的面积为 5.07hm²，比例为 0.11%，至 2017 年，芦苇占据的面积为 3029.78hm²，比例为 53.51%，表明碱蓬演替进程受到芦苇的干扰较大。1995 年互花米草占据原生芦苇的面积为 0.94hm²，占比 0.02%，2017 年该比例增至 9.37%，表明互花米草的入侵对芦苇扩张影响较小，近年来发现互花米草与芦苇已有接壤情况，未来互花米草的入侵也会对芦苇演替产生影响。1995 年碱蓬占据原生芦苇面积 1059.08hm²，占比 17.55%，2000～2017 年该比例整体上呈现下降趋势，表明碱蓬对芦苇演替几乎不产生影响，这是因为芦苇的生态位幅大于碱蓬、环境耐受性大于碱蓬。2000～2010 年人为景观占原生芦苇面积的比例保持在 35% 左右，因为人工养殖塘所占面积较大，侵占了靠近海堤的芦苇。2013 年保护区实施了"退渔还湿"政策，停止人工养殖活动，确保湿地自然恢复。2015 年、2017 年人为景观占原生芦苇比例为 13.9%、15.69%（表 5-26）。

7. 互花米草沼泽景观演变对土壤因子的影响

1) 不同生长年龄互花米草沼泽土壤属性特征分析

　　土壤不仅是植物立地生长之根本，还是植物根系生长发育的基质。随着互花米草植被在研究区的定居，滨海湿地土壤不断地供给互花米草正常生长所需的营养物质和水分，对滨海湿地的形成、发育和植物定居均产生重要影响。研究区不同生长时期互花米草土壤因子理化性质，如表 5-27 所示。

表 5-26　盐城典型湿地模拟与现状转移矩阵 $\left(\text{单位：}\dfrac{\text{hm}^2}{\%}\right)$

年份		碱蓬	芦苇	河流	光滩	互花米草	养殖塘	道路	总计
1995	碱蓬	3527.19	5.07	22.04	1031.45	166.89			4752.64
		74.22	0.11	0.46	21.70	3.51			100.00
	芦苇	1059.08	4737.50	145.84	38.41	0.94		52.07	6033.85
		17.55	78.52	2.42	0.64	0.02		0.86	100.00
	光滩	185.07	11.16	146.78	12150.68	512.76			13006.46
		1.42	0.09	1.13	93.42	3.94			100.00
	总计/hm²	4771.35	4753.73	314.65	13220.55	680.60		52.07	23792.95
2000	碱蓬	4072.33	73.96	0.66	420.82	454.08		48.69	5070.53
		80.31	1.46	0.01	8.30	8.96		0.96	100.00
	芦苇	548.93	3143.43	417.06		26.15	2017.36	371.12	6524.04
		8.41	48.18	6.39		0.40	30.92	5.69	100.00
	光滩	606.53	2.62	112.98	9781.70	1693.59		1.98	12199.40
		4.97	0.02	0.93	80.18	13.88		0.02	100.00
	总计/hm²	5227.79	3220.00	530.69	10202.51	2173.82	2017.36	421.79	23793.97
2005	碱蓬	2936.66	1467.96	183.67		694.48		28.98	5311.75
		55.29	27.64	3.46		13.07		0.55	100.00
	芦苇	122.80	3435.75	547.86	9.20	215.80	2208.80	457.33	6997.55
		1.75	49.10	7.83	0.13	3.08	31.57	6.54	100.00
	光滩	326.19		68.85	8618.67	2471.06			11484.77
		2.84		0.60	75.04	21.52			100.00
	总计/hm²	3385.65	4903.71	800.38	8627.88	3381.34	2208.80	486.31	23794.07
2010	碱蓬	2491.17	1536.04	30.78		1376.95		45.57	5480.51
		45.46	28.03	0.56		25.12		0.83	100.00
	芦苇	74.31	4064.35	279.47	11.98	450.91	2259.43	350.07	7490.52
		0.99	54.26	3.73	0.16	6.02	30.16	4.67	100.00
	光滩	90.69	1.34	117.85	8117.64	2490.97		3.21	10821.71
		0.84	0.01	1.09	75.01	23.02		0.03	100.00
	总计/hm²	2656.16	5601.73	428.10	8129.63	4318.84	2259.43	398.85	23792.74
2015	碱蓬	1299.69	2631.75	29.51		1577.78		62.25	5600.98
		23.20	46.99	0.53		28.17		1.11	100.00
	芦苇	188.32	5610.07	398.54	19.45	662.48	247.40	862.93	7989.20
		2.36	70.22	4.99	0.24	8.29	3.10	10.80	100.00
	光滩	10.04		60.10	8387.10	1744.82		2.09	10204.16
		0.10		0.59	82.19	17.10		0.02	100.00
	总计/hm²	1498.06	8241.82	488.15	8406.55	3985.08	247.40	927.27	23794.33

续表

年份		碱蓬	芦苇	河流	光滩	互花米草	养殖塘	道路	总计
2017	碱蓬	968.77	3029.78	68.95		1499.99		94.57	5662.05
		17.11	53.51	1.22		26.49		1.67	100.00
	芦苇	23.69	5719.80	332.05	57.79	766.48	339.32	944.47	8183.60
		0.29	69.89	4.06	0.71	9.37	4.15	11.54	100.00
	光滩		0.91	57.44	8226.30	1658.99		4.97	9948.61
			0.01	0.58	82.69	16.68		0.05	100.00
	总计/hm²	992.46	8750.49	458.43	8284.10	3925.46	339.32	1044.01	23794.26

表 5-27　不同生长时期土壤理化性质

时段	水分/%	盐度/%	有机质/%	氨态氮/(mg/kg)	速效钾/(mg/kg)	有效磷/(mg/kg)	容重/(g/m³)
I (1～2 年)	44.26±0.61	1.24±0.21	1.71±0.09	8.93±4.49	720.30±1.43	13.92±2.22	1.68±0.01
II (2～6 年)	49.56±2.49	1.54±0.20	1.92±0.05	12.37±3.06	755.01±103.33	23.80±3.96	1.60±0.02
III (6～10 年)	47.00±0.57	1.88±0.56	1.89±0.06	14.79±3.53	932.71±87.90	24.38±6.75	1.45±0.09
IV (10～16 年)	52.06±1.42	1.07±0.13	1.86±0.00	10.08±2.99	869.91±91.60	19.93±2.64	1.29±0.05

表 5-27 数据是每个样点三个样方、每个样方三层数据的统计结果。从表 5-27 可以看出，不同生长年龄互花米草沼泽土壤的盐度、氨态氮、速效钾和有效磷的最大值都出现在互花米草生长的第 III (6～10 年)时期；有机质的最大值出现第 II (2～6 年)时期；容重的最大值出现在第 I (1～2 年)时期；土壤水分含量的最大值出现在第 IV (10～16 年)时期。盐度和容重的最小值出现在第 IV (10～16 年)时期；土壤的水分、有机质、氨态氮、速效钾和有效磷的最小值出现在第 I (1～2 年)时期。以下分别从土壤容重、水分、盐度、氨态氮、有效磷、速效钾和有机质 7 个方面阐述不同生长年龄的互花米草沼泽各土壤组成要素的具体变化情况。

由于互花米草以向海方向扩张为主，参考前面研究的结果，不同生长时期的互花米草向海、向陆扩张距离具有共同的规律(即 6～10 年生的互花米草的年均扩张距离最大，10～16 年生的互花米草年均扩张距离次之，2～6 年生的互花米草年均扩张距离最小，1～2 年生的互花米草年均扩张距离略有增加)，所以以下数据分析均选择向海方向上的样点进行，计算平行样地三个断面各层土壤指标含量，并取其平均值。此外，图 5-39 中 16 年生的互花米草有两个样点数据，为了表现 16 年生的互花米草在扩张范围内的差异，也列入土壤因子变化趋势图中。各图横轴左起均为海洋方向。

(1)土壤容重的变化趋势。

容重是土壤最基本的物理性状之一，对土壤的持水能力、透气性、入渗性能力、溶质迁移特征和土壤的抗侵蚀能力等都产生重要影响。

从图 5-39 可以看出，带状互花米草沼泽景观土壤容重主要分布在 1.22～1.68g/cm³，平均值为 1.47g/cm³，最大值出现在 1 年生互花米草沼泽。由陆向海，互花米草沼泽土壤的容重呈现逐渐增大的趋势。这主要是由于互花米草植株高大，单位面积生物量大且根系发达(深度可达 1m 以上)。随着互花米草枯落物的不断积累，土壤腐殖质含量增加，在土壤微生物的作用下，土壤孔隙度增加，容重逐渐变小。四个时段内，10～16 年生的互花米草对土壤的作用时间最长，容重最小；1～2 年生的互花米草对土壤的作用时间最短，容重最大。总体来看，互花米草植被生长年龄的长短是其所在沼泽土壤容重差异的主要原因之一。一般，互花米草生长时间越长，土壤的容重越小；反之，土壤的容重越大。

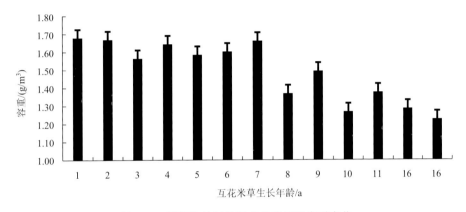

图 5-39　不同生长年龄互花米草沼泽容重变化

(2)土壤水分状况的变化趋势。

土壤水分状况与植被覆盖和土地利用相互作用、相互影响，即土壤水分影响植被的生长状况；植被覆盖和土地利用也影响土壤水分含量与分布。互花米草沼泽土壤水分分布特征明显。通过对比分析不同生长年龄互花米草沼泽景观及其结构的土壤水分时空变化，可以增强景观尺度上土地利用格局对生态过程的理解。

从图 5-40 可以看出，互花米草沼泽土壤水分主要分布在 43.10%～54.35%，平均值为 48.46%，最大值出现在 11 年生互花米草沼泽，最小值出现在 6 年生互花米草沼泽，偏度为 0.01，峰度为–1.41。不同生长年龄的互花米草沼泽土壤水分由海向陆呈现出中间低两头高的分布趋势。6～10 年生互花米草滩面上，带状互花米草促淤的功能强大，使该时段内滩面平均高程最大，受海水潮汐影响减小，潮侵频率降低，因而土壤水分含量最小。在 10～16 年生互花米草沼泽，向碱蓬植被一侧的互花米草受潮侵的频率降低，滩面受潮汐影响不大；受大气降水的影响增加，该区域滩面高程较低，往往形成季节性积水，土壤持水能力最强，因而土壤水分含量增大。总的来看，稳定的植被区域内土壤含水率比植被边缘高。

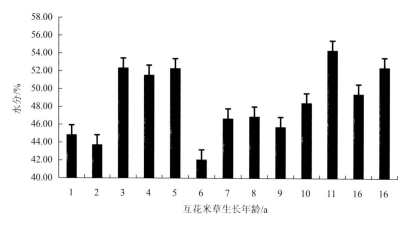

图 5-40　不同生长年龄互花米草沼泽土壤水分变化

（3）土壤盐度特征和变化趋势。

土壤盐度在海陆方向上的差异，是江苏盐城滨海湿地景观格局形成的重要因素之一。不同生长年龄互花米草沼泽景观格局的形成也深受土壤盐度的影响。

从图 5-41 可以看出，互花米草沼泽土壤盐度主要分布在 0.79%～3.42%，平均值为 1.48%，最大值出现在 7 年生互花米草沼泽，最小值出现在 10 年生互花米草沼泽，偏度为 1.51，峰度为 2.99。由于盐分的主要来源为海水，土壤盐度受海洋潮汐作用明显，且存在明显的峰值。总体时段内呈现出中间高、两侧低的趋势。6～10 年生互花米草滩面沉积物盐度比两侧 10～16 年和 2～6 年生互花米草沼泽土壤盐度高。由于 6～10 年生带状互花米草的阻挡，10～16 年生互花米草沼泽泥沙供应减少，此处沼泽相对前一时段的互花米草沼泽存在明显的低洼地带，潮水淹没时间增加和大气降水后容易形成积水地带，使位于该区域的土壤含盐量最低。土壤盐度整体呈现中期高、两侧低的趋势，以及向海一侧又高于向陆一侧的规律。由于带状稳定分布的互花米草植被对泥沙的拦截作用大，互花米草沼泽高程增加，从而降低了中间部分区域受潮侵的频率，土壤出现返盐作用，使沉积物盐度增大，故而出现中间高、两侧低的分布趋势。向海一侧盐度又高于向陆一侧的分部趋势主要是受潮侵的影响，从陆地向海洋，随着高程的降低，潜水水位变浅，潮侵频率逐渐升高，表层土壤受海水影响的时间增加，土壤盐度呈现相应的增加。

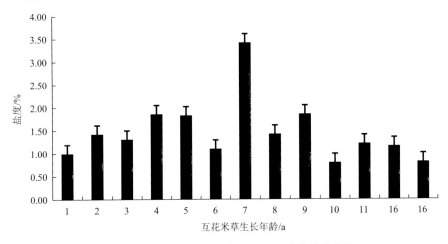

图 5-41　不同生长年龄互花米草沼泽土壤盐度变化

(4)土壤氨态氮分布特征与变化趋势。

土壤中的氮素以有机和无机两种形态存在，一般有机氮占土壤总氮量的 95%以上，但是这部分氮素不能被植物直接吸收。氨态氮是土壤无机氮的主要形态之一，是植物能够直接吸收利用的有效态氮。

从图 5-42 可以看出，互花米草沼泽土壤氨态氮主要分布在 4.45～22.36mg/kg，平均值为 12.13mg/kg，最大值出现在 7 年生互花米草滩面，最小值出现在 1 年生互花米草沼泽，偏度为 1.51，峰度为 2.28。总体上，随互花米草生长年龄的增加，土壤氨态氮分布呈现出中间高、两头低的变化特征。这主要是随着互花米草的不断扩张，受滩面高程增加影响比较明显，土壤中的氮素不断积累所致。

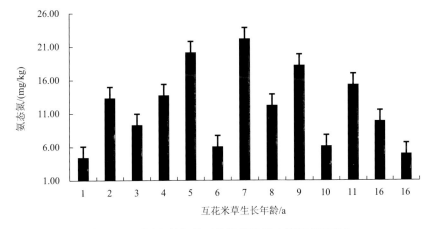

图 5-42　不同生长年龄互花米草沼泽土壤氨态氮变化

(5)土壤有效磷分布特征与变化趋势。

土壤有效磷含量能够反映土壤的供磷水平，而磷是植物生长必需的三大营养物质之一。

从图 5-43 可以看出，互花米草沼泽土壤有效磷主要分布在 10.00～38.90mg/kg，平均值为 22.80mg/kg，最大值和最小值均出现在 6～10 年生的互花米草沼泽土壤中，偏度为 0.287，峰度为–1.58。土壤有效磷主要源于母质中含磷原生矿物的分解，在植被生长的初期土壤有效磷含量最低，因为植被的生长要消耗较多的磷元素。成熟的植被体内储存了较多的磷，植被死亡后磷不断积累在土壤中，周而复始。

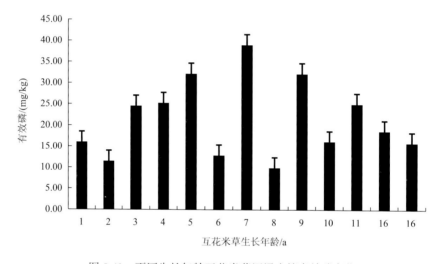

图 5-43　不同生长年龄互花米草沼泽土壤有效磷变化

(6)土壤速效钾分布特征与变化趋势。

速效钾含量最能反映土壤供钾能力。而钾也是植物生长必需的三大营养元素之一。速效钾是交换性钾和水溶性钾之间达到平衡后的合称。水溶性钾是植物可以从土壤中直接吸收利用的钾，交换性钾则很快可以与水溶性钾达到平衡。

从图 5-44 可以看出，互花米草沼泽土壤速效钾主要分布在 518.58～1166.00mg/kg，平均值为 829.75mg/kg，最大值出现在 6～10 年生互花米草沼泽土壤中，最小值出现在 3 年生互花米草沼泽土壤中，偏度为 0.35，峰度为–0.10。速效钾主要源于母质中含钾和原生矿物的分解，植被的生长对其起消耗作用，因而其分布与有机质的分布相反，植被生长越久，其含量越低。

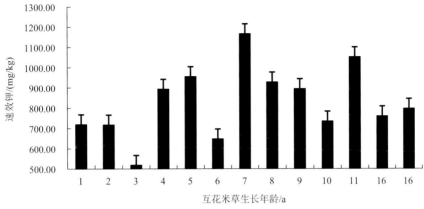

图 5-44　不同生长年龄互花米草沼泽土壤速效钾变化

(7)土壤有机质分布特征与变化趋势。

有机质是土壤的重要组成部分,既是土壤肥力及环境状况的最重要表征,也是土壤改良状况与效果的重要指标之一。它是制约土壤理化性质的关键因素。互花米草的生长对沼泽土壤有机质的累积有着重要的贡献,在整个沼泽生态系统的物质循环中发挥着不可代替的作用。

从图 5-45 可以看出,互花米草沼泽土壤有机质分布在 1.63～2.07mg/kg,平均值为 1.88mg/kg,最小值出现在 1 年生互花米草沼泽,最大值出现在 4 年生互花米草沼泽,偏度为 1.60,峰度为 1.80。从图 5-45 可以看出,在互花米草沼泽,互花米草植被生长时间长短是影响潮滩土壤有机质空间分布特征的重要因素。植被生长时间长,有机质积累多,而且趋于稳定。植被生长时间较短的土壤有机

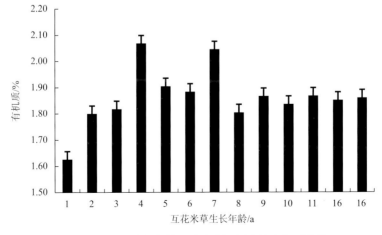

图 5-45　不同生长年龄互花米草沼泽土壤有机质变化

质含量变化较大，这可能是由于植被定居时间短的沼泽地形较低，受到水淹和潮流侵袭的频率较高，土壤表层经常性受到冲刷，随潮流的后退有机质被带走或聚集在某处。

以上分析表明，植被生长年龄越长，积累的土壤养分也越稳定。互花米草沼泽土壤的原始养分主要来自本底母质，受物质地球化学循环的控制。随着互花米草沼泽土壤的不断发育，植被吸收土壤盐分，使土壤盐分不断降低；沼泽植被也从无到有，从低级到高级发展；土壤养分积累和消耗中生物发挥的作用不断增大，逐渐加强了养分的生物循环。样品测试结果表明，在典型生态断面上，不同样点的土壤水分和有机质含量与互花米草生长年龄密切相关。生长年龄越久，有机质的积累作用越稳定，其平均含量也越高。作为沼泽植被发育和生态演替的最基本影响因素的土壤盐分和养分(有机质、氨态氮、有效磷和速效钾等)，也在沼泽土壤形成过程中发挥着重要作用。土壤盐分的高低控制着沼泽生态演替的方向，土壤向脱盐方向发展，则相应生态类型向高级转化；反之，土壤积盐，生态将退化。土壤含盐量越高，土壤有机质和氨态氮含量越低，而速效钾和速效磷含量则越高；相反，土壤含盐量越低，土壤有机质和总氮含量越高，速效钾和有效磷含量则越低。

2)不同定居年龄互花米草景观演变的主要土壤影响因子及其分异

在影响互花米草沼泽景观演变的各种生态环境因子中，每个因子对其演变的贡献率并不相同，各因子间也存在相互作用。因此，需要选择适当的分析方法，分析各土壤影响因子与互花米草生长年龄间的关系。本小节利用主成分分析的方法，对不同生长年龄互花米草沼泽沉积物养分特征间的相互关系进行分析，最终确定影响不同生长年龄的互花米草沼泽景观演变的主要土壤因子。

将各土壤影响因子及其生长年龄特征进行主成分分析。每个主成分的方差(即特征根)的大小表示对应主成分能够描述原有信息的多少(主要通过方差贡献率来反映)，因子贡献率如表5-28所示。

表5-28　因子贡献率

变量	F_1	F_2	F_3	F_4	F_5	F_6	F_7	F_8
特征值	5.766	2.903	1.041	0.686	0.406	0.152	0.046	0.000
贡献率/%	52.417	26.392	9.464	6.238	3.693	1.380	0.416	0.000
累计贡献率/%	52.417	78.810	88.273	94.511	98.204	99.584	100.000	100.000

由表5-28可以看出，前三个主分量的累计贡献率已经达88.273%，各自贡献率分别为52.417%、26.392%和9.464%，故只需前三个主因子，即第一(F_1)、第二(F_2)和第三(F_3)主成分，就可以代替原来的8个变量。进一步分析各主成分的

载荷情况，如表 5-29 所示。

表 5-29　主成分载荷值矩阵

项目	F_1	F_2	F_3
年代	−0.882	0.365	−0.143
水分	−0.115	0.565	0.743
盐度	0.929	0.279	−0.150
有机质	0.025	0.738	−0.068
氨态氮	0.723	0.305	−0.106
速效钾	0.537	0.652	0.047
有效磷	0.534	0.726	0.015
容重	0.541	0.938	0.080

从表 5-29 可以看出，第一主成分（F_1）排在前两位的是盐度和年代，分值依次是 0.929 和–0.882；第二主成分（F_2）值最大的是容重，为 0.938；第三主成分（F_3）值最大的是水分，为 0.743。因此，可以认为第一主成分主要是由土壤盐度和年代决定的环境主分量。这个分量所包含的信息量为 52.417%，是贡献率最大的分量；第二主成分（F_2）是由土壤容重决定的主分量。第三主成分（F_3）是由土壤水分决定的主分量。前三个主分量已经包含了大部分信息。根据主成分分析的结果，最终确定土壤盐度、容重和水分为互花米草沼泽景观演变的主要土壤影响因子。

第6章 盐城滨海湿地景观的生态功能研究

滨海湿地景观评价是湿地景观研究的重要方面，是景观结构和过程的综合体现，也是湿地景观服务质量的判断标准。湿地景观评价的重点大致可以分为两方面：一是侧重对滨海湿地景观生态功能的综合评价；二是侧重评价其中的某一个生态功能。盐城滨海湿地作为重要的鸟类迁徙中转站，其鸟类栖息地功能不容忽视。而在鸟类栖息地功能评价中，其生境适宜性评价和特有珍稀种的生境质量评价发展尤为迅速。本章主要围绕滨海湿地生态功能总体评价和多种鸟类栖息地适宜性两个方面进行介绍，力求能对盐城滨海湿地的恢复和管理提出有效措施。

另外，滨海湿地评价方法很多，总体思路是：首先划分滨海湿地景观的评价单元，其次根据研究重点建立滨海湿地景观评价指标体系，最后确定权重进行滨海湿地景观综合评价。其中，滨海湿地景观单元要根据区域自然和社会属性的特征进行划分，景观评价指标要尽可能地相互独立，避免指标之间的相互叠置。滨海湿地景观评价的一大特点是能够对景观评价结果进行空间异质性的表达，有效地指示社会经济活动。

6.1 滨海湿地景观生态功能特征及其评价

6.1.1 水文地貌单元的划分及评价模型的建立

盐城滨海位于江苏沿海中部，介于 32°34′N～34°28′N、119°27′E～121°16′E，区域内有江苏大丰麋鹿国家级自然保护区。本章选取典型的淤长岸段作为研究区（图 6-1），即北至射阳河，南至弶港的梁垛河，西至 1980 年理论深度 0m 基准线，研究区总面积约 2850.03km²，包括自然保护区的核心区、南缓冲区、北缓冲区、南一实验区和北三实验区。

1. 盐城滨海湿地水文地貌特征与空间单元划分

水文地貌单元是控制湿地土壤和植物覆被类型的基础，也是决定湿地生态系统功能的基本单元。参考水文地貌分类的三个分类要素（Brinson, 1993），结合 1980 年盐城淤泥质海岸湿地的具体情况和数据资料，对研究区进行水文地貌区和水文地貌单元的确定。

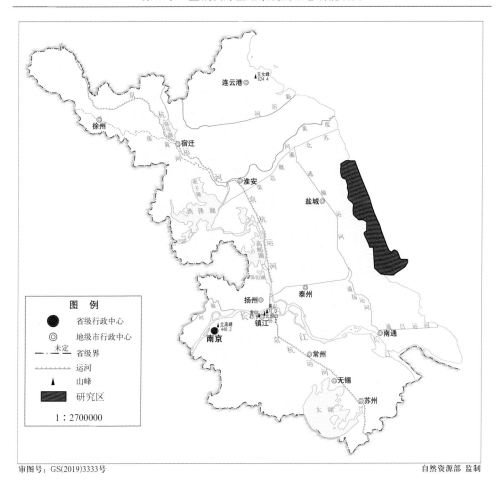

审图号：GS(2019)3333号　　　　　　　　　　　　　　　　　　　　自然资源部 监制

图 6-1　盐城滨海湿地景观生态功能研究区域示意图

　　地貌条件的确定是根据 1988 年图集中地貌图数字化而来的。在成因形态类型（冲积平原、海积平原和潮滩）的基础上，结合地貌结构形态，共划分了 8 种地貌类型，包括冲积平原、海积平原、粉砂滩、泥粉砂混合滩、盐蒿泥滩、草滩、芦苇滩、米草滩。水文条件的确定主要依据湿地的主导控制水源，将湿地分为淡水控制湿地和咸水控制湿地（表 6-1）。

表 6-1　盐城滨海自然湿地各种水文地貌单元（HGMU）特征

HGMU	水文条件	地貌沉积条件	湿地生态系统类型
a 淡水-冲积平原	淡水单向水平流补给	冲积平原	水田、养殖区
b 淡水-海积平原	淡水单向水平流补给	海积平原	养殖区、水田
c 淡水-草滩	淡水单向水平流补给	冲积海积平原	养殖区

续表

HGMU	水文条件	地貌沉积条件	湿地生态系统类型
d 咸水-粉砂滩	海水年双向水平流补给	粉砂沉积带	光滩
e 咸水-盐蒿泥滩	海水月双向水平流补给	泥滩沉积带	盐蒿、养殖区
f 咸水-泥粉砂混合滩	海水天双向水平流补给	泥-粉砂沉积带	互花米草、大米草
g 淡水-芦苇滩	淡水双向水平流补给	冲积平原	芦苇

　　一级水文地貌区根据海岸湿地是否受到入海河流系统的影响进行划分，即河口区和潮间带区[图6-2(a)]。河口区由于靠近入海河流这一特殊地理位置，水文条件区别于潮间带区。河口区具体的宽度是结合河岸缓冲带和盐城滨海湿地植被的实际情况确定的。河岸缓冲带是指水陆交界处的两岸，直到河流影响消失的区域(岳隽和王仰麟，2005)。国内外对确定河岸缓冲带宽度的方法和定量化均有探讨。确定河岸缓冲带宽度的方法主要有数学模型法和参照对比法(侯利萍等，2012；刘海等，2018)。国外对河岸缓冲带宽度定量化的研究相对成熟，美国学者总结了不同功能要求的河岸缓冲带宽度参考值，认为30~500m能够提供良好的生物栖息地(夏继红等，2013)，600~1200m能够创造自然、物种丰富的景观结构且能够满

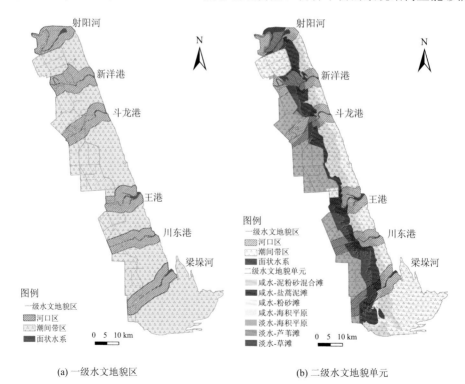

(a) 一级水文地貌区　　　　　　　　(b) 二级水文地貌单元

图6-2　水文地貌空间单元划分图

足大型哺乳动物的迁移，为生物提供连续性生境的河岸宽度（Juan et al.，1995；朱强等，2005）。而根据丹顶鹤等鸟类的日正常活动距离（钦佩等，2004），并结合盐城滨海湿地植被的实际情况，确定主要入海河流的河岸缓冲带 3km 内为河口区，两河口区之间则为潮间带区。研究区共划分了 6 个河口区，包括射阳河河口区、新洋港河河口区、斗龙港河口区、王港河河口区、川东港河口区和梁垛河河口区。河口区之间的区域为潮间带区，同样划分了 6 个，包括射阳河-新洋港潮间带区、新洋港-斗龙港潮间带区、斗龙港-王港潮间带区、王港-川东港潮间带区、川东港-梁垛河潮间带区和梁垛河以南潮间带区。

　　在一级水文地貌区的基础上，根据地貌环境和湿地的主导控制水源进一步划分二级水文地貌单元，共划分了 7 个水文地貌单元，包括咸水-粉砂滩、咸水-泥粉砂混合滩、咸水-盐蒿泥滩、淡水-芦苇滩、淡水-草滩、淡水-冲积平原和淡水-海积平原。

　　2. 评价指标体系的确定和评价模型的建立

　　滨海湿地生态功能是指滨海湿地实际支持或潜在支持和保护自然生态系统与生态过程、支持和保护人类活动与财产的能力。针对盐城滨海湿地生态功能的具体特征，将盐城滨海湿地主要功能归结为生产力功能、土壤保持功能、水文调节功能、海岸保护功能和生物保护功能等几个方面（高建华等，2005，2006；欧维新等，2006；宋连清，1997），同时选择 11 个具有代表性的功能评价变量，对湿地主要生态功能通过建立单项功能的评价模型（Hoeltje and Cole, 2007）（表 6-2）和综合功能的评价模型：EFI=$(F_1+F_2+F_3+F_4+F_5)$/5 开展评价研究。其中，各变量经标准化之后，用于评价指标的计算，使评价结果的范围都在 0～1，具有可比性。

表 6-2　各生态功能评价指标模型

缩写	功能评价变量	功能评价指标模型
V_{ld}	景观多样性	F_1：生产力功能　$F_1=(V_{fp}+V_{pp}+V_{prp})$/3
V_{fn}	景观破碎度	
V_{lsi}	景观形状指数	F_2：土壤保持功能　$F_2=(V_{ssnc}+V_{prp}+V_{sb})$/3
V_{dd}	水网密度	
V_{ta}	储水面积比	F_3：水文调节功能　$F_3=(V_{dd}+V_{ta}+V_{sw})$/3
V_{fp}	养殖产量	
V_{pp}	植物地上生物量	F_4：海岸保护功能　$F_4=(V_{prp}+V_{pp})$/2
V_{prp}	植物根系生物量	
V_{sb}	土壤生物数量	
V_{ssnc}	表层土壤有机物含量	F_5：生物保护功能　$F_5=(V_{ld}+V_{fn}+V_{lsi}+V_{sb})$/4
V_{sw}	土壤含水量	

按评价模型公式计算即可以得出湿地生态功能评价结果,参照国内外的各种综合指数的分组方法,对综合评价值进行评判标准的确定(表 6-3)。

表 6-3　湿地生态功能等级划分

等级	差(V)	较差(IV)	一般(III)	较好(II)	好(I)
生态功能指数	0~0.2	0.2~0.4	0.4~0.6	0.6~0.8	0.8~1

6.1.2　水文地貌单元间各个生态功能的差异

生态功能的发挥依赖自然条件的变化,自然条件的差异决定了生态功能的大小,而水文和地貌是自然条件的重要组成。因此,水文地貌条件在某种程度上决定了生态功能的发挥,同种水文地貌单元生态功能的发挥应有一定的规律。表 6-4 是不同水文地貌单元各个功能评价变量变化范围,n 表示水文地貌单元数,V_{ld}、V_{fn}、V_{lsi}、V_{dd} 和 V_{ta} 利用景观生态学计算方法得到,V_{fp} 参考 2001 年薛大元(2001)关于该区的报告得到,V_{pp}、V_{prp}、V_{sb}、V_{ssnc} 和 V_{sw} 都通过采样调查和试验得到。

表 6-4　不同水文地貌单元各个功能评价变量变化范围

功能评价变量	a	b	c	d	e	f	g
V_{ld}	0.59~1.54	0.92~1.15	1.23~1.57	0.98~1.70	0.78~1.26	0.64~1.64	0.73~1.79
V_{fn}	0.95~0.98	0.96~0.99	0.30~0.6	0.01~0.96	0.14~0.95	0.03~0.85	0.001~0.975
V_{lsi}	3.91~25.43	19.14~60.08	27.33~60.08	10.79~76.58	7.65~8.13	7.46~30.36	3.91~25.43
V_{dd}/(km/km²)	2.6~4.5	3.1~4.6	2.1~2.9	5.6~6.3	1.4~3.1	1.2~3.3	3.2~5.6
V_{ta}/%	10.93~15.50	23.37~68.11	42.42~84.62	15.23~84.29	0.12~16.67	4.52~13.99	14.14~72.98
V_{fp}/(kg/亩)	100~150	100~150	100~150	500~600	500~600	800~1000	160~200
V_{pp}/(g/m²)	0~309.35	0~239.59	35.36~95.36	138.47~555.20	51.88~70.87	148.28~350.82	95.36~359.32
V_{prp}/(g/m²)	0~171.30	0~119.37	13.59~55.36	155.13~728.64	12.97~17.70	97.50~327.52	85.63~379.50
V_{sb}/(个/m²)	20~78	17~59	25~68	98~921	113~1611	72~395	623~1398
V_{ssnc}/(g/kg)	3.12~4.56	3.59~5.01	3.05~4.98	4.23~6.22	4.69~5.13	5.13~7.63	6.12~7.53
V_{sw}/%	18.4~23.8	20.7~24.8	19.6~25.3	26.7~32.5	25.3~28.0	31.4~54.5	44.6~81.6

注:表中 a~g 指表 6-1 中不同的水文地貌单元,下同。1 亩≈666.67m²。

　　经过标准化及模型计算后得到各生态功能指标值和生态功能综合评价结果。由表 6-5 可知，不同水文地貌单元的综合生态功能指数由大到小依次是：淡水-芦苇滩、咸水-泥粉砂混合滩、咸水-盐蒿泥滩、咸水-粉砂滩、淡水-冲积平原、淡水-海积平原、淡水-草滩。其中，各生态功能指标在不同水文地貌单元中也存在较大差异。以生物保护功能为例，淡水-芦苇滩在该方面的功能最强；其次是咸水-粉砂滩，该带以芦苇、茅草等生态系统为主，能够为丹顶鹤提供良好的越冬生境；次于以上两个水文地貌单元生物保护功能的是咸水-盐蒿泥滩，而该区的盐蒿生态系统能够为黑嘴鸥提供繁殖生境；虽然咸水-泥粉砂混合滩的综合生态功能高于咸水-粉砂滩和咸水-盐蒿泥滩，但是由于该区生长茂盛的互花米草，互花米草占有大部分生态位，所以其生物保护功能较以上两个水文地貌单元差；生物保护功能最差的水文地貌单元是淡水-冲积平原，因为该区受到强烈的人类活动影响。

表 6-5　不同水文地貌单元生态功能的差异

生态功能指标	a	b	c	d	e	f	g
生产力维持	0.346	0.316	0.235	0.356	0.328	0.689	0.983
土壤保持	0.358	0.259	0.134	0.378	0.493	0.532	0.956
水文调节	0.198	0.178	0.093	0.256	0.345	0.541	0.962
海岸保护	0.086	0.095	0.010	0.256	0.423	0.925	0.967
生物保护	0.277	0.227	0.048	0.466	0.456	0.428	0.972
综合功能指数	0.253	0.215	0.104	0.342	0.409	0.623	0.968

　　水文地貌条件在某种程度上决定了生态功能的大小，同种水文地貌单元应具有类似的生态功能。但是由于不同程度的人为和自然因素，同种水文地貌单元之间也会存在一定的差别。由图 6-3 可知，淡水-冲积平原和淡水-海积平原的大部

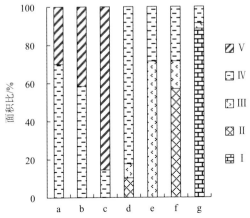

图 6-3　不同等级的生态功能在不同水文地貌单元的面积比

分面积的生态功能集中在较差(IV)的等级，部分区域生态功能较差，而淡水-草滩的大部分面积的生态功能处于差(V)的状态。从咸水-粉砂滩到咸水-泥粉砂混合滩，生态功能等级也随之变化，从 IV 级上升到 II 级；淡水-芦苇滩生态功能最强，80%以上的区域生态功能都处于 I 级。

同种水文地貌单元的生态功能有明显的主导等级，同时，同种水文地貌单元中功能也存在着差异，如图 6-3 所示，在研究区域内淡水-冲积平原中 IV 级生态功能区域占 70%，V 级生态功能占 30%；淡水-海积平原内 IV 级区域占 60%左右，V 级区域占 40%左右；淡水-草滩生态功能为 V 的面积为 90%左右，等级为 IV 级的区域只占 10%左右；咸水-粉砂滩中 IV 级区域占 80%，II 级和 III 级区域占 20%；咸水-盐蒿泥滩内 III 级区域占 70%左右，IV 级区域只占 30%左右；咸水-泥粉砂混合滩中 II 级占 60%左右，III、IV 级区域占 40%左右；淡水-芦苇滩中 90%属于 I 级，10%属于 III、IV 级。同种水文地貌单元之间生态功能存在差异的原因在于人类高强度开发对生态功能的影响。由陆向海方向，生态功能呈增强趋势，这与人类干扰减弱密切相关。

6.2　盐城滨海湿地鸟类栖息地功能及其评价

6.2.1　滨海湿地鸟类栖息地功能适宜性评价

本章使用的数据主要包括两类：一类是 2016~2017 年冬季核心区内越冬水鸟的野外调查数据；另一类是相应年份研究区遥感影像及利用遥感影像获取的景观类型数据、生境因子分布和植被覆盖度数据。

1. 水鸟种类及调查

1)保护区水鸟种类

湿地水鸟的越冬生境利用从一定程度上反映了湿地鸟类对景观结构变化的适应，有助于正确评估物种数量下降的影响因子。大部分研究均是从群落尺度、景观尺度对单一水鸟或者是单一生境对水鸟的利用进行研究，鲜少有从多生境与多水鸟物种生境利用的角度开展研究。江苏盐城湿地珍禽国家级自然保护区(简称盐城自然保护区)地处北亚热带和南暖温带交汇区,本区处于动物地理区划古北界华北区黄淮平原亚区南缘，北部与东洋界华北区接邻，为两大界鸟类相互渗透区，是我国最大的沿海滩涂湿地保护区。独特的地理位置、淤积淤长型海岸带、丰富多样的湿地生态系统，使盐城自然保护区成为鸟类重要的栖息地。盐城自然保护区是东亚-澳大利亚鸻鹬类迁徙路线上的重要中途停歇地，为迁飞及越冬鸻鹬类提供充足的食物资源和空间资源。

　　盐城自然保护区主要保护丹顶鹤等珍禽以及保护珍禽野生动物赖以生存的生境生态系统。盐城沿海滩涂湿地几乎集中了中国境内所有的丹顶鹤越冬群体，并有大量鹭类和雁鸭类在此越冬，是我国最大的沿海滩涂湿地保护区，也是鸟类重要的栖息地。

　　盐城自然保护区核心区越冬期间水鸟的生物多样性十分丰富，区域内每年有402 种鸟类，近百万只水鸟来此越冬，春秋阶段有 300 余万只鸟经过盐城迁飞。其中，具有代表性的优势种有丹顶鹤、灰鹤等鹤类；白骨顶等秧鸡类；苍鹭、白鹭、夜鹭等鹭类；赤膀鸭、罗纹鸭、斑嘴鸭、绿头鸭、琵嘴鸭、绿翅鸭等鸭类；豆雁、白额雁等雁类；东方白鹳等鹳类；白琵鹭、黑脸琵鹭等鹮类；普通鸬鹚等鸬鹚类。据盐城自然保护区核心区 2016 年 12 月中旬为期 5 天、2017 年 11 月上旬为期 3 天及 2017 年 1 月为期 3 天的野外调查，记录到的越冬水鸟共有 5 目 8科 26 种(表 6-6)。

表 6-6　盐城自然保护区越冬水鸟调查表

中文名	学名	居留型	RDB	PROT	数量/只
一、鸊鷉目	Podicipediformes				
1. 鸊鷉科	Podicipedidae				
(1) 小鸊鷉	*Tachybaptus ruficollis*	R			23
(2) 凤头鸊鷉	*Podiceps cristatus*	W		P	84
二、鹈形目	Pelecaniformes				
2. 鸬鹚科	Phalacrocoracidae				
(3) 普通鸬鹚	*Phalacrocorax carbo*	W			1375
三、鹳形目	Ciconiiformes				
3. 鹭科	Ardeidae				
(4) 苍鹭	*Ardea cinerea*	R			224
(5) 白鹭	*Egretta garzetta*	R			204
(6) 中白鹭	*Egretta intermedia*	W			15
(7) 大白鹭	*Egretta alba*	R			27
(8) 夜鹭	*Nycticorax nycticorax*	S			476
4. 鹳科	Stork families				
(9) 东方白鹳	*Ciconia boyciana*	W	E	I	5
5. 鹮科	Threskioronithidae				
(10) 白琵鹭	*Platalea leucorodia*	W	V	P	145
四、鹤形目	Gruiformes				
6. 秧鸡科	Rallidae				
(11) 白骨顶	*Fulica atra*	W			3121
7. 鹤科	Gruidae				

续表

中文名	学名	居留型	RDB	PROT	数量/只
(12) 丹顶鹤	*Grus japonensis*	W	E	I	351
(13) 灰鹤	*Grus grus*	W		P	5
五、雁形目	Anseriformes				
8. 鸭科	Anatidae				
(14) 翘鼻麻鸭	*Tadorna tadorna*	W			24
(15) 白眉鸭	*Anas querquedula*	W			256
(16) 普通秋沙鸭	*Mergus merganser*	W			5
(17) 斑头秋沙鸭	*Mergus albellus*	W			8
(18) 斑嘴鸭	*Anas poecilorhyncha*	R			6726
(19) 赤膀鸭	*Anas strepera*	W			1551
(20) 罗纹鸭	*Anas falcata*	W			1351
(21) 绿翅鸭	*Anas crecca*	R			48
(22) 琵嘴鸭	*Anas clypeata*	W			391
(23) 针尾鸭	*Anas acuta*	W			15
(24) 红头潜鸭	*Aythya ferina*	W			47
(25) 豆雁	*Anser fabalis*	W			3584
(26) 白额雁	*Anser albifrons*	W		P	2

注：S：夏候鸟；R：留鸟；W：冬候鸟；RDB：中国濒危物种红皮书；E：濒危；V：易危；PROT：中国重点保护名录；P：二级保护；I：一级保护。

对 3 期野外越冬水鸟调查数据进行统计分析，得到盐城自然保护区 2016～2017 年越冬水鸟的物种数量及种群数量(图6-4)。

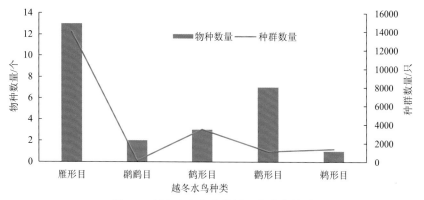

图6-4　越冬水鸟物种数量及种群数量图

从图6-4 可以看出，野外调查中共调查到水鸟种类5 目 8 科 26 种，其中雁形目种群数量及物种数量均最高，分别占所调查的越冬水鸟总数的69.82%及物种总数的 50%；其次是鹳形目，物种数目占总数的 26.92%，但其种群数量却只占调查的越冬水鸟总数的 5.46%；调查到的鹳形目越冬水鸟种类有丹顶鹤、灰鹤、白骨顶，占所调查的越冬水鸟物种数量的 11.54%，种群数量占所调查的越冬水鸟种群数量的 17.33%；䴙䴘目在核心区内调查到的种类有小䴙䴘、凤头䴙䴘，占调查物种总数的 7.69%，种群数量占总数的 0.53%；物种数目最少的是鹈形目，仅包含普通鸬鹚，占物种总数的 3.85%，但普通鸬鹚的种群数量占总数的 6.85%，表明核心区为普通鸬鹚提供了足够多的食物及水资源。

2) 保护区水鸟调查

本书所涉及的水鸟数据主要来源于 2016 年 11 月至 2018 年 7 月的野外调查统计。研究团队分别于 2016 年 11 月、2017 年 1 月、2017 年 4 月、2017 年 8 月、2017 年 12 月、2018 年 4 月和 2018 年 7 月共七次前往江苏盐城自然保护区开展野外水鸟调查，每次调查周期为 2 天。野外调查采用样点法和样线法相结合的方法进行(颜凤等，2018；Wang et al., 2019)，每次调查均选择在天气晴朗、风力较小(3 级以下)的条件下进行，按照 2～3 人一组于清晨 7 点至傍晚 5 点沿固定样线进行调查记录(图 6-5)。调查手段主要以目视辅以双筒望远镜进行观察，记录样点周围可视 1km 半径内的水鸟种类及数量。在保护区管理处的协助下采取步行、驾车和乘船等方式进行野外调查，记录内容包括水鸟分布点坐标和周边环境状况。

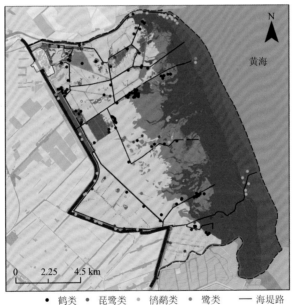

图 6-5　研究区水鸟生境类型及调查样点与样线分布图

根据野外水鸟调查数据，共统计得到 6 目 15 科 93 种水鸟，数量共计 254900 只，其中被列入世界自然保护联盟(IUCN)红色名录的濒危物种(EN)有 5 种，易危物种(VU) 5 种，近危物种(NT) 6 种。根据野外观察和研究(Wang et al., 2020；Tryjanowski et al., 2005；Zhou et al., 2013；Pickett et al., 2018)及不同水鸟类群环境敏感度高低，将 8 类水鸟分为高敏感性水鸟和低敏感性水鸟，相关数据统计描述如表 6-7 所示。

表 6-7　2016 年 11 月至 2018 年 7 月研究区水鸟描述性统计

环境敏感度	水鸟类群	种类/种	数量/只	占比/%	平均值(mean)/只	标准差(SE)/只	描述
高敏感性	鹤类	2	643	0.25	53.58	6.24	丹顶鹤、灰鹤
	鹳类	1	362	0.14	30.17	2.08	东方白鹳
	琵鹭类	2	1315	0.52	109.58	8.19	白琵鹭、黑脸琵鹭
低敏感性	雁鸭类	17	102259	40.11	9296.27	147.59	斑嘴鸭、绿头鸭等
	鸻鹬类	40	38649	15.16	3513.55	87.23	黑腹滨鹬、红颈滨鹬等
	鸥类	13	15877	6.23	1443.36	54.07	普通燕鸥、黑嘴鸥等
	鹭类	12	78471	30.79	6539.25	152.03	白鹭、夜鹭等
	鸬鹚类	6	17324	6.80	1443.67	27.22	普通鸬鹚等

研究涉及 1987 年、1997 年、2007 年和 2019 年研究区水鸟数量和分布数据，为了增强数据间可对比性和一致性，选取各时期 11 月至次年 4 月间水鸟统计数据(表 6-8)。其中，1987 年水鸟数据是基于盐城自然保护区提供的 1988 年 1 月越冬水鸟调查记录文献获得的。1997 年水鸟数据是由 1997 年 11 月和 12 月越冬水鸟调查数据组成的。由于 2007 年历史资料缺乏，2007 年水鸟数据来源于 2005 年 12 月越冬水鸟调查和 2006 年 12 月鹤类专项调查。2019 年水鸟数据来源于研究团队

表 6-8　1987～2019 年研究区水鸟数量统计

鸟类	1987 年		1997 年		2007 年		2019 年	
	种类/种	数量/只	种类/种	数量/只	种类/种	数量/只	种类/种	数量/只
鹤类(S_1)	2	612	3	1048	4	1532	3	2326
鹳类(S_2)	1	32	1	21	1	44	1	117
鸥类(S_3)	4	4814	8	4225	6	6524	10	8869
雁鸭类(S_4)	13	23301	17	21304	16	26493	19	47403
鸻鹬类(S_5)	27	1573	32	28312	33	37696	37	80124
鹭类(S_6)	11	6225	12	4449	13	9701	14	12378
琵鹭类(S_7)	—	—	1	45	—	—	2	921
鸬鹚类(S_8)	—	—	1	594	1	2330	1	17311
合计	58	36557	75	59998	74	84320	87	169449

1 月和 4 月的野外水鸟调查。不同年份水鸟种群数量见附录。统计显示，1987～2019 年越冬期间研究区共记录 6 目 15 科 102 种水鸟，其中被列为 IUCN 红色名录极危物种(CR) 3 种，濒危物种(EN) 5 种。这里需要说明的是，虽然 1987～2019 年来研究区水鸟种群数量呈现持续增加的趋势，但是对环境和栖息地质量要求较高的丹顶鹤、东方白鹳、青头潜鸭等濒危和极危物种数量却呈现持续下降的趋势，反映了研究区对重点水鸟的吸引力下降。

2. 盐城滨海湿地多样化生境因子划分

1) 生境与生境因子

生境是生态学中一个重要的生态概念，是由美国学者 Grinnell(1917) 首先提出的。对于生境的概念，不同学者在不同时期有着不同的理解，这是由当时的研究背景与不同学者的学科侧重点决定的。20 世纪 70 年代，Odum 提出生境可以简单地理解为生物生活的地方，强调生境的居住地址功能(Odum and Pigeon,1971)。90 年代，陈化鹏等(1992)认为生境可以对多种或单一物种提供生活所必需的空间单位，甚至认为生态系统是最广泛的生境因子，生境因子的有机组合就是生态系统。肖笃宁等(2001)认为生境是能为生物物种个体、种群或群落提供生存所必需的生物因子和非生物因子的有机结合。关于生境的概念有以上这么多论述，但是并没有统一的定义。作者认为，肖笃宁强调了物种所在的生态系统或由生态系统组成的景观，对生境的定义更接近于动物的生境概念，因为动物具有一定的扩散能力，尤其是鸟类。

"生境"一词不同于环境，它强调决定生物分布的生境因子，包括环境中的物理因子和生物因子。前者主要包含光、水、温度、气候、湿度、土壤含水量、含盐度等；后者包括种间竞争、种内竞争、生物疾病等。对于许多高等动物或者扩散能力比较强的动物，它们对生境的选择具有一定的主观性。它们的主观性主要表现在它们选择生境时，往往不是由上述生境因子直接决定的，而是由这些生境因子所派生的生境特征决定的。例如，区域内的光、水、温度、气候等生境因子及区域内物种数量、物种和个体之间的行为特征会对区域内的植被覆盖度、植被高度、水深等产生影响，而这些由基本生境因子演变而来的生境因子往往就是高等生物对生境进行选择时的决定因素。近年来，很多动物保护学者在对动物的生境进行研究时，从动物的生理需要及生理特征出发，将生境因子归纳为水、食物、隐蔽物三类。还有学者认为单单考虑这三种因子并不能全面反映动物的生境选择过程，因此需要考虑人类活动对动物的干扰因子。本书所选的研究区是盐城自然保护区核心区，受人类活动影响很小，可以忽略不计，故本书中所选取的生境因子主要有隐蔽物(植被覆盖度)、水(水位)、食物(食性)。

2) 越冬水鸟生境因子的分级分类

对越冬水鸟的生境进行分类，首先要对各生境因子进行分类或者是分级，然后将已经分类或分级后的各生境因子叠置分析后得到越冬水鸟的生境类型分类情况。

(1) 水位因子。

水是地球上最常见的物质之一，是自然资源的重要组成部分，是所有生物生存的重要资源，也是生物体的重要组成部分。水是食物的必须组成部分，水对水禽而言更是生存环境中不可或缺的基本条件。具有一定主观选择性的动物往往具有相应的生境选择能力，在选择时有向水源地靠拢的倾向；许多生物的生境类型中，以食物为重要生境的和以水为重要生境的在空间上往往是分开的。对于水禽来说，水体的分布、水体的深浅是水鸟生境的主要决定因素，所以本书将水位作为生境分类时的单独生境因子，这对越冬水鸟的越冬过程具有深远意义。

核心区内部生境水位是影响盐城自然保护区滨海湿地越冬候鸟的主要因素，不仅影响越冬生境的组成结构，而且会使越冬水鸟生境范围出现动态浮动。研究表明，水位是影响游禽和涉禽生境选择的主要因子(Ma et al., 2010)。核心区水位生境因子的信息获取渠道有以下 3 种：调查过程中观察水体中的水位标、水体中觅食或者停歇的越冬水鸟是否是涉禽及向保护区内部工作者询问。调查过程中发现不同种类水鸟由于生理特征及生活习性的差异，对生境的选择也存在差异。以前有报道称，游禽和涉禽选择生境是由涉禽所能涉水的最大深度或游禽在水中栖息所需要的最小深度来决定的，大型涉禽的跗跖常常超过 25cm，如丹顶鹤的跗跖长达 30cm，白鹳的跗跖长达 29cm，体型略小的白鹤的跗跖也长达 24.3cm，因此本书以 30cm 水位为分界线，结合野外调查对保护区内部水体分布区的水位进行等级划分(表 6-9)。在景观类型图的基础之上对其属性进行赋值，得到水位生境因子分布数据(图 6-6)。

表 6-9　水位生境因子等级表

水位生境因子	编号	生境因子特征
潮湿区	0	间歇性淹水区域
浅水区	1	水位低于 30cm 水域
深水区	2	水位高于 30cm 水域
干燥区	3	道路、房屋、树林等含水量低的区域

由水位生境因子分布图(图 6-6)可知，盐城自然保护区核心区高于 30cm 的水体覆盖范围包括河流、池塘等，除了新洋港河和斗龙港河，深水区主要集中在核心区的人工管理区。为了给越冬水鸟提供多样化的生境类型，人工管理区也分布

着占总水体面积 3.79%的浅积水，主要覆盖范围是光滩、植被覆盖下的间歇性集水区、潮沟、水位标在 30cm 以下，以及野外调查过程中观测到涉禽的生境范围，主要为丹顶鹤、苍鹭、白琵鹭等涉禽提供生存环境。潮湿区是主要覆盖范围在核心区芦苇、碱蓬、互花米草等植被覆盖下的生境类型，因受潮水的涨落、降水及风暴潮等影响，间歇性淹水导致植被覆盖下形成了潮湿的环境，占研究区总面积的 75.87%，能吸引丹顶鹤在这种环境下觅食，白琵鹭在此地筑巢，等等。干燥区包括道路、房屋、树林等水分含量低的区域，占核心区总面积的 1.04%。

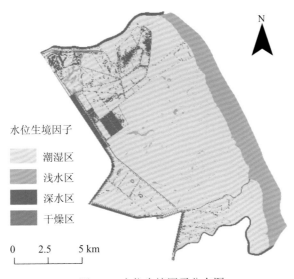

水位生境因子

潮湿区
浅水区
深水区
干燥区

0   2.5   5 km

图 6-6   水位生境因子分布图

(2) 食性因子。

食物关系生物的生存和健康，与生物的营养需求有着直接的关系，对生物生存是非常重要的。不同生物对食物的需求不同，有各自的偏好食物或者代替食物。例如，丹顶鹤主要以鱼类、昆虫、软体动物、植物嫩芽及种子为食物来源，属于杂食性；普通鸬鹚则主要以鱼类、虾类等为食物来源，属于动物食性；调查过程中发现灰鹤主要在冬麦田中，以植物种子、根茎为主要食物来源，属于植物食性。

水鸟对食物的选择并不是单一的，其食性分为：植食性水鸟、肉食性水鸟和杂食性水鸟，所以对保护区内部的食物分布以食性进行划分(表 6-10)，对水鸟生境的分类起到至关重要的作用。核心区食性生境因子划分的主要依据是景观类型分布情况，如植被分布区虽然生存着螃蟹、沙蚕、滩涂鱼等动物性食物，但植物根茎及植物种子等植物食物资源仍占主要优势,故本书根据植被及水体分布情况,结合景观分类数据得到核心区的食性生境因子分布数据。根据核心区食性生境因子划分需求，将保护区内部区域划分成无食物资源区、植食资源区、肉食资源区,在景观分类数据的基础上利用 GIS 对食性进行归纳整理，得到食性生境因子分布数据(图 6-7)。

表 6-10　食性生境因子等级表

食性生境因子	编号	生境因子特征
无食物资源区	0	包括道路、观鸟点等无食物区域
植食资源区	1	以植物根茎、种子分布为主的区域
肉食资源区	2	以鱼、虾、贝类等动物食物为主的区域

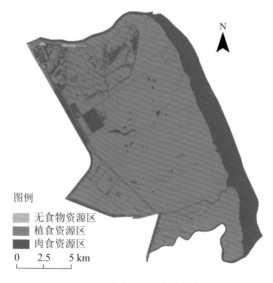

图 6-7　食性生境因子分布图

无食物资源区主要覆盖的景观类型包括道路、房屋等水鸟食物贫瘠区域，仅占核心区总面积的 1.12%；植食资源区是指以植物根茎为主要食物的分布区，包括核心区内芦苇、碱蓬、互花米草等植被覆盖区，占核心区总面积的 75.86%，越冬过程中为杂食性和植食性水鸟提供食物资源；肉食资源区主要是指核心区内部区域以鱼、虾、贝类等动物食物为主的分布区，包括河流、光滩、潮沟等水体覆盖区，占研究区总面积的 23.02%，为越冬期间核心区普通鸬鹚、小䴙䴘、白骨顶等肉食性及丹顶鹤等杂食性越冬水鸟提供食物。

(3)隐蔽物。

隐蔽物指在动物受到安全威胁时，能够为动物提供避难的躲避场所，但在景观范围内，不能简单地理解为躲避场所，应该是能满足动物的生理、形态结构及行为上长期进化所适应的生存环境，是能够提高动物繁殖或生存或使二者都能得到提高的所有结构资源。隐蔽物是水鸟选择生境时一个重要的生境因子，主要表现在满足动物行为方面的需求，如丹顶鹤的警惕性很高，往往在有一定高度的芦苇生境所围成的碱蓬或者芦苇生境中觅食；高空飞行的鸟类，选择停歇或取食地主要取决于隐蔽物的外貌和俯视景观。对于核心区越冬鸟类而言，除了食性和水位生境因子外，其他凡是能够为鸟类提供繁殖和生存所需要的环境资源都是鸟类进行生境选择时的必要条件，如植被的覆盖度、地貌形态、土地利用方式等。核心区属于滨海湿地，倾斜角度的差距仅有千分之一，地貌近似于平面，故不考虑地貌条件。结合核心区的植被类型分布情况，本书主要从植被覆盖度的角度来阐述鸟类对生境进行选择的情况。

植被覆盖度是指植被株冠层或叶面在地面的垂直投影面积占植被区总面积的比例，也可称为投影盖度。核心区目前是丹顶鹤等濒危涉禽的主要栖息地，而植被覆盖度在生境的选择与利用过程中起到直接的作用。

为了系统地解决现有高分卫星数据植被覆盖度反演方法对不同的区域需要建立不同的反演模型的问题，采用改进后的植被覆盖度像元二分模型，结合植被归一化指数（NDVI），提取研究区的植被覆盖度（龙晓闽等，2010；李苗苗，2003）。根据混合像元分解法，计算植被覆盖度（FC），具体计算公式如下：

$$FC=(NDVI–NDVI_{Soil}) / (NDVI_{Veg}–NDVI_{Soil}) \qquad (6.1)$$

式中，NDVI 为植被归一化指数；$NDVI_{Soil}$ 为完全裸土或无植被覆盖区域的 NDVI 值；$NDVI_{Veg}$ 为完全被植被覆盖的像元的 NDVI 值，即纯植被像元的 NDVI 值。

对盐城保护区滨海湿地水鸟生境类型的划分，首先要对其生境因子进行划分。植被覆盖度是越冬水鸟生境选择与利用的直接影响因素及决定因素，如盐城自然保护区的丹顶鹤等濒危涉禽偏好的生境植被覆盖度在30%以下（谢富赋等，2018），便于遇到危险时快速做出应急反应。对覆盖度的划分依据覆盖度的大小进行，界定依据主要是植被类型对丹顶鹤、灰鹤等大型涉禽的影响程度（表 6-11），利用ArcGIS 10.1 及 ENVI 5.3 软件对遥感影像进行预处理与覆盖度反演，得到核心区植被覆盖度等级分布（图 6-8）。

表 6-11　植被覆盖度等级表

覆被类型	覆被等级	植被覆盖特征
无覆被区	1	植被覆盖度为0%
低覆被区	2	植被覆盖度为0%～30%
较低覆被区	3	植被覆盖度为30%～50%
较高覆被区	4	植被覆盖度为50%～70%
高覆被区	5	植被覆盖度为70%～100%

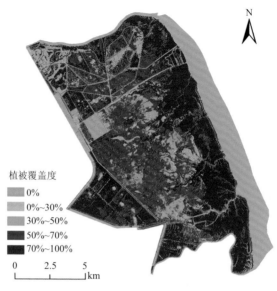

图 6-8　植被覆盖度等级分布图

　　无覆被区是指无植被覆盖的景观类型，包括河流、池塘、光滩、潮沟等水体分布区景观类型，占总面积的 21.66%，为越冬水鸟提供水资源及肉食、水生植物等食物资源。将植被覆盖度 0%～30%的区域定义为低覆被区，在芦苇、碱蓬和互花米草覆盖区均有分布，面积较小，仅占总面积的 2.6%。较低覆被区是指植被覆盖度在 30%～50%的植物分布区，占总面积的 7.18%。较高覆被区的植被覆盖度在 50%～70%，而高覆被区包括植被覆盖度在 70%～100%的碱蓬、芦苇、互花米草等植被分布区，核心区较高覆被区与高覆被区面积相当，分别占总面积的 31.5%与 37.05%。

　　分别统计不同植被类型中各覆盖度等级的面积及占植被覆盖区面积的比例，得到植被覆盖度分布图(图 6-9)。从覆盖度等级看，碱蓬、芦苇、互花米草植被类型中覆盖度在 0%～30%的面积均比较小，分别占植被总面积的 1.2%、3.88%、0.9%；较低覆覆盖区的碱蓬、芦苇的面积比互花米草的面积高出近 5 倍；植被覆盖度在 50%～70%的植被类型中芦苇所占面积最大，占植被总面积的 25.6%；而植被覆盖度在 70%～100%的植被类型中互花米草的面积是最大的，占植被总面积的 25%。从不同植被类型看，碱蓬植被类型中低覆被区的面积仅占碱蓬总面积的 7.7%，而较高覆被区占碱蓬面积高达 49.65%。由于芦苇本身的生长特性与环境的影响，较高覆被与高覆被所占比例占大多数，分别占芦苇总面积的 50.2%与 38.66%。互花米草适合生长在潮湿的环境中，且具有强繁殖能力，占核心区总面积的 18.97%，其中，高覆被互花米草占互花米草覆盖区的面积，高达 74.75%。

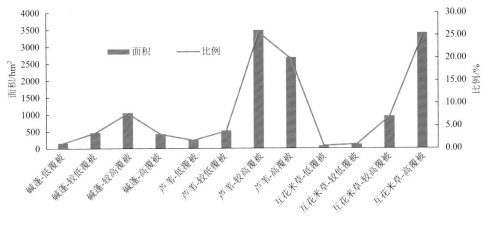

图 6-9　植被覆盖度分布图

3. 水鸟栖息地功能适宜性评价方法

1）随机森林算法及分析过程

随机森林算法（RF）模型是一种较新的机器学习技术，是由 Breiman 等在 2001 年开发完成的一种数据挖掘方法，是一种应用范围较为广泛的典型的机器学习方法（Breiman，2001a），它是由多棵分类树（classification and regression tree，CART）组合形成的、非线性建模学习机制，该机制运算效率、分类精度均较高，模型优化涉及参数少，具有极强的泛化性和稳健性。而且随机森林算法没有变量独立、数据结构符合正态分布等限制条件，在处理大量数据时，依然能够快速完成，并在噪声较多的情况下也能得出准确的结果（Li et al.，2013；Cutler et al.，2007；Breiman，2001b）。该算法的基本原理是自变量（$x_1, x_2, \cdots, x_k$）对因变量 Y 的作用（Genuer et al.，2010）。随机森林算法在建立模型的过程中采用自举法（bootstrap aggregating）随机选择 k 个自变量中的部分变量进行决策树建模。这样，构建的分类树就会有一定的差别。通常，随机森林可以随机产生千百个分类树，最终确定重复度最高的树作为结果。

本书数据分析的主要过程为：首先，对搜集的 12 个变量进行数据标准化，同时，由于本书遥感数据分辨率高、水鸟分布集中，因此构建 2m×2m 的栅格网络作为基础研究单元，运用 ArcGIS 10.3 软件提取每一种水鸟分布点和背景点的所有环境变量值组成数据集。

其次，将所有数据集分为训练集和测试集，训练集用于建模，测试集用于精度检验。其中，训练集由随机抽取的 75% 的数据集组成，测试数据由剩下的 25% 的数据组成。将训练集在 R3.5.3 Random Forest 包中进行分析，并根据袋外误差（OOB 误差）获取决策树的数量 ntree 和节点分裂时输入的特征变量个数 mtry 这两个主要参数的最优解。OOB 误差是根据每次抽样未被选中的训练集数据对常规误差进行无偏估计的结果。OOB 误差具有高效性，且与交叉验证的结果相近，因此无须进行交叉验证或建立误差无偏估计（Martínezmuñoz and Suárez, 2010）。根据随机森林算法得到的 OOB 误差曲线（图 6-10）显示，当 ntree 大于 600 时，OOB 误差处于稳定状态。进一步地，统计不同方案下最优 mtry、最优 ntree 和 OOB 误差（表 6-12），当 mtry=3 时其稳定的袋外误差值较小，且均小于 0.3312，因此，综合 8 种方案 mtry 和 ntree 的 OOB 误差表现，最优解均为 mtry=3，ntree=600，8种方案 OOB 误差稳定值均小于 0.34。

表 6-12　不同方案下最优 mtry、最优 ntree 和 OOB 误差

方案	鹤类	鹳类	琵鹭类	雁鸭类	鸻鹬类	鸥类	鹭类	鸬鹚类
最优 mtry	3	3	3	3	2/3	3	3	3/4
最优 ntree	400	300	500	400	300	300	600	500
OOB 误差值	0.1142	0.1725	0.2387	0.1441	0.3113	0.2635	0.2192	0.3312

最后，在获取最优 mtry 和 ntree 值后，代入模型运算中，对 8 种水鸟类群进行预测，得到背景点物种的适生区概率作为水鸟生境适宜性指数，对分布概率分级后得到 8 类水鸟不同生境适宜等级空间分布。为了分析高敏感性水鸟和低敏感性水鸟适生空间分布，将每个背景点上所有水鸟适生概率按照环境敏感性分类进行叠加，利用式（6.2）进行标准化，得到高敏感性与低敏感性水鸟生境适宜性指数。

$$Y_i = \frac{x_i - x_{\min}}{x_{\max} - x_{\min}} \tag{6.2}$$

式中，Y_i 为第 i 点标准化后的生境适宜性指数；x_i 为第 i 点的生境适宜性指数值；$x_{\min}$ 和 $x_{\max}$ 分别为生境适宜性指数最小值和最大值。

2）模型精度检验和变量重要性识别

为了检验模型预测的精度，对测试集数据采用接收工作机特征曲线下的面积（AUC）和真实技巧统计值（TSS）来评价模型分析结果的精度。AUC 和 TSS 均为量纲为一的值，值越大，说明模型预测精度越高。AUC 值在 0～1，AUC 值大于 0.70 说明模型表现较好；AUC 值小于 0.60 说明模型预测失败。TSS 值范围为–1～1，TSS 值大于 0.70 说明模型预测精度较高；TSS 值小于 0.40 说明模型预测失败（Fielding and Bell, 1997；Allouche et al., 2006）。模型精度评价结果（表 6-13）显示，8 类水鸟 AUC 值最小值为 0.847，最大值为 0.946，平均值为 0.903，说明模型表现很好。同时，TSS 最小值为 0.833，最大值为 0.913，平均值为 0.883，说明模型精度较高，显示出模拟预测结果较好地反映了样本数据实际分布的情况。

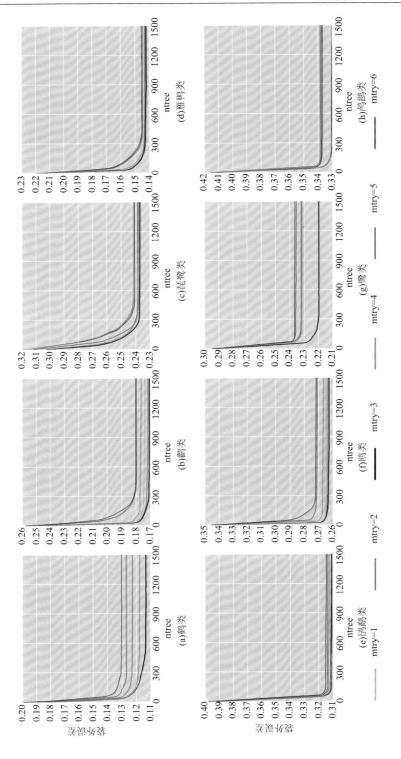

图 6-10　各类水鸟有无分布在不同 mtry 下的袋外误差（OOB 误差）曲线

表 6-13　　随机森林模型对 8 类水鸟分布预测的精度评价

项目	鹤类	鹬类	琵鹭类	雁鸭类	鸻鹬类	鸥类	鹭类	鸬鹚类
AUC	0.932	0.904	0.876	0.923	0.847	0.946	0.933	0.865
TSS	0.895	0.913	0.883	0.902	0.833	0.904	0.877	0.856

随机森林模型可以对各环境变量的重要性进行评估，常用的评定指数参数为 MDA(mean decrease accuracy)和 MDG(mean decrease Gini)，考虑 MDA 在变量区分度方面具有较好的表现(Beijma et al., 2014)，选择 MDA 指标参数评估变量的重要性。其原理是利用修正前 OOB 误差计算特征变量的变化引起的修改后袋外误差的变化，误差越大，则精度减小得越多，说明该变量越重要。计算公式如下：

$$V\left(X^{j}\right) = \frac{1}{N}\sum_{t=1}^{N}\left(e_{t}^{j} - e_{t}\right) \tag{6.3}$$

式中，$V(X^{j})$ 为第 j 个特征变量 X^{j} 的重要性值；N 为决策树 ntree 的数量；e_{t} 和 e_{t}^{j} 分别为每个决策树的袋外误差和随机改变第 j 个特征变量后新的袋外误差。与分类和回归统计模型通过统计显著性和最小信息(AIC)等指标来间接评估变量的重要性不同，该方法对异常值和噪声值具有较好的容忍度，且不容易出现过拟合等现象(Martínezmuñoz and Suárez, 2010)。

3)适宜生境景观指标选取

根据随机森林算法得到的水鸟适宜生境分布结果，对适宜区域生境结构进行景观指数分析。为了分析不同水鸟类群适宜生境的景观破碎和聚集程度，选取斑块数量(NP)、斑块密度(PD)、最大斑块指数(LPI)和平均斑块面积(AREA_MN)4 个景观指标。为了分析不同水鸟类群适宜生境的景观复杂度和多样性程度，选取景观形状指数(LSI)、面积加权平均斑块分维数(FRAC_AM)、蔓延度指数(CONTAG)、香农多样性指数(SHDI)和香农均匀度指数(SHEI)5 个景观指标。本节所涉及的相关景观指数均在 Fragstats 4.3 软件中进行。

4. 不同水鸟类群适宜生境空间分布分析

根据确定的最优 mtry 和 ntree，运用随机森林模型模拟得到 8 类水鸟在研究区的潜在分布区域，并根据随机森林模拟的预测值，运用 ArcGIS 软件反距离加权差值工具(IDW)进行空间制图，得到不同水鸟类群适宜生境概率图(图 6-11)。总体上看，8 类水鸟空间分布差异明显，鹤类、鹬类、琵鹭类和鸬鹚类[图 6-11(a)、(b)、(c)、(h)]分布面积及范围明显小于其他 4 类水鸟。

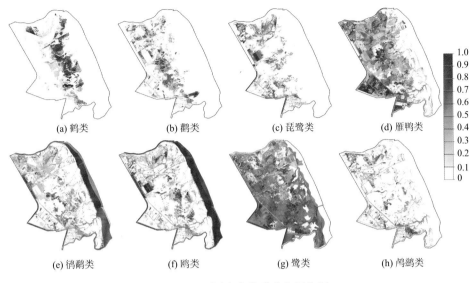

图 6-11　不同水鸟类群分布概率图

　　根据随机森林模型对于不同水鸟类群分布概率值的聚集情况，并结合野外水鸟调查的实际分布区域，将研究区水鸟生境适宜性划分为 4 个等级（表 6-14）。根据上述等级划分标准，得到研究区不同水鸟生境适宜性分布图（图 6-12）。为方便后续数据分析，将次适宜和最适宜区域定义为适宜区域。

表 6-14　水鸟生境适宜性等级划分

适宜等级	不适宜	低适宜	次适宜	最适宜
分布概率	<0.3	0.3~0.5	0.5~0.7	0.7~1.0

注：将次适宜区域和最适宜区域定义为适宜区域。

　　从空间上来看，8 类水鸟适宜区域分布存在较大差异。其中，雁鸭类、鸻鹬类、鸥类和鹭类适宜区域分布更加广泛，反映出该 4 类水鸟相较于鹤类、鹳类、琵鹭类和鸬鹚类水鸟具有更强的环境适宜性。从面积（图 6-13）来看，4 类水鸟的适宜区域分布面积也明显大于其他 4 类水鸟。其中，鹭类适宜区域总面积最大，达到 10616.35hm²，约占研究区总面积的 60%，比雁鸭类适宜区域面积多了近 4800hm²。鹤类、鹳类和琵鹭类适宜区域面积较小，总面积分别为 2123.36hm²、2015.38hm² 和 2281.08hm²，仅占研究区总面积 10%左右。这显示出相较于鹭类和雁鸭类等环境适宜性强的物种，鹤类和鹳类等环境敏感性物种在生境选择时更加谨慎，尤其是鹤类选择远离人类活动干扰的中部区域集中分布。

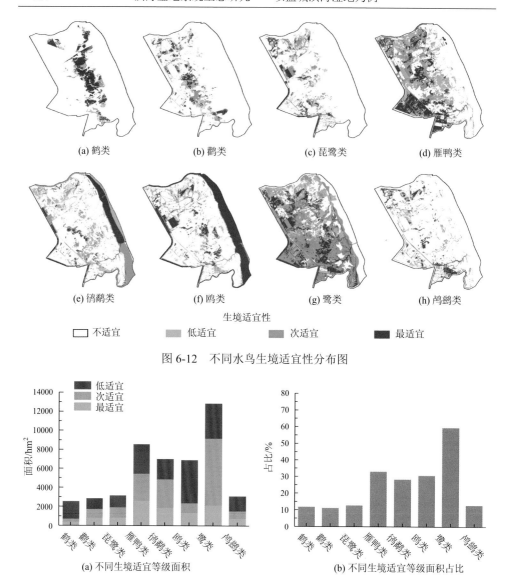

(a) 鹤类　　　　　　(b) 鹳类　　　　　　(c) 琵鹭类　　　　　　(d) 雁鸭类

(e) 鸻鹬类　　　　　　(f) 鸥类　　　　　　(g) 鹭类　　　　　　(h) 鸬鹚类

生境适宜性

☐ 不适宜　　　▨ 低适宜　　　▨ 次适宜　　　■ 最适宜

图 6-12　不同水鸟生境适宜性分布图

(a) 不同生境适宜等级面积

(b) 不同生境适宜等级面积占比

图 6-13　不同适宜等级面积及占比统计

5. 水鸟栖息地功能适宜性环境变量分析

1) 影响不同水鸟类群适生区分布的主要环境变量

为了探究不同水鸟适宜区域空间分布和面积的差异主导因素,对环境变量进行了重要性排序(图6-14)。结果显示,影响8类水鸟适宜生境分布的首要环境变量分别为生境类型(T_hab)、植被覆盖度占比(P_fvc)和周围水体总面积(A_wat)。

进一步地，对 8 类水鸟的前两位主要环境变量进行了响应曲线分析(图 6-15)。总体来看，生境类型变量(T_hab)对除鹭类以外的 7 类水鸟分布产生了重要影响。分类别来看，对于鹤类，芦苇、碱蓬和浅水生境是影响其分布的最重要生境类型变量，植被覆盖度变量的主要作用范围为 20%～50%，显示出鹤类偏好覆盖度较低的植被和浅水生境。鹳类的主要影响变量与鹤类相似，生境变量中，浅水、芦苇是主要影响类型，覆盖度变量主要作用范围为 0%～50%。对于琵鹭类，周围水体总面积(A_wat)变量主要作用范围为 30～70hm^2，当数值增加时，影响曲线持续递减，说明周围水体面积过大对琵鹭类吸引力减弱；到海堤路距离(D_swa)对琵鹭类分布影响差异明显，靠近海堤路周边受人类活动影响的环境并不适宜琵鹭类栖息，琵鹭类主要分布在距海堤 0.6～1.5km 的区域。雁鸭类分布主要受深水、浅水和芦苇生境影响，到芦苇距离(D_ree)的作用范围为小于 12m，表明靠近水面的芦苇为雁鸭类提供了良好的栖息和隐蔽场所。鸻鹬类和鸥类主要偏好的生境相似，均为低潮位滩涂和浅水生境，此外，鸥类偏好选择碱蓬生境；到水面距离(D_wat)的作用范围也相似，均低于 30m，表明岸边滩涂是鸥类和鸻鹬类重要的栖息生境。鹭类在研究区分布范围最广，6 种生境类型对其影响差异较小，研究区内植被覆盖度低于 70%的区域均有广泛分布。鸬鹚类水鸟主要栖息在芦苇和废弃鱼塘区域。

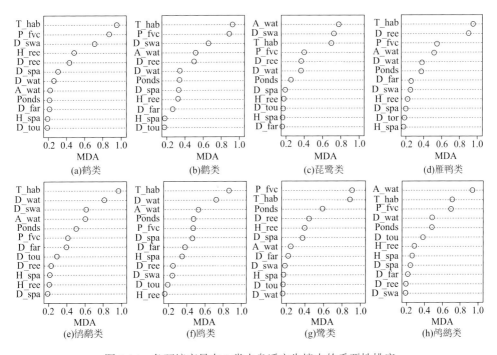

图 6-14　各环境变量在 8 类水鸟适宜生境中的重要性排序

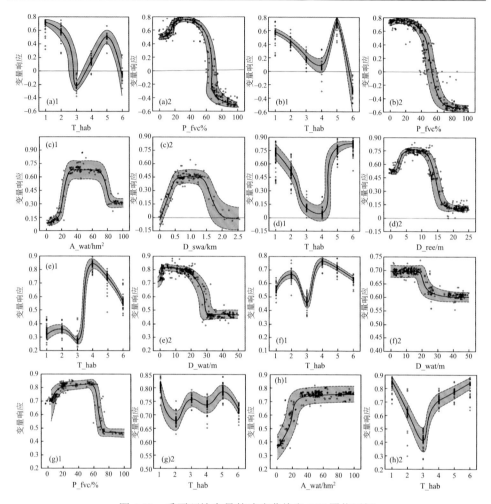

图 6-15　重要环境变量的响应曲线和 95% 置信区间

(a) 鹤类；(b) 鹳类；(c) 琵鹭类；(d) 雁鸭类；(e) 鸻鹬类；(f) 鸥类；(g) 鹭类；(h) 鸬鹚类；T_hab 变量中横坐标 1 代表芦苇，2 代表碱蓬，3 代表互花米草，4 代表低潮位滩涂，5 代表浅水区，6 代表深水区

2) 环境变量对水鸟适宜生境利用的影响

从单一变量来看，除生境类型 (T_hab) 变量以外，5 类水鸟分布的前三位环境变量与植被覆盖度有关。事实上，适宜的植被覆盖度下蕴含的食物资源是吸引水鸟觅食栖息的重要原因 (Acuna et al., 2019；Amira et al., 2018；Katoh et al., 2009)。对 5 类水鸟与不同覆盖度之间的相关性进行分析 (图 6-16)，结果显示，5 类水鸟种群数量与覆盖度高于 70% 的互花米草呈现负相关关系，覆盖度低于 50% 的芦苇与 5 类水鸟均具有较强的正相关关系 ($P<0.05$)。芦苇覆盖度大于 70% 时对 5 类水鸟吸引力减弱，且对鹤类生境利用产生较强的限制作用。这种限制作用的具体特

征会因不同水鸟类群而有所差异。以丹顶鹤、东方白鹳等为代表的涉禽水鸟，体型高大，难以在高覆盖度的禾本植物区降落觅食(Cao et al., 2015)。最近研究显示，研究区互花米草正以每年 86.39m 的速度快速蔓延(Wang et al., 2019)，使得研究区对环境高敏感性的水鸟生存空间不断向中部挤压(Li et al., 2017)。因此，高覆盖度的禾本科植物的不断蔓延已经成为研究区水鸟多样性的重要限制因素。

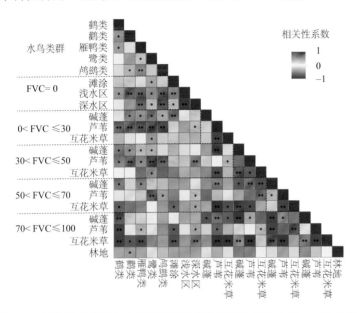

图 6-16　不同水鸟类群与生境覆盖度的相关性系数(*P< 0.05，**P< 0.01)

环境因素对物种分布的影响往往是综合性和协同性的(Heikkinen et al., 2007)。对高敏感水鸟和低敏感水鸟主要环境变量组的综合影响分析(图 6-17)显示，高敏感性水鸟对四类组合变量的响应呈现波动递减趋势，当组合变量值为 0.2 时，其对应四类环境变量值分别为 T_hab=2、P_fvc=20%、D_swa=0.5km、A_wat=20km^2。低敏感性水鸟对五类组合变量的响应呈现线性递减趋势，当组合变量值为 0～0.2 时，其对应五类环境变量值分别为 T_hab=1 或 2、P_fvc≤20%、D_wat≤10m、A_wat≤20km^2、D_ree≤5m。上述结果有助于我们进一步认识多变量对水鸟分布的影响，湿地环境原本就是复杂多样的，除了自然植被、水资源分布的空间异质性，周边人类活动也具有不确定性，这些环境因素都对水鸟的空间分布产生影响，并影响水鸟对生境的有效利用(Baschuk et al., 2012)。探讨多变量对水鸟生境利用的影响，可以直观显示水鸟在生境利用和选择时的高度敏感性，有效弥补单一环境变量对水鸟分布影响分析的局限性。

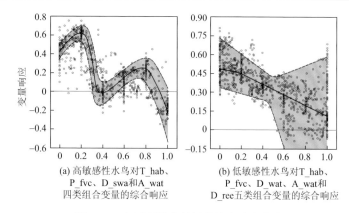

(a) 高敏感性水鸟对T_hab、P_fvc、D_swa和A_wat 四类组合变量的综合响应

(b) 低敏感性水鸟对T_hab、P_fvc、D_wat、A_wat和D_ree五类组合变量的综合响应

图 6-17　主要环境变量组的综合响应曲线

蓝色区域为95%置信区间；横坐标是经过标准化处理的变量值

　　然而，无论是单一变量还是组合变量，对水鸟生境利用的影响机制值得深入探讨。一方面，环境变量的影响实质上反映了物种在生命历程中的功能性需求(Zhang et al., 2016)，如觅食、繁殖、防御等。盐城滨海湿地是众多水鸟的越冬地和中转地，因此，觅食、防御成为该区域水鸟的主要功能性需求。从不同水鸟对环境变量的效应来看，高敏感性水鸟普遍偏好植被资源、水源和低干扰环境，反映了觅食和防御是该类水鸟的主要生境因素(Na et al., 2018)；而低敏感性水鸟更加注重觅食因素(植被资源、水源)的影响。正是不同水鸟的功能性需求差异，导致了在环境变量响应中的种群差异。另一方面，不同水鸟虽然对环境的敏感性存在强弱差异，但是生物及非生物因素干扰对很多水鸟的影响比较显著(Erwin et al., 2006；Kloskowski et al., 2010)，生物因素主要是高覆盖度的芦苇和互花米草，其不仅限制了生境利用，而且对下垫面微地形地貌的塑造和改变也影响了湿地水文和营养物质的连通和传递(Galbo et al., 2013；Frei et al., 2010)，植物和底栖动物资源的空间不均衡性逐渐显现，进而传递到水鸟食物链中。非生物因素主要是周边海堤道路、旅游区等人类活动较为频繁的区域，很多研究已经证明人类生产生活对鸟类的影响十分强烈，当生存环境的安全性无法得到保证时，水鸟对生境的其他功能性需求便无从谈起。因此，了解和认识环境变量对水鸟生境利用的影响机制有助于研究人员和管理者开展具有针对性的水鸟栖息地保护和恢复工作。

　　6. 不同水鸟适宜栖息地景观结构分析

　　1)不同水鸟类群适宜生境景观结构分析

　　不同环境变量对水鸟类群空间分布的影响存在差异，生境类型变量和覆盖度变量对研究区水鸟生境选择影响显著，反映出食物因子是影响研究区水鸟空间分布的主要因素。因此，对 8 类水鸟适宜生境景观占比进行统计分析(图 6-18)。结果显示，芦苇是鹤类、鹳类、琵鹭类、雁鸭类、鹭类和鸻鹬类水鸟的主要栖息生境，面积占比较高。鸥类主要的适宜生境为低潮位滩涂，面积占比达到 36.37%；鸥类的主要适宜生境为深水区和低潮位滩涂，面积占比分别为 34.78% 和 34.02%。同时，互花米草生境面积占比普遍较小，除了鹭类以外其他 7 类水鸟的适宜生境中互花米草面积占比均低于 9%。

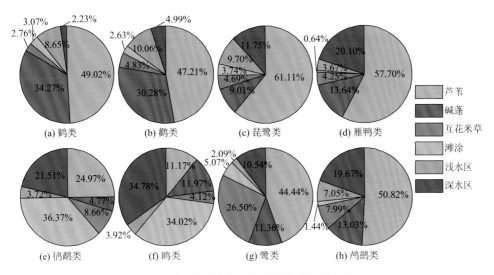

图 6-18　不同水鸟类群适宜生境面积占比

进一步地，为了揭示 8 类水鸟适宜生境的景观结构特征，开展了水鸟生境的景观指数分析(图 6-19 和图 6-20)。从景观破碎性和聚集程度指标来看，鹤类、鹳类和琵鹭类适宜生境斑块数量和密度明显小于其他 5 类水鸟，显示出鹤类、鹳类和琵鹭类水鸟生境空间聚集程度高，破碎性较低。同时，鹤类生境最大斑块指数(LPI)和平均斑块面积(AREA_MN)最大，分别为 5.34% 和 122.44m^2，这主要是由于鹤类主要分布在研究区中部芦苇与碱蓬地带，该区域碱蓬生境面积广阔，斑块间连通性较高，呈片状分布。鸻鹬类平均斑块面积(AREA_MN)指数也较高，达到 104.53m^2，这与鸻鹬类广泛利用研究区东部宽广的低潮位滩涂生境有关。

从景观复杂度和多样性程度指标来看，雁鸭类、鸻鹬类、鹭类和鸥类水鸟生境景观形状指数(LSI)和面积加权平均斑块分维数(FRAC_AM)普遍较高，LSI 平均值为 30.56，FRAC_AM 平均值为 1.33，显示该 4 类水鸟生境总体上复杂度高，且雁鸭类、鸻鹬类和鹭类生境蔓延度指数(CONTAG)均低于 50.00，显示出生境空间连接性低。此外，雁鸭类、鸥类和鹭类生境香农多样性指数(SHDI)和香农均匀度指数(SHEI)较高，两个指标均值分别为 1.196 和 0.712，也显示出这 3 类水鸟生境景观类型较多，生境利用更加多样。

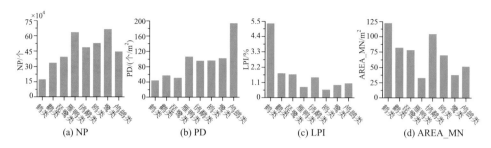

图 6-19　不同水鸟适宜生境景观破碎性和聚集程度指标

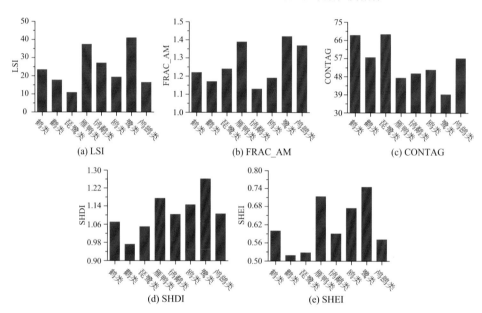

图 6-20　不同水鸟适宜生境景观复杂度和多样性程度指标

2) 不同敏感度水鸟适宜生境的景观格局差异

总的来说，不同敏感度水鸟适宜生境的景观格局差异，显示了水鸟对于生境的结构性需求差异，如空间布局、破碎化和多样性水平等。为了探讨不同敏感性水鸟适宜生境的空间布局特征，根据式 (6.2) 得到高敏感性水鸟和低敏感性水鸟生境适宜区域空间分布 (图 6-21)。结果显示，高敏感性水鸟和低敏感性水鸟适宜生境区域面积大范围缩小，且明显小于 8 类水鸟适宜生境的叠加面积。从空间上来看，高敏感性水鸟生境适宜区域主要集中在中路港与中心路附近，以及研究区南部互花米草控制区。这些区域远离海堤路和居民地，周边人类活动对它们的影响非常有限 (Cao et al., 2010；Ma et al., 2010；Murray et al., 2013)。同时，这些区域以浅水芦苇沼泽和碱蓬生境为主，受淡水和潮沟的影响，芦苇与盐地碱蓬交错生长，湿地植被滞留的淤泥和浅水为虾、螺等底栖生物提供了理想的生存场所。远离干扰源的芦苇、富含底栖生物的碱蓬沼泽共同为高敏感性水鸟提供了良好的隐蔽和觅食环境。低敏感性水鸟生境适宜区域空间分布则更加多样，主要的河流、水塘、稀疏芦苇沼泽和低潮位滩涂均是其适宜生境。这是由于低敏感性水鸟普遍体型较小，飞行敏捷，环境适应能力较强，拥有丰富食物的河流沼泽和滩涂是众多游禽和涉禽的理想栖息场所(Li et al., 2013；Cao et al., 2015)。

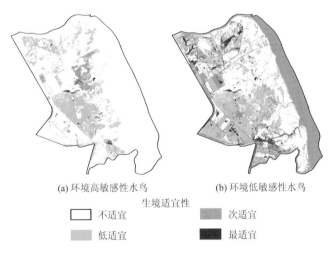

(a) 环境高敏感性水鸟　　　　(b) 环境低敏感性水鸟

图 6-21　高敏感性与低敏感性水鸟适宜生境空间分布

从景观指数(图 6-22)来看，高敏感性水鸟适宜生境面积小但斑块集中、破碎化程度低；低敏感性水鸟适宜生境面积较大但斑块破碎化程度高、生境类型更加多样。需要说明的是，加入环境变量影响的不同敏感度水鸟适宜生境的景观结构分析强化了环境变量与景观结构的协同作用。不同水鸟适宜生境的环境变量的主导作用差异，导致了水鸟生境利用行为的种群特征，并表现在适宜生境的空间布局和景观结构的差异上。

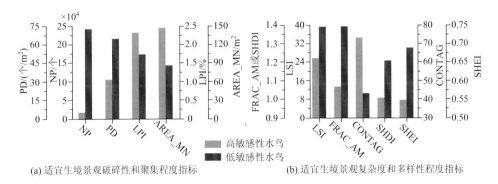

(a) 适宜生境景观破碎性和聚集程度指标　　　　(b) 适宜生境景观复杂度和多样性程度指标

图 6-22　不同环境敏感度水鸟适宜生境景观指数

　　无论是生境的空间布局还是景观特征，都反映了不同敏感性水鸟在生境结构性需求方面的多样性。研究区受海陆共同作用影响，水鸟生境呈现出持续演变的趋势。有学者对研究区景观过程演变与模拟研究显示，自然条件影响下区域景观演变将导致互花米草快速增长，并快速挤占碱蓬生存空间，因此需要注意植被类型的空间竞争关系引发水鸟生境结构的空间单一化，避免出现水鸟适宜生境被挤占造成的生境危机。

6.2.2　栖息地功能变化对水鸟多样性和类群影响

　　相关研究显示，全球有38%的水鸟种群数量在下降，而亚洲情况最为糟糕，超过50%的种群数量下降。因此，及时有效地开展水鸟现存栖息地保护和恢复研究工作已经成为维护全球生态安全和保护生物多样性的重点工作之一。然而，保护和恢复水鸟栖息地是一项系统的、复杂的工作，需要研究人员充分认识水鸟种群和栖息地分布现状及存在的潜在问题。因此，很多学者对水鸟栖息地功能在较长时间尺度上的空间分布和数量变化进行了分析研究，探讨制约水鸟栖息地选择和种群多样性的潜在环境问题。例如，Pérez-García 等(2014)分析了栖息地周边景观配置和生境质量变化对人工生境中水鸟群落结构的影响；Dong 等(2013)运用analytic hierarchy process 对松嫩平原水鸟栖息地适宜性进行了评价。总的来看，目前的栖息地功能研究大多是从栖息地适宜性或质量角度出发来评价水鸟在栖息地选择和利用方面的空间差异。然而，这些研究十分重视周边生态系统要素的影响，且过度依赖计算机模拟和算法模型的选择，忽视了栖息地本身结构变化对栖息地功能发挥所产生的影响。事实上，大量研究表明，栖息地功能的发挥取决于栖息地结构是否稳定，但目前基于结构与功能耦合作用的栖息地功能研究不是很多。另外，目前对栖息地的研究更多是对单一物种栖息地选择或空间分布的时空变化开展分析，忽视了栖息地对维护水鸟种群多样性的重要性及不同水鸟类群对栖息地时空变化的响应差异。因此，基于连续及翔实的野外调查数据，开展结构与功能耦合的水鸟栖息地功能综合评价研究，探讨水鸟多样性和水鸟类群对栖息地结构变化在功能上的响应，将弥补目前栖息地研究中物种单一、结构和功能分离的缺陷。

　　目前，栖息地功能研究十分注重空间尺度和指标因子的选择，不同的空间尺度所反映的栖息地空间格局和变化规律存在差异。目前包括栖息地适宜性和质量研究在内的栖息地功能研究主要是基于生态系统尺度和景观尺度展开的(生态系统尺度栖息地功能研究能够较好地揭示调查点位水鸟在觅食、繁殖、停歇、躲避威胁等方面对生境和环境的选择特征，景观尺度栖息地功能研究也能较好地揭示水鸟在局部或重点区域的斑块利用和环境影响特征)。然而，水鸟是跨尺度活动物种，其活动和栖息地利用往往具有多尺度性，不同生态样点或栖息点其栖息地利用和空间特征存在显著差异。因此需要研究人员从区域尺度整体出发，揭示不同栖息点功能变化对水鸟种群和不同水鸟类群影响的差异，掌握区域水鸟栖息地利用的时空规律和结构性差异。从指标选取上来看，目前，在水鸟栖息地功能研究中，评价指标的选择十分注重水鸟对环境和生境的需求，如食物资源、隐蔽环境、水资源、干扰因素等，该方面的评价虽然能够较好地反映某类水鸟的生存需求和环境的承载能力，但是受限于数据调查手段和工作量，相关研究大多局限于景观尺度等单个栖息点，难以反映较大空间尺度上水鸟栖息地的功能变化，而且该方面的研究忽视了生境结构在种群和多样性维持方面的重要作用，割裂了生境结构与栖息地功能维持之间的内在联系。

为了弥补上述不足，亟须开展区域尺度结构与功能耦合的水鸟栖息地功能评价研究，探讨生境结构变化对水鸟多样性和水鸟类群的影响机制，以及对栖息地功能时空变化产生的影响。因此，选择盐城滨海湿地作为研究区，该区域拥有丰富且多样的植被和动物资源，在全球生物多样性保护中具有重要价值。该区域也是水鸟赖以生存和繁衍的重要场所，相关研究显示，中国近80%水鸟的生存在滨海湿地，作为东亚-澳大利西亚候鸟迁徙路线上的重要节点，全球半数濒危水鸟物种均生活在此路线上，中国黄(渤)海候鸟栖息地也因此于2019年被列入世界自然遗产名录。最后，根据上述研究进展总结和研究区选择，确定本章拟解决的主要问题和创新点为：①如何科学度量盐城滨海湿地水鸟栖息地功能，并开展栖息地功能时空变化和驱动力分析；②水鸟多样性和不同水鸟类群对栖息地功能变化的时空响应存在何种差异，以及功能评价指标对水鸟种群多样性和不同水鸟类群的影响有何差异；③探讨自然和人工生境结构因子对水鸟种群多样性和不同类群的影响机制，并提出盐城滨海湿地水鸟栖息地功能维持和关键节点恢复的措施和建议。

上述问题的解决有助于揭示该区域水鸟栖息地时空变化的内在机制，了解影响该区域水鸟种群分布和栖息地功能维持的主要因素，丰富水鸟栖息地功能研究，也为后续水鸟种群保护和栖息地恢复提供参考和理论支撑。

1. 栖息地功能评价指标体系构建及评价方法

1)评价指标体系的建立

根据盐城滨海湿地景观和水鸟栖息地保护现状，依据科学性、可行性、独立性和稳定性等原则，在参考相关学者的研究成果的基础上，从生境结构因子和栖息地功能影响因子两个方面选取13个指标构建盐城滨海湿地栖息地功能评价指标体系，并根据对栖息地功能的影响，将13个指标划分为正向指标、负向指标和定性指标(表6-15)。

表 6-15　盐城滨海湿地栖息地功能评价指标体系

目标层	指标层	变量	类型	描述
栖息地结构因子	生境类型	X_1	定性	包括 11 个生境类型
	生境面积/km^2	X_2	正向	每种生境类型的面积
	生境多样性	X_3	正向	使用香农多样性指数衡量
	生境破碎性/(个/km^2)	X_4	负向	使用景观破碎度衡量
	生境空间连通性/%	X_5	正向	使用选择斑块结合度指数衡量
	植被覆盖度/%	X_6	正向	
栖息地功能影响因子	人口密度/(人/km^2)	X_7	负向	单位面积人口数
	人均耕地/(亩/人)	X_8	负向	单位人口耕地面积
	居民点数量	X_9	负向	
	围垦强度/(km^2/a)	X_{10}	负向	评价年份围垦面积
	人均 GDP/(万元/人)	X_{11}	负向	—
	人均收入/(万元/人)	X_{12}	负向	—
	第二产业比重/%	X_{13}	负向	—

2) 指标数据来源、处理与标准化

(1) 生境类型和景观指标数据。

生境数据来源于 1987 年、1997 年、2007 年和 2019 年 Landsat 遥感影像，数据来源于地理空间数据云 (http://www.gscloud.cn/)，运用 ENVI 5.3 软件对 4 期遥感影像进行预处理，并根据盐城滨海湿地土地利用现状，将研究区生境分为 2 级 11 类 (表 6-16)，运用监督分类方法进行遥感解译，并在 ArcGIS 10.3 软件中进行制图和统计分析 (图 6-23)。

表 6-16　盐城滨海湿地生境分类系统

一级	二级	缩写	标准化赋值
自然生境	滩涂	MUD	10
	坑塘水库	PON	8
	自然河流	RIV	6
	盐沼地	SAM	6
	林地	FOR	4
人工生境	沟渠	DIT	4
	盐田	SAF	2
	围垦未用地	REC	2
	农田	FIE	2
	养殖塘	AQU	2
非生境	建设用地	CON	1

生境指标中，生境多样性选择香农多样性指数(SHDI)，生境破碎性选择景观破碎度(Ci)，生境空间连通性选择斑块结合度指数(COHESION)进行表征，运用Fragstats 4.2 软件进行相关景观指标的计算。植被覆盖度是基于 4 期遥感影像在ENVI 5.3 软件中进行波段计算获得的。

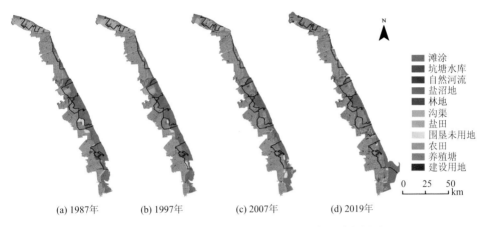

(a) 1987年　　(b) 1997年　　(c) 2007年　　(d) 2019年

图 6-23　1987～2019 年盐城滨海湿地生境类型分布图

(2) 栖息地功能影响因子数据。

栖息地功能影响因子中 7 个指标主要来源于 1987 年、1997 年、2007 年和 2019 年《盐城统计年鉴》和下辖各区县统计公报。

(3) 评价指标标准化处理。

由于评价指标各有差异且量纲不同，需要进行标准化处理。定量指标使用极差法进行标准化，其中，正向指标值越大，功能性越高，负向指标值越小，功能性越低。为方便后续分析，将负向指标正向化，使得指标作用方向一致。正向指标和负向指标标准化计算如式(6.4)和式(6.5)所示：

$$Z_{ij} = \frac{X_{ij} - X_{j\min}}{X_{j\max} - X_{j\min}} \times 10 \tag{6.4}$$

$$Z_{ij} = \frac{X_{j\max} - X_{ij}}{X_{j\max} - X_{j\min}} \times 10 \tag{6.5}$$

式中，Z_{ij} 为指标标准化后的数值，变化范围为 0～10；X_{ij} 为第 i 个指标的第 j 个格网指标值；$X_{j\max}$ 为所有格网中最大值；$X_{j\min}$ 为所有格网中最小值。

由于生境类型属于定性指标，根据专家知识和对栖息地功能维持的作用对指标因子按照分级赋值的方法进行标准化处理，赋值范围为 0～10。

(4) 构建基本评价格网单元。

为方便进行功能性评价，本小节按照 1km×1km 尺度将研究区划分为若干格网单元，不同年份格网数量如表 6-17 所示。

表 6-17 1987～2019 年滨海湿地栖息地功能性评价单元格网数量 （单位：个）

年份	格网数量	年份	格网数量
1987	4314	2007	4439
1997	4309	2019	4715

3) 栖息地功能性指数计算

本小节通过构建栖息地功能性模型量化研究区水鸟栖息地功能状况。为了消除指标间的相关性和信息的重叠性，利用空间主成分分析法(SPCA)对 13 个评价指标进行分析，根据主成分的累计贡献率达到 85%以上确定 4 个主成分(表 6-18)。

表 6-18 1987～2019 年各主成分特征值、贡献率和累计贡献率

年份	主成分系数	PC1	PC2	PC3	PC4
1987	特征值 λ	3.755	2.836	1.712	1.403
	贡献率/%	39.28	25.18	12.47	8.47
	累计贡献率/%	39.28	64.46	76.93	85.40
1997	特征值 λ	2.345	2.074	1.798	1.701
	贡献率/%	31.18	27.33	14.39	11.81
	累计贡献率/%	26.18	58.51	73.90	85.71
2007	特征值 λ	4.126	2.097	1.519	1.473
	贡献率/%	41.33	24.71	12.79	7.92
	累计贡献率/%	41.33	66.04	78.83	86.75
2019	特征值 λ	3.123	2.147	1.825	1.682
	贡献率/%	36.83	23.79	14.52	10.76
	累计贡献率/%	36.83	60.62	75.14	85.92

根据空间主成分分析结果计算各年份格网栖息地功能性指数(HFI)，其计算公式如下：

$$\text{HFI} = r_1 Y_1 + r_2 Y_2 + r_3 Y_3 + \cdots + r_n Y_n \tag{6.6}$$

式中，HFI 为格网单元的栖息地功能性指数；Y_i 为第 i 个主成分；r_i 为第 i 个主成分对应的贡献率。

根据式(6.6)和表 6-18 得到滨海湿地 1987～2019 年栖息地功能性指数计算公式：

$$\text{HFI}_{1987} = 0.3928 \times Y_1 + 0.2518 \times Y_2 + 0.1247 \times Y_3 + 0.0847 \times Y_4 \tag{6.7}$$

$$\text{HFI}_{1997} = 0.3118 \times Y_1 + 0.2733 \times Y_2 + 0.1439 \times Y_3 + 0.1181 \times Y_4 \tag{6.8}$$

$$\text{HFI}_{2007} = 0.4133 \times Y_1 + 0.2471 \times Y_2 + 0.1279 \times Y_3 + 0.0792 \times Y_4 \tag{6.9}$$

$$\text{HFI}_{2019} = 0.3683 \times Y_1 + 0.2379 \times Y_2 + 0.1452 \times Y_3 + 0.1076 \times Y_4 \tag{6.10}$$

式中，HFI_{1987}、HFI_{1997}、HFI_{2007} 和 HFI_{2019} 分别为 1987 年、1997 年、2007 年和 2019 年栖息地功能性指数；$Y_1 \sim Y_4$ 为空间主成分分析法得到的前 4 个主成分。

为了方便不同年份格网栖息地功能性指数(HFI)的比较和分析，对不同年份的栖息地功能性指数进行标准化处理，公式如下：

$$S_{\text{HFI}} = \frac{\text{HFI} - \text{HFI}_{\min}}{\text{HFI}_{\max} - \text{HFI}_{\min}} \times 10 \tag{6.11}$$

式中，S_{HFI} 为格网栖息地功能性指数标准化值，变化范围为 0～10；HFI 为格网栖息地功能性指数实际值；$\text{HFI}_{\max}$ 和 $\text{HFI}_{\min}$ 分别为格网栖息地功能性指数的最大值和最小值。

参照国内外栖息地功能评价的相关等级划分标准，结合盐城滨海湿地生态环境特征，基于自然断点法(natural breaks)将 1987 年、1997 年、2007 年和 2019 年栖息地功能指数分为 5 个等级。为了保证评价结果的可对比性，将 4 期等级标准的平均值作为最终的分级标准(表 6-19)。栖息地功能性评价流程如图 6-24 所示。

表 6-19　栖息地功能性分级标准及生态学特征

功能评估等级	功能指数标准化(S_{HFI})	生态特征描述
最高	$S_{\text{HFI}} > 8.81$	栖息地结构合理完善，承受压力小，生态系统稳定，自我恢复能力强，栖息地功能性水平高
较高	$6.46 < S_{\text{HFI}} \leqslant 8.81$	栖息地结构较为完善，承受压力较小，生态系统较稳定，自我恢复能力较强，栖息地功能性水平较高
一般	$4.94 < S_{\text{HFI}} \leqslant 6.46$	栖息地结构尚可维持，承受压力接近生态阈值，生态系统较不稳定，自我恢复能力较弱，栖息地功能性水平一般
较低	$2.72 < S_{\text{HFI}} \leqslant 4.94$	栖息地结构存在缺陷，承受压力大，生态系统不稳定，受损后恢复难度大，栖息地功能性水平较低
极低	$S_{\text{HFI}} \leqslant 2.72$	栖息地结构严重退化，承受压力极大，生态系统极不稳定，受损后不可恢复，栖息地功能性水平低

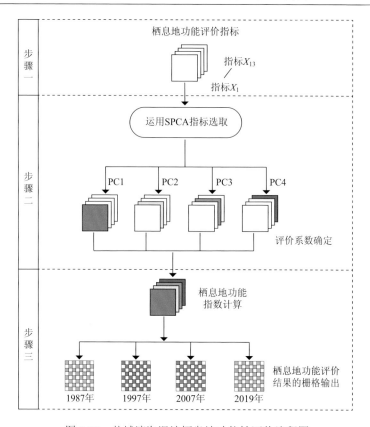

图 6-24　盐城滨海湿地栖息地功能性评价流程图

4) 变化斜率法

变化斜率法(slope method)能够对一组连续变量进行回归分析,预测其变化趋势。本小节运用变化斜率法模拟研究区栖息地功能性的年际变化,即利用最小二乘法逐个对格网 HFI 值与时间变量进行回归拟合。其计算公式如下:

$$X = \frac{n \times \sum_{i=1}^{n} i \times \mathrm{HFI}_i - \left(\sum_{i=1}^{n} i\right)\left(\sum_{i=1}^{n} \mathrm{HFI}_i\right)}{n \times \sum_{i=1}^{n} i^2 - \left(\sum_{i=1}^{n} i\right)^2} \tag{6.12}$$

式中,X 为变化斜率;n 为时间年数;HFI_i 为第 i 年的栖息地功能性指数值。X 为正值时,栖息地功能性指数呈增加趋势;X 为负值时,栖息地功能性指数呈下降趋势。

5) 冗余分析方法

根据空间主成分分析法对栖息地功能性评价和驱动力因子分析,筛选出影响区域水鸟栖息地功能发挥的主要因子，利用冗余分析(redundancy analysis, RDA)检验水鸟调查样本和不同类群与功能性驱动因子的关联性。在冗余分析中，对水鸟数据进行标准化处理，同时对驱动因子进行 $\lg(x+1)$ 转换。利用蒙特卡罗置换检验(Monte Carlo permutation test)分别评价每个因子的显著性。本小节冗余分析在 CANOCO 5.0 软件中进行。

2. 栖息地功能性评价及时空变化分析

首先，根据式(6.7)～式(6.11)分别计算 1987 年、1997 年、2007 年和 2019 年盐城滨海湿地栖息地功能性指数(图 6-25)。从空间上看，研究区中部(核心区附近)至南部(条子泥附近)栖息地功能性指数数值较高，研究区北部(北一实验区和北二实验区)附近栖息地功能性指数明显低于其他区域。分时段来看，1987～1997 年，研究区北部栖息地功能性指数低值区域分布扩大，其他区域变化不显著；1997～2007 年，北三实验区和南缓冲区西部栖息地功能性指数低值区域分布扩大；2007～2019 年，研究区除了中部核心区、南北缓冲区和南一实验区以外，其他区域均出现低值区域扩张趋势，显示出研究区内栖息地功能呈现不同程度的退化趋势。

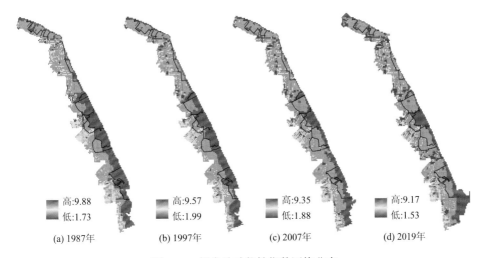

	高:9.88		高:9.57		高:9.35		高:9.17
	低:1.73		低:1.99		低:1.88		低:1.53
	(a) 1987年		(b) 1997年		(c) 2007年		(d) 2019年

图 6-25　栖息地功能性指数网格分布

在此基础上，对栖息地功能性指数的时空变化进行分析。根据表 6-19 中栖息地功能性指数等级划分，运用 ArcGIS 10.3 的空间分析模块(Spatial Analyst)的普通克里金插值法(Ordinary Kriging)对划分功能性等级后的离散点进行空间插值，得到 4 期栖息地功能性评价连续的空间分布图(图 6-26)，并对 4 期评价结果的面积进行了统计(表 6-20)。结果显示，整体上，功能性评价最高和较高等级区域的面积持续减少，较低和最低等级区域的面积持续增加。具体来说，栖息地功能最高和较高等级区域的面积由 1987 年的 1368.82km² 和 1936.99km² 减少到 2019 年的 826.74km² 和 1444.17km²，面积占比由 1987 年最高的 31.82% 和 45.03% 减少到 2019 年的 17.52% 和 30.61%。栖息地功能较低和最低等级区域的面积由 1987 年的 130.84km² 和 30.92km² 增加到 2019 年的 929.71km² 和 404.47km²，面积分别增加了约 6 倍和 12 倍，栖息地功能下降的区域主要集中在北二实验区附近、南一实验区以南和核心区以西等区域。

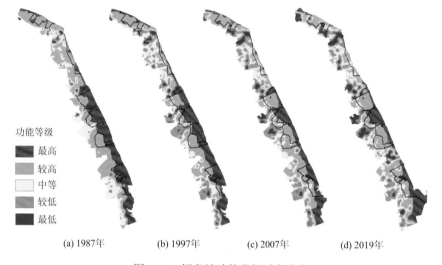

(a) 1987年　　(b) 1997年　　(c) 2007年　　(d) 2019年

图 6-26　栖息地功能分级时空分布

表 6-20　1987～2019 年栖息地功能等级面积统计

等级	1987 年		1997 年		2007 年		2019 年	
	面积/km²	占比/%	面积/km²	占比/%	面积/km²	占比/%	面积/km²	占比/%
最高	1368.82	31.82	1246.72	28.97	871.99	19.61	826.74	17.52
较高	1936.99	45.03	1332.23	30.96	1472.32	33.11	1444.17	30.61
一般	834.15	19.39	842.53	19.58	978.13	21.99	1113.25	23.59
较低	130.84	3.04	754.78	17.54	907.34	20.40	929.71	19.70
极低	30.92	0.72	126.86	2.95	217.44	4.89	404.47	8.57
总计	4301.72	100	4303.12	100	4447.22	100	4718.34	100

对 1987～1997 年、1997～2007 年和 2007～2019 年三个时期研究区栖息地功能空间变化趋势进行了空间计算 (图 6-27)。结合面积统计 (图 6-28) 来看，1987～1997 年栖息地功能总体上呈小幅下降趋势，小幅下降区域面积增加 1506.24km²，

占区域总面积的 35%，基本沿各功能区以西均匀分布。该时期栖息地功能大幅上升区域较少，仅呈现零散分布。1997～2007 年栖息地功能性变化整体上呈现平缓趋势，研究区 70%以上的区域栖息地功能无显著变化，但功能性大幅下降区域较 1987～1997 年更集中。该时期栖息地功能大幅下降区域面积增加了 96.26km²，且主要分布于北一实验区以南和南一实验区以南区域。2007～2019 年研究区栖息地功能变化较为复杂，其中，核心区及南缓冲区周边栖息地功能呈明显上升趋势，面积达 223.04km²，占区域总面积的 4.72%。栖息地功能大幅下降区域呈现快速蔓延趋势，该时期栖息地功能大幅下降区域面积增加了 201.29km²，占区域总面积的 4.26%，且主要分布在北一实验区、南一实验区以南大丰港附近和南二实验区以南区域。总体来看，研究区栖息地功能性变化呈现出前期整个区域带状平缓下降，后期重点区域大幅下降且快速蔓延的趋势。

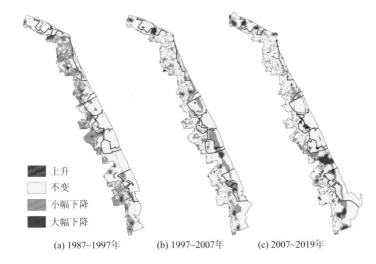

(a) 1987~1997年　　　(b) 1997~2007年　　　(c) 2007~2019年

图 6-27　1987～2019 年栖息地功能指数时空变化

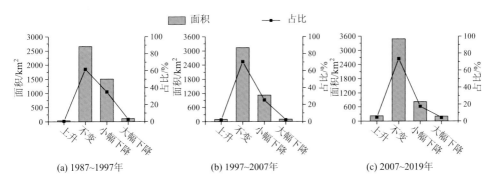

(a) 1987~1997年　　　(b) 1997~2007年　　　(c) 2007~2019年

图 6-28　1987～2019 年栖息地功能变化面积统计

3. 水鸟对湿地栖息地功能变化的时空响应

　　基于地学空间分析中核密度估计法(KDE)，对 1987～2019 年盐城滨海湿地水鸟数量分布变化进行空间可视化(图 6-29)。结果显示，1987 年水鸟数量空间分布密度高值区域呈带状分布，且分布较为均匀；1997 年水鸟主要分布于北一实验区、北缓冲区至南二实验区一带；2007 年水鸟主要分布于北缓冲区至南二实验区一带；2019 年水鸟主要分布于北一实验区、北缓冲区至南一实验区、南二实验区及以南区域。整体来看，1987～2019 年研究区水鸟空间分布特征由带状向点状分布转变，显示出水鸟空间分布的离散化趋势。从水鸟种群多样性角度(图 6-30)来看，除

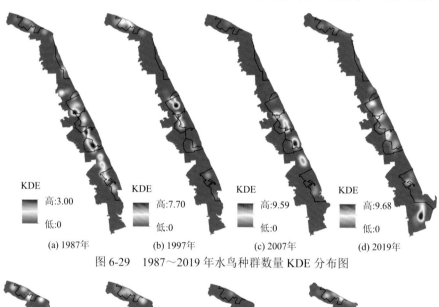

图 6-29　1987～2019 年水鸟种群数量 KDE 分布图

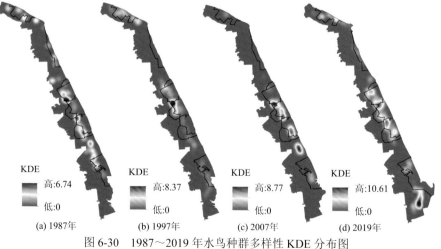

图 6-30　1987～2019 年水鸟种群多样性 KDE 分布图

红色区域是调查点水鸟种类高值区，代表了水鸟的种群多样性水平较高区域

1997 年以外，其他年份水鸟多样性水平较高的区域主要分布在水鸟数量较多的区域，且二者分布范围基本保持重叠。其中，1997 年水鸟物种多样性水平较高的区域主要分布在中实验区和核心区西北部，1997 年该区域栖息地功能性水平最高且面积最大，适宜多种水鸟栖息和活动。

提取 1987～2019 年研究区水鸟数量和物种多样性核密度分布边界，得到 1987～2019 年盐城滨海湿地水鸟分布区栖息地功能等级时空分布（图 6-31）。结果显示，空间上，研究区水鸟分布区栖息地功能整体上呈最高或较高级别，但不同区域栖息地功能等级存在差异。1987～2019 年北一实验区水鸟分布区栖息地功能呈现下降趋势，栖息地范围呈现波动萎缩趋势；北缓冲区至南二实验区水鸟分布区栖息地功能变化较大，除了水鸟栖息地范围的萎缩和空间隔离程度增加以外，不同栖息地内功能等级呈现明显下降的趋势。从面积（图 6-32）上来看，1987 年水鸟分布区栖息地功能最高和较高级别区域面积占比超过 90%，面积达到 1379km²；而 2019 年水鸟分布区栖息地功能最高和较高级别区域面积占比为 80% 左右，面积下降到 1066.39km²。同期中等栖息地功能区面积由 1987 年的 64.73km²

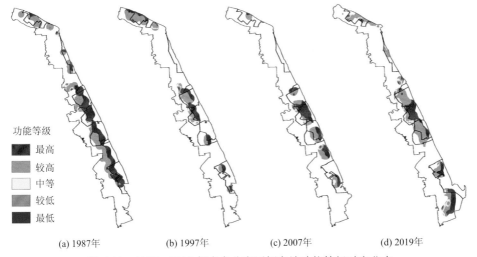

图 6-31　1987～2019 年水鸟分布区栖息地功能等级时空分布

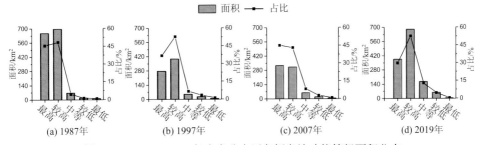

图 6-32　1987～2019 年水鸟分布区各栖息地功能等级面积分布

增加到 2019 年的 165.88km²，显示出随着研究区最高和较高级别功能区面积的萎缩和空间隔离，水鸟种群活动空间逐渐向中等功能区延伸。

对不同水鸟类群数量与各栖息地功能等级面积进行了相关性分析(图 6-33)，结果显示，除了鹭类和雁鸭类与中低等级功能区呈负相关关系，相关性一般；鸻鹬类和琵鹭类与最低等级功能区呈显著负相关关系(P<0.05)；鹤类、鹳类、鸥类和鸬鹚类水鸟与最低等级功能区呈极显著负相关关系(P<0.01)，8 类水鸟与最高和较高级别功能区面积呈显著(P<0.05)和极显著(P<0.01)正相关关系。这些结果显示 1987 年以来较低等级和最低等级功能区面积的增加和范围的扩大对研究区水鸟种群分布和栖息地利用产生了较大的负面影响。

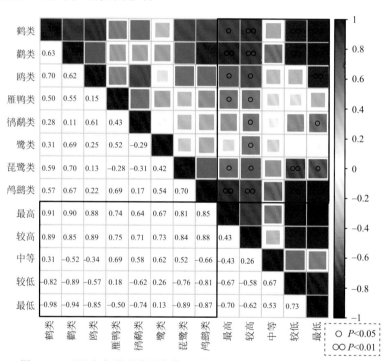

图 6-33　不同水鸟类群数量变化与各栖息地功能等级面积相关性分析

4. 栖息地功能时空演化驱动力及对水鸟类群和多样性的影响分析

主成分载荷系数数值的大小反映了该成分中变量因子对栖息地功能影响的大小。因此，根据 1987～2019 年栖息地功能性评价主成分载荷矩阵(表 6-21)和贡献率可知，1987 年盐城滨海湿地栖息地功能时空变化主要驱动因子为生境类型、生境面积、生境多样性、生境空间连通性、植被覆盖度、居民点数量和围垦强度。1997 年盐城滨海湿地栖息地功能时空变化主要驱动因子为生境面积、生境多样性、生境破碎性、生境空间连通性、居民点数量和围垦强度。2007 年盐城滨海湿

表 6-21　1987～2019 年研究区栖息地功能性评价的主成分载荷矩阵

指标	PC1				PC2				PC3				PC4			
	1987 年	1997 年	2007 年	2019 年	1987 年	1997 年	2007 年	2019 年	1987 年	1997 年	2007 年	2019 年	1987 年	1997 年	2007 年	2019 年
生境类型	0.731*	0.345	-0.778*	0.052	0.211	-0.064	0.321	-0.769*	-0.402	0.158	0.413	0.142	0.549	0.097	0.342	-0.381
生境面积	0.247	0.671*	0.683*	0.297	0.503	0.308	-0.179	-0.341	-0.691*	0.407	0.036	-0.300	-0.492	0.165	0.152	0.145
生境多样性	0.684*	-0.709*	-0.503	-0.335	-0.198	0.162	-0.722*	0.462	0.176	0.299	0.103	0.421	-0.081	-0.511	0.425	0.421
生境破碎性	-0.402	0.283	0.697*	0.531	0.301	-0.413	0.534	0.687*	-0.205	-0.397	0.209	0.331	0.246	0.750*	-0.397	0.367
生境空间连通性	0.825*	-0.086	-0.112	0.051	-0.294	0.635*	0.299	0.064	0.048	0.429	0.329	0.351	0.526	0.305	-0.185	-0.339
植被覆盖度	0.546	-0.202	0.058	-0.101	0.047	0.051	-0.421	0.352	0.308	0.365	-0.327	-0.308	-0.837*	0.407	0.365	-0.428
人口密度	-0.378	0.379	0.462	0.315	-0.522	0.329	0.094	-0.332	-0.186	-0.122	-0.149	0.723*	-0.243	-0.126	0.168	0.170
人均耕地	-0.541	-0.308	0.058	0.061	0.149	0.234	-0.366	-0.417	0.471	0.265	-0.173	0.026	0.112	-0.443	-0.342	0.367
居民点数量	0.416	0.266	-0.162	0.193	0.693*	-0.706*	0.659*	-0.148	0.048	0.539	0.079	0.130	0.056	0.291	0.111	-0.256
围垦强度	0.108	-0.378	0.291	-0.495	-0.795*	0.095	0.146	0.429	-0.291	-0.673*	0.186	-0.511	-0.420	0.166	0.054	0.764*
人均 GDP	0.059	0.188	-0.308	0.703*	0.286	0.419	0.035	0.069	0.026	0.444	0.854*	0.079	-0.216	-0.370	-0.182	0.390
人均收入	0.155	0.437	0.208	-0.156	0.647	0.168	0.523	0.359	0.083	-0.304	0.260	0.192	0.352	-0.352	0.406	-0.406
第二产业比重	0.073	-0.513	0.193	0.833*	-0.422	0.311	-0.264	0.136	0.175	0.503	-0.193	0.386	0.084	-0.225	-0.697*	0.167

*表示各主成分中贡献率较高的影响因子。

地栖息地功能时空变化主要驱动因子为生境类型、生境面积、生境多样性、生境破碎性、居民点数量、人均 GDP 和第二产业比重。2019 年盐城滨海湿地栖息地功能时空变化主要驱动因子为生境类型、生境破碎性、人口密度、围垦强度、人均 GDP 和第二产业比重。

结合上述分析来看,影响 1987～2019 年盐城滨海湿地栖息地功能时空分布变化的主要驱动因子为生境类型、生境面积、生境多样性、生境破碎性、居民点数量和围垦强度。

根据空间主成分分析法确定的不同年份盐城滨海湿地栖息地功能变化主要驱动因子,结合不同年份水鸟分布数据,开展 1987～2019 年水鸟分布与栖息地功能驱动因子冗余分析(图 6-34),揭示影响水鸟种群多样性分布的主要因素。空间上,

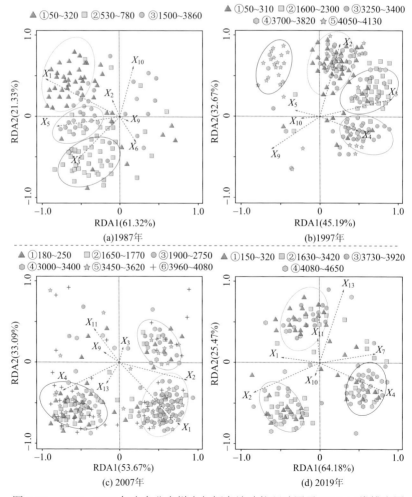

图 6-34　1987～2019 年水鸟分布样点与栖息地功能驱动因子 RDA 二维排序图

4 个时期水鸟样本与驱动因子的相关性存在明显时空差异，1987 年区域③水鸟种群多样性水平较高，该区域水鸟种群多样性与生境类型(X_1)、生境多样性(X_3)和生境空间连通性(X_5)呈正相关。1997 年区域②水鸟种群多样性水平较高，该区域种群多样性主要与生境多样性(X_3)和生境破碎性(X_4)呈正相关关系，与居民点数量(X_9)呈负相关关系。2007 年区域③、④、⑤水鸟种群多样性水平较高，其中，区域③种群多样性主要与生境类型(X_1)和生境面积(X_2)呈正相关关系，与人均 GDP(X_{11})呈负相关关系；区域④和⑤种群多样性主要与生境类型(X_1)和生境破碎性(X_4)呈正相关关系。2019 年区域②和④水鸟种群多样性水平较高，其中，区域②种群多样性与生境面积(X_2)呈正相关关系，区域④种群多样性与生境破碎性(X_4)呈正相关关系。这些结果显示，随着时间推移，水鸟种群多样性的主要影响因素发生了明显的变化。

　　为了研究栖息地功能性驱动因子对不同水鸟类群分布的影响，对 1987～2019 年不同水鸟类群与功能性驱动因子进行冗余分析(图 6-35)。结果显示，虽然不

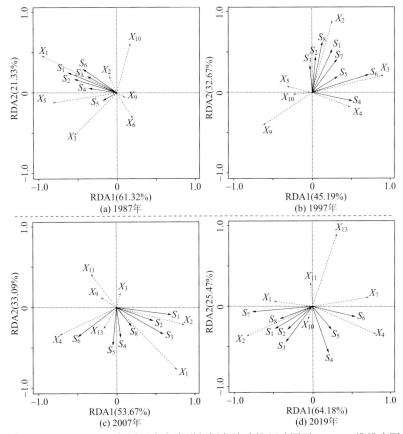

图 6-35　1987～2019 年不同水鸟类群与栖息地功能驱动因子 RDA 二维排序图

S_1 为鹤类；S_2 为鹳类；S_3 为鸥类；S_4 为雁鸭类；S_5 为鸻鹬类；S_6 为鹭类；S_7 为琵鹭类；S_8 为鸬鹚类

同年份第一、二轴中指标因子对水鸟类群分布的解释程度存在差异，但是 4 个年份前两轴对变量的解释累计值均高于 75%，显示了较高的解释能力。蒙特卡罗检验结果(表 6-22)表明，影响不同水鸟类群空间分布的结构因子和功能影响因子存在差异。其中，影响物种 S_1、S_2 和 S_3 分布的栖息地结构因子主要为生境类型 (X_1)(P_{1987}=0.007)和生境面积(X_2)(P_{1997}=0.009，P_{2007}=0.041，P_{2019}=0.042)，且呈正相关关系；影响 S_3 水鸟分布的功能影响因子为围垦强度(X_{10})(P_{1987}=0.035)和第二产业比重(X_{13})(P_{2019}=0.009)，且呈负相关关系。影响物种 S_4 和 S_6 分布的结构因子主要为生境类型(X_1)(P_{1987}=0.007，P_{2007}=0.023)、生境多样性(X_3)(P_{1997}=0.006)和生境破碎性(X_4)(P_{2007}=0.007，P_{2019}=0.032)，且呈正相关关系。影响物种 S_5 分布的结构因子主要为生境多样性(X_3)(P_{1987}=0.026，P_{1997}=0.006)和生境破碎性(X_4)(P_{2019}=0.032)，且呈正相关关系；影响该物种的功能性影响因子主要为围垦强度(X_{10})(P_{1987}=0.035)和居民点数量(X_9)(P_{1997}=0.029)，且呈负相关关系。影响物种 S_7 和 S_8 分布的结构性因子主要为生境面积(X_2)(P_{1997}=0.009，P_{2019}=0.042)和生境破碎性(X_4)(P_{2007}=0.007)，其中与生境面积呈正相关关系，与生境破碎性呈负相关关系；影响两类水鸟分布的功能性影响因子主要为居民点数量(X_9)(P_{1997}=0.029)，且呈负相关关系。上述研究结果显示，栖息地结构性因子是影响 8 类水鸟 1987～2019 年空间分布的主要因素。

表 6-22　盐城滨海湿地栖息地功能驱动因子与水鸟分布 Monte Carlo 检验结果

驱动因子	Pseudo-F				P			
	1987 年	1997 年	2007 年	2019 年	1987 年	1997 年	2007 年	2019 年
生境类型(X_1)	4.379**	—	1.792*	0.643	0.007	—	0.023	0.104
生境面积(X_2)	1.147	3.792**	2.502*	1.271*	0.053	0.009	0.041	0.042
生境多样性(X_3)	1.807*	4.397**	0.829	—	0.026	0.006	0.063	—
生境破碎性(X_4)	—	1.155	4.285**	1.806*	—	0.056	0.007	0.032
生境空间连通性(X_5)	0.945	0.938	—	—	0.069	0.071	—	—
植被覆盖度(X_6)	0.844				0.086			
人口密度(X_7)	—	—	—	0.806*				0.074
人均耕地(X_8)	—	—	—					
居民点数量(X_9)	1.042	1.945*	0.989		0.059	0.029	0.602	
围垦强度(X_{10})	1.369*	0.845	—	1.150	0.035	0.073	—	0.054
人均 GDP(X_{11})			0.822	0.947			0.067	0.641
人均收入(X_{12})								
第二产业比重(X_{13})	—	—	0.529	3.643**	—	—	0.121	0.009

*表示 P<0.05，**表示 P<0.01。

第7章 滨海湿地恢复与管理

人类在景观中追求直接利益最大化与局部利益最大化的过程往往导致景观系统功能的总体下降，当景观受到过度的改变或人为影响时，自然调节机制将不再有足够的能力来恢复其原有的质量。因此，协调各种生态过程与人类活动，使人类活动以有序的方式进行，不仅可以优化系统的配置，使系统功能最大化，同时也有利于可持续发展。景观管理成为维持景观健康，保证景观总体功能最大化与可持续性的重要手段。

景观管理是从景观尺度，对景观要素间的生态流过程的监测与控制，主要是应用景观生态学原理与技术进行的旨在维持景观健康的工作。景观管理综合了人类活动与自然的生态过程，涉及自然与社会、经济的各个方面，需要自然科学与社会科学紧密结合。湿地景观管理的对象是湿地景观系统，其基本概念可以界定为"从景观尺度，以维持湿地景观健康的生态过程为主要管理目标，优化现有景观结构与格局，保证湿地景观总体功能最大化与可持续性。"湿地景观管理的内容涉及多个方面，包括格局管理、过程管理和功能区管理。

滨海湿地景观格局管理的实质在于通过人为改变滨海湿地景观要素的空间结构，改变景观客体流运动的阻力，改变运动方向(如物质、能量及物种的流动速度、大小及方向等)，从而使之实现或增强或减弱某一特定功能。滨海湿地景观生态过程管理是通过直接改变某一生态过程或景观客体流的强弱，实现一定的景观功能。滨海湿地景观功能区管理的重点在于对具有重要景观功能的区域进行人为管理保护，通过综合管理措施(如景观格局与过程调节)为最佳的景观实现特定功能创造条件。

7.1 滨海湿地恢复与管理概念模型

7.1.1 概念生态模型的构建

区域大尺度湿地生态恢复研究，首先需要明晰区域湿地生态系统形成与演化的基本特征，时空变化的外在驱动力和导致湿地生态退化的内在压力及产生的生态影响。为此，必须通过资料分析和数据整理，深入了解和认识区域湿地生态系统时空变化过程。尤其要弄清楚区域未开发之前或人类少干扰之前的湿地生态特征，以此作为湿地恢复的参考。在此基础上，系统分析湿地生态系统变化的自然和人为驱动力及其产生的生态压力，明晰这些生态压力影响下湿地生态系统关键特征变化机制(图 7-1)。

图 7-1　区域概念生态模型构建流程图

区域概念生态模型构建流程图如图 7-1 所示。模型示意了外部驱动力(矩形)影响生态系统特征(六边形)的一般路径：外部驱动力产生内部压力(椭圆形)，对生态系统产生各种影响(菱形)，反映在生态系统特征(六边形)的变化中。模型的组成定义如下：

(1)外部驱动力是发生在自然湿地生态系统之外的主要驱动力,对生态系统有着大规模的影响，包括自然和人为两方面。

(2)内部压力是由外部驱动因素引起的生态系统内发生的物理或化学变化,导致生态系统中生物成分、格局和关系发生重大改变。

(3)生态影响是由内部压力引起的物理、化学和生物反应。

(4)生态系统特征是生态系统的组成部分，通常是物种、种群、群落或过程的功能性体现。

概念生态模型是一种灵活的生态恢复规划、评估工具，在任何给定的时间，都能反映区域或整个系统的科学知识现状。以下是对区域概念生态模型所共有的驱动因子、内部压力和生态系统特征的一般性讨论。

7.1.2　区域湿地变化的外部驱动因子分析

江苏盐城海岸是典型淤泥质滩涂海岸，滩涂围垦一直是海岸最突出和最普遍的土地利用活动。20 世纪 50～60 年代，全线修筑了挡潮海堤(如今的老海堤)；70 年代，一批沿海乡镇开始建设，主要经营粮棉和盐业；80 年代滩涂开发逐步由传统开发转向科技开发转变；"八五"期末，建成了一批新的粮棉、林果、畜禽和水产等商品生产和出口创汇基地；"九五"期间，江苏省委省政府做出了开发百万亩滩涂的决策，新围滩涂 $3.6 \times 10^4 \text{hm}^2$。到 1999 年，建成 160 多个垦区，围垦由老海堤内向外(潮间带滩涂)发展，新围垦滩涂 $2.33 \times 10^4 \text{hm}^2$。伴随滩涂围垦，入海河流挡潮堤坝、沟渠网络、新海堤和道路网络建设也迅速发展起来。至今，盐城海岸带形成了盐业、粮棉、水产养殖基地，并建成了麋鹿和丹顶鹤两个国家级自然保护区，经济与生态得到全面发展(王建，2012；李建国等，2015)。因此，综合考虑自然与人为因素影响，针对区域概念生态模型提出了三大外部驱动力：全球变化与海平面上升、水管理、滩涂围垦与土地利用。

(1) 全球变化与海平面上升：受全球气候变化影响，1993～2016 年，中国平均海平面上升速率为 4.1mm/a，高于全球平均水平 3.4mm/a，其中，渤海、黄海、东海平均为 3.4mm/a，未来 50 年，江苏海平面将以 4.2mm/a 上升(何霄嘉等，2012；左健忠等，2019)。海平面上升对潮间带地貌、水文、盐度和生态过程将产生巨大影响。由于盐城潮间带地形起伏很小(0.023%～0.048%)，海平面上升将缩小海岸线湿地范围，加剧海岸侵蚀，并改变沉积物成分和盐分，以及沿海湿地的水文格局(季子修，1996；张忍顺等，2002)。全球气候模型表明，未来 100 年内，随着夏季最高气温升高，以及冬季低温升高，气温将显著升高，海平面上升的速度将加快。气候变暖将导致降水和风暴发生频率变化、动植物生存范围变化，以及生物群落组成变化。未来全球气候变化与其他人类压力的相互作用，将加剧对沿海潮间带湿地生态系统的影响。

(2) 水管理：盐城海岸带工业园区建设和农业发展对区域水资源产生重要影响。挡潮大堤、闸坝建设、沟渠系统发展等水管理虽然提升了对区域农业发展的支撑能力，但也严重改变了区域自然特征，包括水文、营养盐及正常盐度梯度均发生改变。沟渠的修建、河流的渠化、湿地的填充、排水或蓄水等水管理活动使得大量湿地被排干利用；同时加速了湿地生态退化和外来物种入侵，严重削弱了剩余湿地的蓄水能力，造成区域湿地生态系统组成的非自然镶嵌，破坏了水流方向、位置和水量的自然模式(孙贤斌，2009)。

(3) 滩涂围垦与土地利用：区域社会经济发展使得大面积滩涂湿地被围垦，以为发展提供空间，并满足不断增长的工业和农业用地需求。这种快速、大规模的土地围垦利用导致栖息地支离破碎、海岸线和沿海生境退化及水环境污染(郭紫茹，2020)。沿海土地利用活动不仅削弱了区域湿地的空间范围和生态功能，导致其连通性丧失，而且改变了区域地貌和水文格局。另外，引进外来入侵植物互花米草，改变了湿地自然演替特征与植被格局，减少了进入湿地的水量，削弱了物质交换能力。

7.1.3　区域湿地变化的内部压力分析

内部压力的影响，给潮间带湿地生态系统带来巨大压力，包括以下几个方面。

1. 湿地空间变化与连通性丧失

盐城滨海湿地已经丧失了 80% 的空间范围，本地碱蓬湿地面积丧失达 94%(1987～2019 年)。丧失的湿地主要转为农业用地、港口和工业用地。盐城海岸潮间带湿地广阔的空间生活着大量的高等脊椎动物，并维持着自然干扰、地形梯度和微地形形成的生境多样性。这些之前的湿地生态系统通过提供高质量的生境多样性、季节性避难所和扩散选择，为脊椎动物提供"选择层次"，尤其有利于大范围觅食的水禽物种种群的维持。大面积湿地的丧失意味着水禽栖息地的丧失与破碎化，严重削弱了水禽觅食和活动的空间，降低了物种的生存能力。目前，盐城大面积湿地空间的丧失对区域生态可持续性带来严重的负面影响(欧维新等，2014)。

另外，将沟渠网络、堤防、道路引入原本广阔、无缝的湿地景观中，使自然湿地生态系统的分割和连通性丧失，会对区域水格局的自然分布模式产生显著影响，水文连通性发生明显变化。伴随这种变化，剩余的栖息地斑块越来越小，彼此之间空间隔离程度却越来越强。对许多物种来说，栖息地的连通性是必要的，它允许动物在家域活动或远距离迁移。所以，栖息地联系的丧失不仅在空间上改变了原有的湿地植被景观格局，而且使动物种群分布中心的时间和地点发生巨大改变(Wang et al., 2020)。

2. 地形地貌变化

地形地貌形态的长期发展遵循自然规律，赋予湿地生态系统的自然稳定性。盐城海岸潮间带地形地貌的主要特征是海拔低、坡度小、潮间带宽广、潮沟系统发育，微地貌十分丰富。区域围垦、土地利用及互花米草入侵的影响，使原有潮间带区域的地形地貌发生了广泛的变化(侯明行等，2014)。一个高度有序和演替方向性强的湿地生态系统格局正在逐渐和持续地消失。另外，地形地貌变化也导致进入湿地的水量、水格局和水质发生重大变化。沟渠和堤坝建设降低了水位，排干了沼泽地，阻断了原有水文流通路径，使得残存的湿地水文连通性发生改变，湿地生态系统退化严重。互花米草的入侵，其强大的促淤能力，使盐城海岸线互花米草分布区地形抬高，形成一个宽广的自然堤(王娟，2020)。目前，互花米草带有效改变了原有潮汐影响潮间带的湿地水文过程，使碱蓬分布区的海水淹没频率减少，水盐平衡被破坏，生态严重退化。

3. 区域水格局变化(水文变化)

盐城海岸潮间带湿地主要受周期性潮汐淹没影响，从而维持了特有的蓄水、淹水和深度格局动态。围垦、土地利用和互花米草入侵实质上改变了之前湿地的蓄水动态和淹水周期，使潮间带湿地的可用水量及水深、分布和水流时间的时空格局都发生了变化。据统计，1983年仅有26个挡潮闸坝，到2018年发展为59个；堤坝建设从265km发展为552km，新海堤不断向海发展；沟渠从20世纪80年代的331km发展为3179km；伴随区域开发，道路从54km发展为2599km。这些闸坝、堤坝、沟渠和道路形成了区域人工蓄水格局。各种水管理活动改变了水流时间和干湿循环模式，导致区域水格局完全改变。潮间带湿地生态系统的健康依赖于一片连续的缓慢流动的周期性潮汐水，而在沟渠、堤坝、道路和互花米草影响下原有水流模式(深度、淹水周期和片状流)发生了改变,使表流所需的连通性丧失。随着淹水周期改变,潮间带湿地地表水的淹没量和持续时间显著减少,作为物种的栖息地,其食物供应范围和质量都降低。在许多地区,缓慢移动的水流已经被快速移动的沟渠水流所取代。

另外,在区域开发之前,潮间带湿地主要接受来自海洋潮汐水及其携带的物质影响,为潮间带生物提供了足够的水分和养分条件。排水沟渠、道路和互花米草的引入,使许多湿地变为降水输入的贫营养沼泽,底栖生物丰富性和生产力严重降低。区域农业的发展,尤其是水产养殖业,造成氮磷等营养盐输入增加,对湿地生态系统生产力产生影响。互花米草的入侵,严重阻碍了潮汐原有路径和影响范围,对原生碱蓬湿地生物多样性造成严重的不良影响(王娟,2020)。

4. 互花米草入侵

互花米草是 20 世纪 80 年代初引进的外来植物物种,目的是促淤、增加滩涂面积。目前,在盐城海岸潮间带入侵的互花米草面积已达 132km^2 左右,最宽达3km(2000 年面积最大,为 163km^2,之后受围垦影响,面积有所减少),并且连续分布于整个潮间带滩涂上。互花米草入侵盐城海岸及其快速扩张,使原有景观特征和栖息地结构发生巨大改变,本地植被碱蓬萎缩和退化十分明显。同时,潮间带底栖动物种类和生产力也发生改变,严重影响了水鸟的空间活动和觅食格局(王娟,2020;侯森林等,2012)。目前,互花米草带已经形成一条自然植被堤,对潮间带地形地貌和潮汐过程产生严重影响,并直接威胁区域生物多样性保护和生态平衡。

5. 海岸侵蚀与沉积

盐城海岸线和潮间带湿地的稳定性与海平面上升和沉积作用关系密切。由于研究区是中国沿海潮差最大的区域之一(平均潮差 2～4m),含沙量达 1～3g/L,并且平均涨潮流速大于落潮流速,落潮平均含沙量明显小于涨潮平均含沙量(两者之比约为 0.81),因此形成泥沙向岸运动和沉积的水动力环境,为潮滩发育提供了广阔的空间(李恒鹏和杨桂山,2001)(表 7-1)。有研究表明,1980～1994 年,盐城海岸多年平均潮位线以上淤积而成的滩面高程淤高速度与海平面上升速度持平,但是仅限于平均高潮线附近。平均潮位线及以下滩面高程则趋于蚀低,且侵蚀强度较大,侵蚀有加剧的趋势(杨桂山等,2002)。近年来,黄海海平面上升速度加快,2001～2010 年与 1991～2000 年相比,江苏海平面升高了 21mm(何霄嘉等,2012),海岸侵蚀更加明显,加上风暴潮影响加大,未来盐城海岸湿地将承受更大压力。

表 7-1 不同岸段潮滩水动力、形态和演变变量平均值（李恒鹏和杨桂山，2001）

岸段	潮滩水动力		潮滩形态参数			潮滩发育				
	V_1	V_2	V_3	V_4	V_5	V_6	V_7	V_8	V_9	V_{10}
	/cm	/(g/L)	/km	/%	/m	/(cm/a)	/(cm/a)	/(m/a)	/[m³/(m·a)]	/[m³/(m·a)]
灌河口—新淮河口	357	0.2	1.6	0.157	1.1	1.8	0	12.5	0	0
新淮河口—扁担河口	339	0.215	0.9	0.356	1.1	9.5	0	32.5	0	0
扁担河口—射阳河口	321	0.23	1.6	0.129	0.8	5.15	0	12.5	0	0
射阳河口—新洋港	303	0.245	8.5	0.087	0.85	1.25	0	2.5	0	125
新洋港—斗龙港	344.5	0.26	8.5	0.087	0.6	1.2	0	0	0	125
斗龙港—王港	386	0.275	10.5	0.045	2	0	0.95	0	10	83.5
王港—川东港	427.5	0.325	12	0.029	1.4	0	3.25	0	60.5	174.5
川东港—梁垛河	469	0.375	5.2	0.09	2	0	1.5	0	15	185
梁垛河—新北凌闸	510.5	0.425	12.3	0.040	3	0	8.4	0	177	423

注：V_1，年平均高潮位；V_2，0～5m 海水年平均含沙量；V_3，潮滩宽度；V_4，潮滩平均坡度；V_5，平均高潮位以上潮滩高程；V_6，年下蚀率；V_7，年积高率；V_8，年蚀退率；V_9，年淤进率；V_{10}，潮滩年沉积量。

7.1.4 区域湿地关键生态系统特征变化

根据盐城滨海湿地生态特征，上述压力对湿地生态系统特征变化的影响表现为以下几个方面。

1. 潮间带湿地生态系统

盐城海岸潮间带湿地生态系统具有潮汐水动力驱动、低地形梯度和片状水流基本特征。在这些因素的综合作用下，潮汐淹水频率、范围、时间等水文过程周期影响，潮间带呈现潮上带、潮间带和潮下带带状分异特征。潮汐水的输入不仅给潮间带湿地系统的健康带来必需的营养物质，而且泥沙沉积作用使地形升高，植被类型不断向海演替，各种生态系统健康、有序、动态发展。然而，20 世纪 80 年代以来，互花米草入侵影响愈加突出（图 7-2）。由于互花米草植株高大、密丛生长，在潮间带日潮淹没的光滩上快速扩张，形成宽度 1～3km 植被带，严重影响了原有潮汐过程，导致潮间带地形地貌和植被演替的无序变化，严重干扰了原有潮间带健康、动态的演替规律（王聪，2014）。

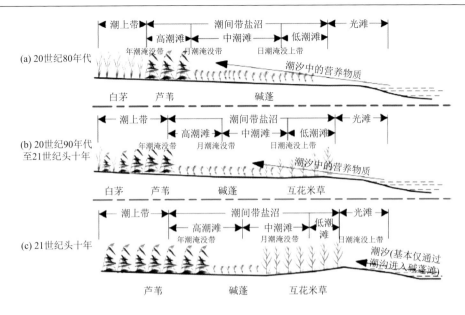

图 7-2　盐城海岸互花米草对潮间带湿地生态系统影响示意图

2. 碱蓬生态系统

碱蓬是潮间带滩涂湿地的先锋物种，受潮汐淹水频率和泥沙沉积影响不断向海自然演替。相关研究表明，潮间带碱蓬生态系统在周期性流动的潮汐影响下，水分、盐分及营养物质不断得到更新与交换，既削弱了水/盐对植物生长的限制，也为底栖生物提供适宜环境条件，生态系统得到健康发展。互花米草入侵后，进入碱蓬滩的潮汐淹水频率和过程均发生改变。通常，互花米草入侵前，碱蓬植株矮小，阻碍潮汐能力不强，潮汐水流以片状流为主，淹没整个碱蓬生态系统；互花米草影响后，密丛高大的植株和宽广的带状分布格局有效阻挡了潮汐水流，使碱蓬生态系统广泛的潮汐物质交换过程减弱，水、盐、营养格局发生变化，使碱蓬生态系统丧失应有的弹性，生产力降低，生态退化（谭清梅，2014）。在潮间带围垦区域，土地利用、沟渠、道路及互花米草的影响，基本阻断了潮汐水的周期性滋养，导致大量碱蓬湿地丧失，至今其丧失率达90%以上。

3. 复杂景观镶嵌与相互作用

盐城滨海湿地主要景观和地形特征形成了一个由河口生境、潮间带生境、林、草、水塘等组成的动态连续体，是气候、土壤和水文共同作用的产物。不同湿地生态系统类型受地形、土壤、水格局、盐度梯度影响形成复杂镶嵌的格局，为众多野生动物提供食物和栖息地。这些景观的空间范围和组合在整个区域支持两大生态功能：生物多样性和大型湿地鸟类觅食地。

20 世纪 80 年代之初，盐城滨海区域湿地景观的空间范围十分广阔，面积可达 $3.216×10^5hm^2$，占整个潮间带面积的 97.44%，湿地生态系统的物种丰富度很高。相关调查显示，盐城沿海滩涂共有高等植物 111 科 346 属 559 种。芦苇、盐地碱蓬是滩涂湿地植物的优势种，分布广泛。各类动物 1665 种，其中，哺乳类 47 种，鸟类 404 种，两栖爬行类 30 种，鱼类 199 种，昆虫 498 种，底栖动物 289 种，浮游动物 86 种。国家一级重点保护野生动物 13 种，二级重点保护动物 81 种(任美锷，1986)。

广阔的潮间带滩涂湿地为大型水鸟提供了多样选择空间，维持了大量的珍稀濒危鸟类种群，如丹顶鹤、白头鹤、东方白鹳、黑脸琵鹭、黑嘴鸥、灰鹤、鸻鹬类等涉禽，以及雁鸭类等游禽。滨海湿地潮汐流周期控制的环境条件，以及生境复杂性支持了大型涉禽水鸟觅食与繁殖。因此，涉禽种群被认为是湿地健康的指示物种，也是湿地生态系统活力的象征(Heath et al., 2017；Pascual and Saura et al., 2006)。但是，受区域人类活动影响，大量湿地丧失和破碎化，严重影响湿地鸟类的栖息与生存。相关研究表明，包括丹顶鹤在内的涉禽数量的减少与人类活动导致栖息地丧失和破碎化，以及水资源管理下的水生生物数量和水资源管理的有效性的大幅下降有关。对于需要大空间活动的涉水鸟类来说，区域围垦、土地利用、港口建设和周边排水已经将一个面积广阔的湿地系统转变为几个更小的、水文独立的湿地景观斑块。由于水鸟通常很少利用一种生境类型，破碎的湿地生态系统，植物群落分布、盖度和物种组成往往发生改变，削弱甚至丧失了湿地栖息地功能，对水鸟种类和种群数量的维持构成严重威胁(Wang et al., 2020)。

4. 潮间带底栖动物

20 世纪 80 年代初，盐城潮间带动物十分丰富，共计 264 种。其中，高潮滩种类 50 种，中潮滩 115 种，低潮滩 99 种(任美锷，1986)。这些动物中优势种主要是文蛤、四角蛤蜊、青蛤、泥螺、日本大眼蟹和双齿围沙蚕等，它们是湿地生态系统食物链的重要组成部分，也是水鸟的重要食物来源。近年来调查显示，区域潮间带动物种类和生物量均发生重大变化，种类减少、生物量降低十分明显，给依赖湿地生存的水鸟等动物产生十分不利的影响。潮间带底栖动物对生态系统的水分、盐分和营养物质十分敏感，这些环境条件的改变是潮间带动物变化的主要原因。

另外，大型底栖动物是盐城滨海湿地系统的主要组成部分，在湿地群落中发挥着多种功能。大型底栖动物也是湿地鸟类的重要食物资源，尤其是涉禽鸟类。大型底栖动物对湿地的营养结构、植物种类有显著影响。潮汐周期性淹水为大型底栖动物提供了丰富的营养和适宜的环境条件，使盐城淤泥质滩涂大型底栖动物资源十分丰富。在滩涂围垦、地形地貌变化、潮汐水文过程改变及互花米草入侵等因素的叠加影响下，盐城潮间带大型底栖动物种类减少，生物量降低十分明显，从而严重削弱了作为鸟类觅食基地的湿地功能(侯森林等，2013)。

5. 濒危和关键水鸟种群

盐城滨海潮间带湿地的许多物种是景观和区域尺度上的关键种，是生态系统健康指示物种，包括丹顶鹤、白头鹤、东方白鹳、黑脸琵鹭、灰鹤、黑嘴鸥和鸻鹬类等。这些水鸟是重点保护物种，被列入濒危物种名单。

(1)丹顶鹤。在盐城滨海湿地中，丹顶鹤是数量上占优势的濒危保护物种，是亚洲特有的大型涉禽。2000 年左右，丹顶鹤数量多达 800～1000 只，占世界野生丹顶鹤种群的 60%左右，因此盐城滨海湿地成为丹顶鹤最大的越冬地。丹顶鹤在浅水域以大型底栖动物和小型鱼类为主要食物，也食草种和鲜嫩湿地植物根茎。研究表明，丹顶鹤喜欢在广阔的湿地区域觅食，以减少聚集性活动带来的生态风险。盐城滨海湿地在人类高强度影响之前(20 世纪 80 年代)，湿地中底栖生物种类和数量极其丰富，使该湿系统在整个中国海岸线湿地中独树一帜，成为丹顶鹤越冬栖息地的首选。

(2)黑嘴鸥。黑嘴鸥是最早在盐城滨海潮间带湿地中发现的鸟类，通常在潮间带碱蓬湿地中筑巢繁殖，以沙蚕等潮间带动物为食。受到土地围垦和互花米草入侵影响，盐城滨海区域碱蓬湿地面积丧失了 90%以上，这意味着黑嘴鸥栖息地的丧失和破碎化。目前，仅有少数几块碱蓬湿地残存，且生态退化极为严重，黑嘴鸥在盐城湿地分布的数量大为减少。

(3)勺嘴鹬。盐城海岸潮间带广阔的滩涂，为鸻鹬类涉禽提供了重要的觅食活动空间，因此是这些鸟类的重要停歇地。其中，勺嘴鹬分布区域狭窄，数量稀少，估计繁殖种群数量为 200～2800 对，因此被列入国际鸟类保护委员会(ICBP)世界濒危鸟类红皮书。近年来，受围垦和互花米草影响，大量滩涂丧失，包括勺嘴鹬在内的鸻鹬类鸟类受到严重影响。

7.1.5　生态影响：内部压力与生态特征之间的关键联系

盐城海岸潮间带湿地生态系统是非常敏感和脆弱的生态系统，各种压力如何影响生态系统特征与变化？它们之间最有可能的"因果"联系是什么？这些问题的解决对湿地保护与恢复研究至关重要。以下是当前研究成果和经验数据关于这些因果关系陈述的关键支持性结论。

1. 物质交换过程变化

盐城海岸潮间带湿地生态系统主要受海洋潮汐过程影响，而潮差是潮汐强弱的主要标志。盐城海岸射阳河口平均潮差为 1.59m，新洋港平均潮差为 2.05m，向南渐增至弶港附近，小洋口平均潮差达 4.29m。另外，涨落潮历时在空间分布上也有较大差别，江苏沿岸的射阳河口、新洋港与弶港附近，由于浅海分潮明显，涨落潮历时差较大，可达 4.5～5h。同时，海水含沙量较大，在新洋港和王港的低潮线附近，垂线平均含沙量多在 1.00～2.50g/m^3。弶港附近由于存在涌潮强潮流，平均含沙量最大，涌潮后实测最大含沙量可达 6.60 g/m^3。潮差、涨落潮历时和含沙量等会直接影响潮汐淹没区域的物质交换过程(蒋炳兴，1991)。潮汐海水中的物质不仅包含水、盐，而且含有丰富的营养物质，为潮间带植物、动物提供生存所需物质条件。海平面上升、围垦和土地利用变化、水管理及互花米草入侵等自然和人为因素改变了区域海岸侵蚀与沉积过程，使潮间带潮侵频率和淹没过程发生改变，物质交换过程也相应发生变化。尤其是互花米草对潮汐的阻拦作用，使潮汐水流难以进入潮间带碱蓬滩与芦苇带，造成这些湿地生态系统物质循环过程改变，底栖生物丧失应有的环境条件和营养条件，生态系统健康受到严重影响(王娟等，2018)。

2. 潮沟动态

潮沟作为潮滩上发育典型的地貌因子，是潮滩及潮沟系统本身与外界不断进行物质、能量和信息交换的重要通道，对潮水的分配及泥沙的供应都起着至关重要的作用。同时，潮沟分布形态也直接影响着湿地生态环境变化和植被的空间分布规律，是潮滩演变的重要标志(侯明行等，2014)。盐城海岸潮间带受潮流和地形作用的控制，虽然没有大型潮沟的发育和分布，但是潮沟系统比较复杂多变。一般情况下，潮间带盐沼湿地内潮沟的密度要远大于光滩，且多为垂直于岸堤的东西走向潮沟。光滩上潮沟形态简单，活动性较强，侧向迁移明显；而盐沼内潮沟形态复杂，前期溯源侵蚀明显，后期则有向海萎缩的趋势。互花米草入侵后，尤其在近年来形成宽度 1～3km 的分布带，不仅抬高了地形高度，而且影响潮汐流动过程和潮沟系统的演变规律。互花米草引入之前，潮间带由光滩-碱蓬滩-草滩构成，潮流以表层流的漫流形式为主，潮沟宽而浅，动态变化频繁；互花米草影响后，形成窄而深的独特潮沟系统，潮沟密度较大，可达到 1539m/km^2，潮沟分级多，一般为 4～5 级。而进入碱蓬滩的潮沟萎缩严重。潮沟系统的变化对潮间带碱蓬等湿地生态系统健康带来不利影响，导致生态严重退化。

3. 盐度/营养水平

湿地生态系统的生产力和食物网结构受到营养循环和输送模式的强烈影响。盐城海岸区域土地利用带来的大量氮磷等营养物质，通过河口和海域进入潮间带湿地，对湿地生态系统营养平衡产生影响。尤其是氮磷输入会改变植物群落结构、生产力和土壤内外的微生物活性，影响植物养分吸收。目前，潮汐周期性影响是潮间带湿地养分和水分、盐分的主要来源，养分输入的增加使外来物种互花米草入侵速度加快，范围增大，同时阻滞了营养物质进入碱蓬等湿地生态系统，使之处于降水补给的贫营养状态，生态系统结构与功能发生改变。此外，水分和盐分是潮间带湿地生物限制性因子，一旦水盐条件超过生物阈值，生态系统类型、结构和功能均会发生改变，生态退化在所难免(张华兵等，2013)。

4. 潮汐影响过程变化

盐城海岸受潮汐周期性淹水影响，其淹水频率、范围、时间等水文过程空间分异结果，使潮间带湿地呈现潮上带、潮间带和潮下带带状分异特征。根据潮位影响，通常可将潮间带划分为年潮淹没带(潮侵频率 1%～5%)、月潮淹没带(潮侵频率 5%～50%)和日潮淹没带(潮侵频率 50%～80%)，湿地生态系统类型呈现草滩-碱蓬滩-光滩分布格局(杨桂山等，2002)。互花米草入侵海岸 30 年，区域湿地格局不仅改变为芦苇-碱蓬-互花米草-光滩，而且潮间带地形地貌也发生相应改变，地形被抬高，并形成复杂的潮沟系统，潮汐过程发生变化，潮间带淹水频率和范围受到影响。由于互花米草带对潮汐过程的阻滞作用，日潮和月潮淹没带均可能发生在互花米草内，而碱蓬等湿地生态系统则很难受到潮汐过程影响，因而发生快速变化和生态退化局势(王聪，2014)。

5. 栖息地适宜性/破碎化

由于滨海潮间带湿地大面积丧失、自然和水文连通性的改变及水文格局的相关变化，整个区域范围内，景观复杂性降低，支撑生物多样性和脊椎动物的能力严重下降。盐城滨海大部分地区的植物群落分布和特征发生了显著变化，湿地面积损失了 80%，原始潮间带湿地的景观特征完全丧失。养殖塘成为区域优势景观类型，互花米草成为潮间带分布广泛的入侵物种，入侵面积达 361km^2。围垦和互花米草入侵导致本地碱蓬面积丧失 94%，目前仅有少量小斑块残存。随着土地开发强度的增加，剩余的栖息地斑块变得越来越小，彼此之间越来越孤立。即使是在保护区范围内，这种变化也十分显著(孙贤斌，2009)。

对于许多动物物种来说，栖息地的连通性是必要的。土地开发导致曾经广阔的栖息地破碎，使动物活动和觅食范围中断，并降低了包括水鸟在内的许多动物的孤立物种和种群的生存能力。自然栖息地的空间范围缩小，在一系列水文条件下，大范围觅食动物(如丹顶鹤、东方白鹳、黑嘴鸥等)的栖息地变异性和选择大大减少，导致区域范围内的种群数量减少。堤坝、道路、沟渠、互花米草等的影响，改变了湿地水位的非自然分布及水流模式，并在空间上重新分配了作为水鸟食物的水生生物分布的区域模式，导致涉禽觅食和筑巢模式在滨海湿地重新配置

(如黑嘴鸥繁殖地从新洋港迁到猵港，丹顶鹤越冬栖息地转移到新洋港)。大型湿地鸟类对人为活动非常敏感，放弃面积小、隔离度高、生境质量低的栖息地斑块，喜好面积大、生境类型复杂、质量高的栖息地是这些鸟类的基本生存策略(Wang et al., 2020)。

另外，区域湿地水情和水文模式的改变，以及在旱季降低的地下水位，使潮间带底栖动物、鱼类存活率降低，尤其是在频繁或极端干旱条件下，湿地干化严重，造成这些物种死亡率增加。在有管理的条件下，湿地中自然形成的永久性水塘已被人工蓄水养殖塘所取代，破坏了涉水鸟类成功觅食所需的条件。湿地淹水频率降低，甚至永久不被潮汐水流影响(堤坝和互花米草影响)往往使底栖生物和鱼类生物量大幅减少。

6. 潮间带植被自然演替变化

潮汐周期性影响与沉积作用下地形高程梯度变化，使潮间带植被呈带状平行海岸线发展，并且植被类型依次向海方向演替。这种自然变化使高潮带-中潮带-低潮带之间的水分、盐度梯度特征十分明显，通常呈现由陆向海水分增加，盐度降低的基本特征。而目前，水管理措施、区域土地利用和互花米草大范围入侵，引起河口区和潮间带水文模式发生巨大改变，原有的水盐平衡被破坏，植物群落发生变化，初级和次级产量、底栖生物群落均发生改变，湿地植物群落演替速度和方向也发生变化(张华兵等，2013；谷东起等，2012)。

7. 潮间带底栖动物变化

潮间带底栖动物对水分、盐度和微地形高度敏感。潮汐周期性影响发生变化之后，潮间带土壤水分、盐分及有机质等营养成分发生改变，从而使底栖动物种类和生产力发生改变。有些高盐度和低盐度区域，在干旱条件下不再适宜底栖动物生存。另外，水体流动和适宜的基质是底栖动物繁殖、栖息的重要因素。潮汐流补充食物来源，清除废物，而松软的淤泥基质为底栖动物提供了最佳的定居和生长环境。所以，潮汐周期性影响是潮间带底栖动物生存的必要条件。如今，潮间带广泛受到大面积互花米草入侵影响，不仅大面积光滩被占，而且改变了潮汐流动路径和影响范围，加速了碱蓬等本地物种结构与功能退化，使底栖动物生物量减少十分明显(侯森林等，2013)。

8. 湿地鸟类与濒危物种变化

盐城海岸带位于中国海岸带中心位置，是东亚-澳大利西亚候鸟迁徙路线上的关键区域，是东亚特有保护鸟类丹顶鹤的最大越冬地，是每年30万～40万只候鸟的迁徙停歇地。几十年来，受区域围垦、土地利用、互花米草入侵的影响，栖息地丧失、破碎化和生境适宜性变化，对湿地鸟类与濒危物种保护构成严重威胁（任武阳，2019）。

濒危物种丹顶鹤和黑嘴鸥等变化见前文。

7.1.6　概念生态模型确定

基于上述分析，构建区域概念生态模型，如图 7-3 所示。这个概念生态模型所表达的思想是，湿地恢复成功的标准需要以人类干扰之前的湿地为参照。虽然盐城滨海区域围垦等人类活动历史悠久，但是直到 1987 年，老海堤内潮间带自然湿地面积依然占 97%左右，因此可以作为研究湿地生态恢复的参考，在湿地恢复规划、评估和实践中发挥作用。研究选取的区域湿地关键特征是描述整个区域内湿地开发前的主要生态组成部分，以及湿地生态系统在区域中的独特性。这些关键特征包括：①健康/动态潮间带湿地系统；②碱蓬生态系统生产力与弹性；③潮间带底栖动物丰富/鸟类觅食基地；④濒危和关键水鸟物种保护；⑤复杂景观镶嵌和相互作用。对于每个关键特征，确定一组最小的关键生态特征，以反映生态衰退和恢复关键要素。

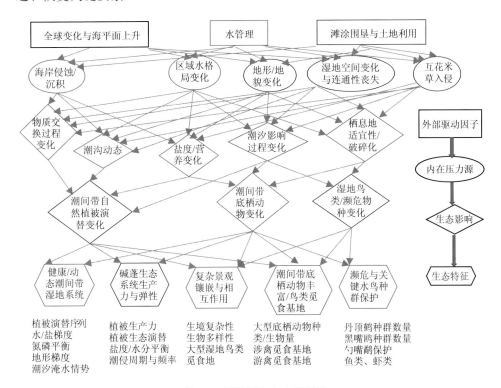

图 7-3　区域概念生态模型图

图中外部驱动因子(矩形)和内在压力源(椭圆形)、生态影响(菱形)和生态系统关键生态属性相关

总体概念生态模型显示了对关键生态系统特征改变的压力源。作为恢复生态系统特征的先决条件，成功的恢复计划应设计成减少或消除压力源对湿地生态系统的影响。最能改变生态系统特征的压力是海岸侵蚀与沉积变化，区域水文格局时间和空间变化，地形地貌改变、湿地的空间变化与连通性丧失，以及外来植物互花米草的引进和入侵。它们受到土地利用管理和开发、水管理、气候变化和海平面上升的驱动。总体概念生态模型通过因果关系的主要工作假设，将压力与生态系统关键特征的变化联系起来。这些联系与潮间带物质交换过程、潮沟动态变化、盐度/营养状况和动态、潮汐过程变化、栖息地适宜性变化导致的潮间带自然植被演替、底栖动物变化和湿地鸟类/濒危物种变化关系密切。

7.2 基于水文地貌分异的湿地恢复研究

7.2.1 水文地貌区湿地景观特征分析

盐城滨海湿地是在区域气候、土壤、水文、地形地貌等特定自然条件下形成的，具有明显的区域性。叠加 1980 年的植被、土壤和水文条件，从空间尺度看，河口区和潮间带区的特征有所差异(图 7-4)。河口区的自然湿地类型主要包括光滩、米草沼泽、碱蓬沼泽、芦苇沼泽和草滩。河口区的光滩一般位于平均高潮线以下，潮侵频率在 50%以上，土壤以含盐量较高的中盐土为主。米草沼泽仅存在新洋港和王港河口区，在平均高潮线与平均中潮线之间，潮侵频率可以达到 50%，植被类型以大米草为主，土壤类型多样，含盐量在 0.6%以上。碱蓬沼泽位于平均高潮线附近及以上，潮侵频率在 5%～50%，植被类型主要是碱蓬，以中盐土为主，少部分有重盐土和强度盐渍化土。芦苇沼泽位于平均高潮线以上，土壤多为中度盐渍化土和轻盐土。草滩位于平均高潮线以上，潮侵频率一般小于 1%，土壤以轻、中度盐渍化土为主，植被类型包括大穗结缕草、白茅和獐毛等。潮间带区的自然湿地类型主要包括光滩、碱蓬沼泽、芦苇沼泽和草滩。潮间带光滩一般也位于平均高潮线以下，潮侵频率在 50%以上，土壤以含盐量较高的中盐土为主，斗龙港—王港潮间带区还有部分重盐土。潮间带区碱蓬沼泽位于平均高潮线以上，潮侵频率在 5%～50%，植被类型主要是碱蓬，以中盐土、重盐土为主，新洋港—斗龙港潮间带区存在少部分盐渍化土。潮间带区芦苇沼泽位于平均高潮线以上，且多数是在堤内的苇渔场，土壤一般是含盐量较低的强度盐渍化土。潮间带区草滩位于平均高潮线以上，以中、强度盐渍化土为主，但新洋港—斗龙港潮间带的含盐量较高，以轻盐土为主，植被类型包括大穗结缕草、白茅、拂子茅和獐毛。

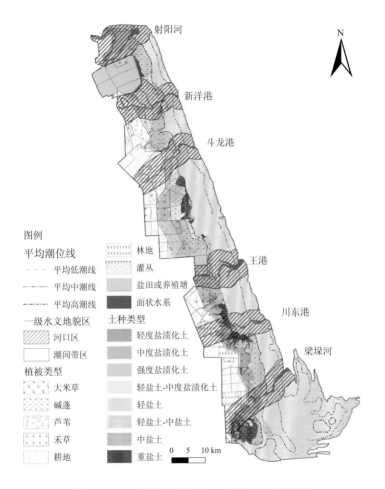

图 7-4　1980 年研究区植被、土壤和水文条件图

从图 7-5 可以看出，1980 年河口区和潮间带区滨海湿地分布格局差异明显。潮间带区滨海湿地格局呈现出非常规律的带状分布：由海向陆，湿地景观格局呈现出光滩—碱蓬沼泽—草滩湿地，植被由碱蓬向大穗结缕草、白茅和獐毛等禾草过渡，主导控制水源也由咸水向淡水过渡。河口区是入海河流径流与海洋潮汐相互作用的区域，因此，河流径流和海洋潮汐作用强度的大小决定了咸淡水强度。不同的河口区也呈现出不同的分布格局，Ⅰ类河口区湿地格局呈现出非带状分布，芦苇是这类河口区的优势植被，通常占天然植被的 45%以上，且主导控制水源主要为淡水，如射阳河口区、新洋港河口区和斗龙港河口区。Ⅱ类河口区湿地格局类似于潮间带区，也呈现出规律的带状分布，如王港河口区、川东港河口区和梁垛河河口区。河口区湿地格局的差异是由入海河流造成的，射阳河、新洋港河、斗龙港都是天然河

道，而王港、川东港和梁垛河是人工开挖或由大型潮沟连通沟渠演化而来的，其陆上河道更为平直，且径流量较天然河道小，因而呈现出与潮间带相似的湿地格局。

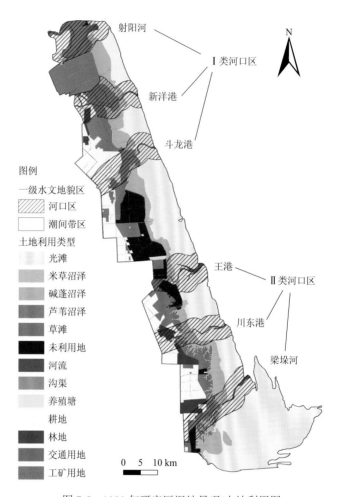

图 7-5　1980 年研究区湿地景观/土地利用图

7.2.2　不同水文地貌单元内湿地变化

1. 水文地貌区湿地变化分析

在研究期内盐城滨海湿地土地利用时空格局发生了较大变化。由图 7-6 和表 7-2 可知，2019 年盐城滨海湿地的主要土地利用类型是光滩、耕地和养殖塘，1980～2019 年，耕地和养殖塘面积明显增加，而光滩、草滩和碱蓬沼泽面积明显减少。养殖塘以 1.58% 的年速率快速增加，交通用地和沟渠均以 0.08% 的年速率缓慢增加。

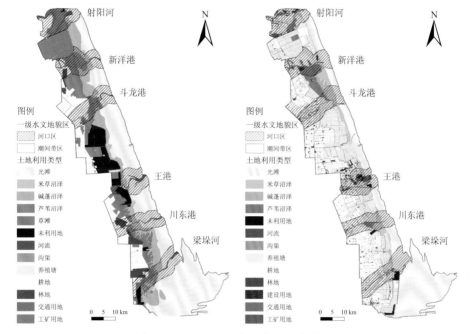

图 7-6　1980～2019 年研究区土地利用图

表 7-2　**1980 年和 2019 年研究区土地利用面积构成及变化**

土地利用类型	1980 年土地利用面积/km²	占总面积比例/%	2019 年土地利用面积/km²	占总面积比例/%	土地利用变化面积/km²	动态度/%
光滩	1239.023	43.47	802.759	28.17	−436.26	−0.01
米草沼泽	20.454	0.72	112.329	3.94	91.87	0.12
碱蓬沼泽	333.260	11.69	20.017	0.70	−313.24	−0.02
芦苇沼泽	170.689	5.99	104.347	3.66	−66.34	−0.01
草滩	252.248	8.85	—	—	−252.25	−0.03
河流	51.683	1.81	27.786	0.97	−23.90	−0.01
沟渠	27.261	0.96	114.370	4.01	87.11	0.08
养殖塘	10.791	0.38	677.632	23.78	666.84	1.58
未利用地	171.951	6.03	21.858	0.77	−150.09	−0.02
耕地	366.686	12.87	802.720	28.17	436.03	0.03
林地	67.656	2.37	2.732	0.10	−64.92	−0.02
建设用地	—	—	94.872	3.33	94.87	—
交通用地	15.278	0.54	60.874	2.14	45.60	0.08
工矿用地	123.050	4.32	7.734	0.27	−115.32	−0.02
总计	2850.030	100.00	2850.030	100.00	—	—

2. 河口区湿地变化

从土地利用变化的面积(表 7-3 和图 7-7)来看,1980～2019 年射阳河河口区养殖塘、芦苇沼泽和草滩土地利用面积变化较大,转变面积分别为 34.263km²、-28.972km² 和-20.133km²。各类型的动态度差别不大,其中,碱蓬沼泽、草滩、工矿用地以 0.03%的速度减少,而沟渠和交通用地以 0.05%的速度增加。碱蓬沼泽、草滩和工矿用地全部转变为了其他土地利用类型。芦苇沼泽主要转变为耕地和养殖塘,分别占芦苇沼泽总面积的 37.50%和 27.62%。草滩主要转变为养殖塘和建设用地,分别占草滩总面积的 44.93%和 28.26%。碱蓬沼泽几乎都被人工养殖塘利用,转变为养殖塘的面积为 4.470km²,占碱蓬沼泽总面积的 71.36%。工矿用地仅是射阳盐场的一小部分,主要转变成了耕地(45.52%)和沟渠(30.60%)。

新洋港河口区面积变化最大的是耕地,变化面积为 26.962km²,其次是碱蓬沼泽、草滩和养殖塘,转变面积分别为-19.813km²、-18.195km² 和 18.421km²。各类型的动态度差别明显,光滩和芦苇沼泽减少速度分别仅 0.001%和 0.004%,这是由于新洋港南面属于保护区的核心区,保护区的围垦力度弱,且 1993 年以来核心区北部实施了大面积的芦苇湿地恢复工程。而养殖塘以 0.45%的速度快速增加,沟渠随养殖塘的增加也以 0.12%的速度缓慢增加。碱蓬沼泽和草滩全部转变为了其他土地利用类型,碱蓬沼泽主要转变为了养殖塘(43.87%)和芦苇沼泽(40.90%),草滩主要转变为了芦苇沼泽(37.19%)和耕地(31.53%)。

斗龙港河口区养殖塘转变面积最大,并以 0.23%的速度增加了 32.849km²,其次是米草沼泽,面积增加了 20.526km²,光滩和芦苇沼泽是减少面积最大的土地利用类型,分别转变了-22.886km² 和-19.045km²,其次是草滩,以 0.03%的速度减少了 12.756km²。光滩、芦苇沼泽和草滩主要转变为了养殖塘这一土地利用类型,分别占各类型总面积的 41.76%、66.65%和 65.12%。

王港河口区面积变化最大的是光滩和养殖塘,变化面积为-53.250km² 和 40.853km²,远远大于耕地的转变面积(22.619km²)。在养殖塘和耕地大幅度增加下,交通用地和沟渠也有一定幅度的增加,动态度分别为 0.13%和 0.08%,而碱蓬沼泽和草滩均以 0.03%的速度减少。王港河口区的光滩是各河口区围垦强度最大的,未变化的光滩仅占 23.88%,其余主要转变为了养殖塘(37.53%)。碱蓬沼泽和草滩全部转变为其他土地利用类型,其中碱蓬沼泽主要转变为了养殖塘(53.03%),草滩主要转变为了耕地(53.84%)。

川东港河口区光滩、耕地、养殖塘和碱蓬沼泽的面积变化较大,其中光滩和碱蓬沼泽呈负增长,分别减少了 33.464km² 和 21.659km²,养殖塘和耕地分别增加了 22.663km² 和 22.668km²。草滩和林地是减少速度最快的(-0.03%),沟渠和交通用地的增加速度最快,分别为 0.16%和 0.10%。从光滩、碱蓬沼泽、草滩和林地

表 7-3　1980 年和 2019 年河口区土地利用面积变化及动态度

土地利用类型	射阳河河口区						新洋港河口区					
	1980 年土地利用面积/km²	占总面积比例/%	2019 年土地利用面积/km²	占总面积比例/%	土地利用变化面积/km²	动态度/%	1980 年土地利用面积/km²	占总面积比例/%	2019 年土地利用面积/km²	占总面积比例/%	土地利用变化面积/km²	动态度/%
光滩	19.862	15.04	12.528	9.48	-7.334	-0.01	29.840	19.75	28.666	18.97	-1.174	-0.001
米草沼泽	0.000	0.00	3.795	2.87	3.795	—	8.296	5.49	5.240	3.47	-3.056	-0.01
碱蓬沼泽	6.263	4.74	0.000	0.00	-6.263	-0.03	20.527	13.59	0.714	0.47	-19.813	-0.02
芦苇沼泽	42.927	32.50	13.955	10.56	-28.972	-0.02	38.226	25.30	31.870	21.09	-6.356	-0.004
草滩	20.133	15.24	0.000	0.00	-20.133	-0.03	18.195	12.04	0.000	0.00	-18.195	-0.03
未利用地	1.175	0.89	0.405	0.31	-0.770	-0.02	0.000	0.00	1.074	0.71	1.074	—
河流	12.586	9.53	7.445	5.64	-5.141	-0.01	9.119	6.04	5.038	3.33	-4.081	-0.01
沟渠	1.490	1.13	4.606	3.49	3.117	0.05	0.787	0.52	4.574	3.03	3.787	0.12
养殖塘	0.000	0.00	34.263	25.94	34.263	—	1.054	0.70	19.475	12.89	18.421	0.45
耕地	26.338	19.94	35.172	26.63	8.833	0.01	18.129	12.00	45.091	29.84	26.962	0.04
林地	0.000	0.00	0.000	0.00	0.000	—	6.344	4.20	0.008	0.01	-6.336	-0.03
建设用地	0.000	0.00	15.962	12.08	15.962	—	0.000	0.00	7.020	4.65	7.020	—
交通用地	1.275	0.97	3.967	3.00	2.692	0.05	0.570	0.38	2.316	1.53	1.745	0.08
工矿用地	0.048	0.04	0.000	0.00	-0.048	-0.03	0.000	0.000	0.000	0.000	0.000	0.000
总计	132.097	100.00	132.097	100.00	0.000	—	151.087	100.00	151.087	100.00	0.000	—

续表

土地利用类型	斗龙港河口区						王港河口区					
	1980年土地利用面积/km²	占总面积比例/%	2019年土地利用面积/km²	占总面积比例/%	土地利用变化面积/km²	动态度/%	1980年土地利用面积/km²	占总面积比例/%	2019年土地利用面积/km²	占总面积比例/%	土地利用变化面积/km²	动态度/%
光滩	42.919	28.97	20.032	13.52	-22.887	-0.01	73.193	56.81	19.943	15.48	-53.250	-0.02
米草沼泽	0.000	0.00	20.526	13.85	20.526	—	3.918	3.04	3.091	2.40	-0.827	-0.01
碱蓬沼泽	8.726	5.89	4.038	2.73	-4.688	-0.01	8.799	6.83	0.000	0.00	-8.799	-0.03
芦苇沼泽	23.892	16.13	4.847	3.27	-19.045	-0.02	0.000	0.00	0.638	0.50	0.638	—
草滩	12.756	8.61	0.000	0.00	-12.756	-0.03	6.856	5.32	0.000	0.00	-6.856	-0.03
未利用地	0.000	0.00	0.000	0.00	0.000	—	23.141	17.96	4.952	3.84	-18.189	-0.02
河流	4.907	3.31	2.827	1.91	-2.080	-0.01	10.763	8.35	4.155	3.22	-6.608	-0.02
沟渠	2.586	1.75	6.507	4.39	3.921	0.04	1.403	1.09	5.969	4.63	4.566	0.08
养殖塘	3.710	2.50	36.559	24.68	32.849	0.23	0.000	0.00	40.853	31.71	40.853	—
耕地	47.391	31.99	41.881	28.27	-5.510	-0.003	0.000	0.00	22.619	17.55	22.619	—
建设用地	0.000	0.00	8.395	5.67	8.395	—	0.000	0.00	14.301	11.10	14.301	—
交通用地	1.271	0.86	2.546	1.72	1.275	0.03	0.773	0.60	4.592	3.56	3.819	0.13
工矿用地	0.000	0.00	0.000	0.00	0.000	—	0.000	0.00	7.734	6.00	7.734	—
总计	148.158	100.00	148.158	100.00	0.000	—	128.846	100.00	128.846	100.00	0.000	—

续表

土地利用类型	川东河口区						梁垛河口区					
	1980 年土地利用面积/km²	占总面积比例/%	2019 年土地利用面积/km²	占总面积比例/%	土地利用变化面积/km²	动态度/%	1980 年土地利用面积/km²	占总面积比例/%	2019 年土地利用面积/km²	占总面积比例/%	土地利用变化面积/km²	动态度/%
光滩	61.443	45.56	27.979	20.75	-33.464	-0.01	65.856	41.26	51.679	32.38	-14.177	-0.01
米草沼泽	0.000	0.00	16.237	12.04	16.237	—	0.000	0.00	5.582	3.50	5.582	—
碱蓬沼泽	22.491	16.68	0.832	0.62	-21.659	-0.02	23.353	14.63	0.331	0.21	-23.022	-0.03
芦苇沼泽	0.000	0.00	8.029	5.95	8.029	—	0.000	0.00	1.462	0.92	1.462	—
草滩	9.900	7.34	0.000	0.00	-9.900	-0.03	34.341	21.52	0.000	0.00	-34.341	-0.03
未利用地	0.000	0.00	0.526	0.39	0.526	—	6.768	4.24	3.852	2.41	-2.916	-0.01
河流	5.702	4.23	2.713	2.01	-2.989	-0.01	8.386	5.25	4.359	2.73	-4.027	-0.01
沟渠	0.714	0.53	5.280	3.92	4.566	0.16	0.827	0.52	6.495	4.07	5.668	0.18
养殖塘	0.000	0.00	22.663	16.81	22.663	—	0.000	0.00	21.705	13.60	21.705	—
耕地	22.485	16.67	45.153	33.48	22.668	0.03	15.122	9.47	57.483	36.02	42.361	0.07
林地	11.699	8.68	0.000	0.00	-11.699	-0.03	3.683	2.31	0.050	0.03	-3.633	-0.03
建设用地	0.000	0.00	3.361	2.49	3.361	—	0.000	0.00	2.408	1.51	2.408	—
交通用地	0.415	0.31	2.077	1.54	1.662	0.10	1.268	0.79	4.196	2.63	2.928	0.06
总计	134.850	100.00	134.850	100.00	0.000	—	159.604	100.00	159.602	100.00	0.000	—

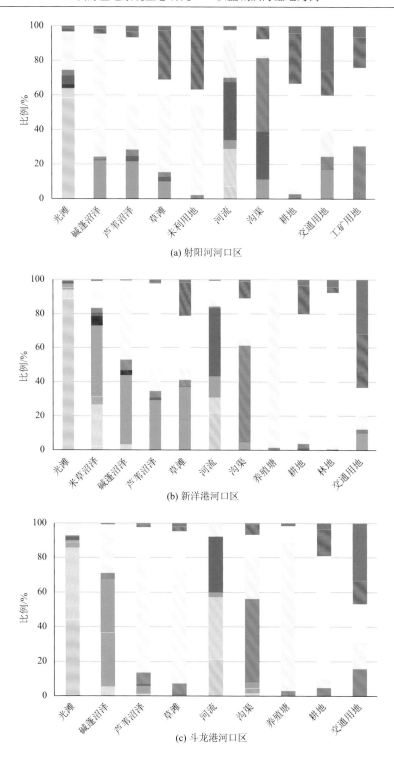

(a) 射阳河河口区

(b) 新洋港河口区

(c) 斗龙港河口区

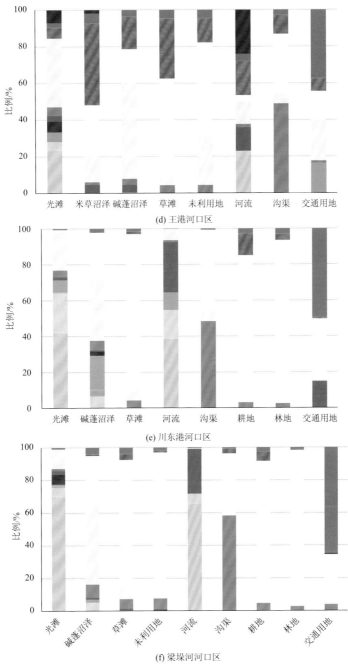

(d) 王港河口区

(e) 川东港河口区

(f) 梁垛河河口区

图例
2019年土地利用类型

光滩　　米草沼泽　　碱蓬沼泽　　芦苇沼泽　　未利用地　　河流　　沟渠　　养殖塘　　耕地

林地　　建设用地　　交通用地　　工矿用地

图 7-7　河口区土地利用转移图

的转变中可知，光滩主要转变为米草沼泽和养殖塘，分别占光滩总面积的 22.43% 和 22.60%，碱蓬沼泽主要转变为养殖塘（34.47%）和耕地（25.87%），仅 3.35%的碱蓬沼泽保留下来，草滩和林地全部转变为其他土地利用类型，其中主要转变为耕地，分别占草滩和林地总面积的 86.65%和 91.12%。

梁垛河河口区耕地转变面积最大，增加了 42.361km²，其次是草滩、碱蓬沼泽和养殖塘，分别转变了–34.341km²、–23.022km² 和 21.705km²。沟渠的增长速度最快，动态度为 0.18%，远大于耕地（0.07%）和交通用地（0.06%）的增长速度。草滩和碱蓬沼泽全部转变为其他土地利用类型，78.09%的草滩转变为了耕地，碱蓬沼泽主要转变为养殖塘（48.17%）和耕地（30.66%）。

3. 潮间带区湿地变化

从土地利用变化的面积（表 7-4 和图 7-8）来看，1980～2019 年射阳河—新洋港潮间带区养殖塘和工矿用地的面积变化最大，分别转变了 120.748km² 和 –115.167km²。相比养殖塘面积增加最大，耕地增加的速度最大，动态度达到了 3.78%。碱蓬沼泽、草滩和工矿用地的减少速度最快，动态度为–0.03%。碱蓬沼泽、草滩和工矿用地全部转变为了其他土地利用类型，碱蓬沼泽和草滩主要转变为耕地和养殖塘，两者分别超过了碱蓬沼泽和草滩总面积的 40%。工矿用地分布在射阳盐场，20 世纪 90 年代中后期开始"退盐转养"并一直维持到现在，有 76.95%的工矿用地转变为了养殖塘，而由于射阳 1 号水库的生态恢复，有部分工矿用地转变为了芦苇沼泽（4.99%）。

新洋港—斗龙港潮间带区养殖塘、碱蓬沼泽和米草沼泽的转变面积较大，分别转变了 25.199km²、–21.697km² 和 20.747km²。草滩和交通用地分别是各土地利用类型中减少和增加速度最快的，其动态度分别为–0.03%和 0.05%。芦苇沼泽减少的速度较慢，动态度为–0.003%，这是由于处于保护区核心区，碱蓬沼泽转变为了芦苇沼泽（64.54%）。草滩全部转变为了其他土地利用类型，且主要转变为养殖塘和芦苇沼泽，分别占草滩总面积的 45.77%和 33.86%。

斗龙港—王港潮间带区光滩、未利用地、养殖塘和耕地转变面积较大，均超过 110km²。碱蓬沼泽、草滩、工矿用地和未利用地面积减少的速度最快，达 0.03%，养殖塘的增加速度最快，动态度为 0.79%，远大于耕地的增加速度（0.04%）。光滩主要转变为了养殖塘，占光滩总面积的 40.37%，其次是转变为了米草沼泽，占光滩总面积的 8.78%，致使米草沼泽面积的增加速度也较大，达 0.12%。碱蓬沼泽、草滩和未利用地全部转变为了其他土地利用类型，碱蓬沼泽主要转变为了养殖塘（81.54%），距海较远的草滩和未利用地主要转变为了耕地，分别占总面积的 61.04%和 64.23%。

表 7-4 1980 年和 2019 年潮间带区土地利用面积变化及动态度

土地利用类型	射阳河—新洋港潮间带区						新洋港—斗龙港潮间带区					
	1980年土地利用面积/km²	占总面积比例/%	2019年土地利用面积/km²	占总面积比例/%	土地利用变化面积/km²	动态度/%	1980年土地利用面积/km²	占总面积比例/%	2019年土地利用面积/km²	占总面积比例/%	土地利用变化面积/km²	动态度/%
光滩	55.668	24.98	44.387	19.92	−11.281	−0.01	49.423	22.83	21.364	9.87	−28.059	−0.01
米草沼泽	1.695	0.76	2.084	0.94	0.389	0.01	0.000	0.00	20.747	9.58	20.747	—
碱蓬沼泽	40.979	18.39	0.000	0.00	−40.979	−0.03	35.227	16.27	13.530	6.25	−21.697	−0.02
芦苇沼泽	0.000	0.00	5.746	2.58	5.746	—	34.627	16.00	30.914	14.28	−3.713	−0.003
草滩	4.156	1.86	0.000	0.00	−4.156	−0.03	18.207	8.41	0.000	0.00	−18.207	−0.03
河流	0.220	0.10	0.254	0.11	0.034	0.004	0.000	0.00	0.000	0.00	0.000	—
沟渠	3.437	1.54	12.825	5.75	9.388	0.07	3.211	1.48	7.601	3.51	4.390	0.04
养殖塘	0.000	0.00	120.748	54.18	120.748	3.78	0.000	0.00	25.199	11.64	25.199	—
耕地	0.209	0.09	31.115	13.96	30.905	—	67.860	31.35	84.124	38.86	16.263	0.01
林地	0.000	0.00	0.000	0.00	0.000	—	6.445	2.98	1.271	0.59	−5.174	−0.02
建设用地	0.000	0.00	1.094	0.49	1.094	—	0.000	0.00	7.587	3.50	7.587	—
交通用地	1.346	0.60	4.623	2.07	3.277	0.06	1.482	0.68	4.146	1.92	2.664	0.05
工矿用地	115.167	51.67	0.000	0.00	−115.167	−0.03	0.000	0.00	0.000	0.00	0.000	—
总计	222.877	100.00	222.877	100.00	0.000	—	216.483	100.00	216.483	100.00	0.000	—

续表

土地利用类型	斗港—王港潮间带区						王港—川东港潮间带区					
	1980年土地利用面积/km²	占总面积比例/%	2019年土地利用面积/km²	占总面积比例/%	土地利用变化面积/km²	动态度/%	1980年土地利用面积/km²	占总面积比例/%	2019年土地利用面积/km²	占总面积比例/%	土地利用变化面积/km²	动态度/%
光滩	217.083	40.49	89.535	16.70	-127.548	-0.02	75.014	40.72	32.485	17.63	-42.529	-0.01
米草沼泽	3.372	0.63	19.063	3.56	15.691	0.12	3.173	1.72	1.628	0.88	-1.545	-0.01
碱蓬沼泽	52.724	9.83	0.000	0.00	-52.724	-0.03	9.622	5.22	0.000	0.00	-9.622	-0.03
芦苇沼泽	31.017	5.78	1.147	0.21	-29.871	-0.02	0.000	0.00	0.811	0.44	0.811	—
草滩	22.652	4.22	0.000	0.00	-22.652	-0.03	46.426	25.20	0.000	0.00	-46.426	-0.03
未利用地	120.216	22.42	0.000	0.00	-120.216	-0.03	11.510	6.25	0.000	0.00	-11.510	-0.03
河流	0.000	0.00	0.446	0.08	0.446	—	0.000	0.00	0.000	0.00	0.000	—
沟渠	6.958	1.30	33.366	6.22	26.408	0.10	2.787	1.51	8.167	4.43	5.380	0.05
养殖塘	5.628	1.05	179.910	33.55	174.282	0.79	0.000	0.00	54.362	29.51	54.362	—
耕地	64.318	12.00	175.406	32.71	111.088	0.04	31.788	17.25	79.645	43.23	47.857	0.04
林地	0.000	0.00	1.245	0.23	1.245	—	2.772	1.50	0.012	0.01	-2.759	-0.03
建设用地	0.000	0.00	22.520	4.20	22.520	—	0.000	0.00	1.887	1.02	1.887	—
交通用地	4.374	0.82	13.540	2.53	9.167	0.05	1.141	0.62	5.234	2.84	4.093	0.09
工矿用地	7.835	1.46	0.000	0.00	-7.835	-0.03	0.000	0.00	0.000	0.00	0.000	—
总计	536.178	100.00	536.178	100.00	0.000	—	184.232	100.00	184.232	100.00	0.000	—

续表

土地利用类型	川东港—梁垛河潮间带区						梁垛河以南潮间带区					
	1980年土地利用面积/km²	占总面积比例/%	2019年土地利用面积/km²	占总面积比例/%	土地利用变化面积/km²	动态度/%	1980年土地利用面积/km²	占总面积比例/%	2019年土地利用面积/km²	占总面积比例/%	土地利用变化面积/km²	动态度/%
光滩	57.638	20.63	41.537	14.87	-16.101	-0.01	491.085	88.29	412.624	74.18	-78.461	-0.004
米草沼泽	0.000	0.00	11.813	4.23	11.813	—	0.000	0.00	2.523	0.45	2.523	—
碱蓬沼泽	55.472	19.86	0.572	0.20	-54.900	-0.03	49.076	8.82	0.000	0.00	-49.076	-0.03
芦苇沼泽	0.000	0.00	1.055	0.38	1.055	—	0.000	0.00	3.872	0.70	3.872	—
草滩	50.843	18.20	0.000	0.00	-50.843	-0.03	7.784	1.40	0.000	0.00	-7.784	-0.03
未利用地	3.161	1.13	1.902	0.68	-1.259	-0.01	5.981	1.08	9.147	1.64	3.167	0.01
河流	0.000	0.00	0.000	0.00	0.000	—	0.000	0.00	0.549	0.10	0.549	—
沟溪	2.374	0.85	11.194	4.01	8.820	0.10	0.688	0.12	7.786	1.40	7.098	0.26
养殖塘	0.398	0.14	56.428	20.20	56.030	3.61	0.000	0.00	65.467	11.77	65.467	—
耕地	71.790	25.70	142.948	51.17	71.158	0.03	1.253	0.23	42.083	7.57	40.830	0.84
林地	36.713	13.14	0.138	0.05	-36.575	-0.03	0.000	0.00	0.009	0.00	0.009	—
建设用地	0.000	0.00	6.106	2.19	6.106	—	0.000	0.00	4.230	0.76	4.230	—
交通用地	0.982	0.35	5.677	2.03	4.696	0.12	0.381	0.07	7.959	1.43	7.578	0.51
总计	279.371	100.00	279.371	100.00	0.000	—	556.249	100.00	556.249	100.00	0.000	—

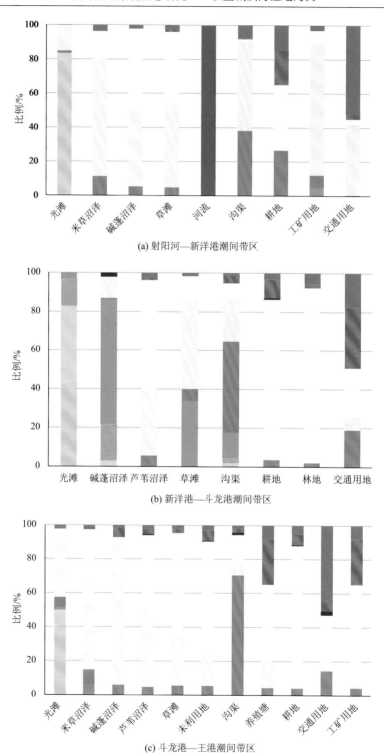

(a) 射阳河—新洋港潮间带区

(b) 新洋港—斗龙港潮间带区

(c) 斗龙港—王港潮间带区

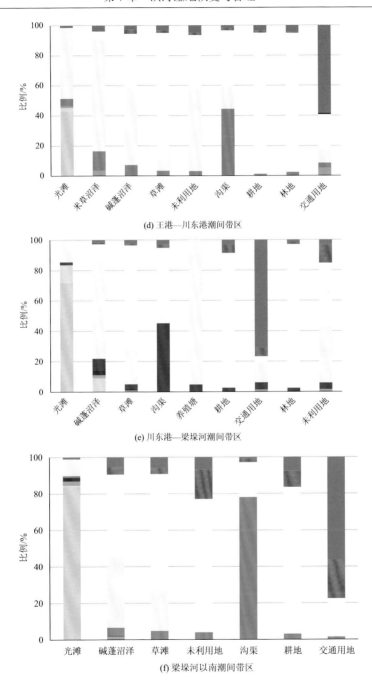

(d) 王港—川东港潮间带区

(e) 川东港—梁垛河潮间带区

(f) 梁垛河以南潮间带区

图例
2019年土地利用类型
光滩　　米草沼泽　　碱蓬沼泽　　芦苇沼泽　　未利用地　　河流　　沟渠　　养殖塘　　耕地
林地　　建设用地　　交通用地　　工矿用地

图 7-8　潮间带区土地利用转移图

王港—川东港潮间带区面积增加最大的是养殖塘(54.362km²)和耕地(47.857km²)，面积减少最大的是光滩(−42.529km²)和草滩(−46.426km²)。各类型的动态度差别不大，其中碱蓬沼泽、草滩、未利用地和林地以0.03%的速度减少，交通用地、沟渠和耕地分别以0.09%、0.05%和0.04%的速度增加。碱蓬沼泽、草滩、未利用地和林地均全部转变为其他土地利用类型，碱蓬沼泽和未利用地转变以养殖塘为主，分别占总面积的51.93%和54.88%，草滩和林地的转变以耕地为主，分别占总面积的81.43%和92.55%。

川东港—梁垛河潮间带区面积增加最大的是耕地(71.158km²)和养殖塘(56.030km²)，碱蓬沼泽(−54.900km²)和草滩(−50.843km²)是面积减少最大的土地利用类型，且均以0.03%的速度减少。养殖塘以3.61%的速度快速增加，其次是交通用地和沟渠，分别以0.12%和0.10%的速度缓慢增加。碱蓬沼泽主要转变为养殖塘，占碱蓬沼泽总面积的63.55%，仅0.50%未变化，而草滩则主要转变为耕地，占草滩总面积的69.46%。

梁垛河以南潮间带区面积转变较大的是光滩(−78.461km²)和养殖塘(65.467km²)，其次是碱蓬沼泽(−49.076km²)和耕地(40.830km²)。从动态度来看，碱蓬沼泽和草滩以0.03%的速度减少，耕地以0.84%的速度增加，交通用地和沟渠的增加速度也较快，达到了0.51%和0.26%，远大于其他土地利用类型。碱蓬沼泽和草滩全部转变为其他土地利用类型，碱蓬沼泽转变以耕地(45.71%)和养殖塘(38.23%)为主，草滩主要转变为耕地(63.31%)。

7.2.3　盐城滨海湿地潜在恢复区

1. 参考湿地的选择

参考湿地可以为湿地生态恢复与重建过程中生境、动植物群落的建立提供参照标准和依据(Rheinhardt et al., 1997)。目前对于参考湿地的选择主要有两种方法(高彦华等，2003)：一是在同一生物地理区系内寻找同一湿地生态类型未受干扰或少受干扰的系统作为参照；二是把退化湿地系统的受人类干扰较少的某一历史时期的状态作为参照。而实际情况下往往受到历史数据的限制，研究者也可以选择邻近区域内在物理、化学、水文、地形等方面相似的未受干扰或少受干扰的自然生态系统(王亮，2008)。盐城滨海湿地在1980年是受干扰较少的原生湿地，其生态系统是相对健康的，潮间带处于动态平衡中，同时考虑数据的可获取性，将其作为参考湿地。

2. 潜在恢复区的确定

在资源条件有限的情况下，选取合适的恢复区域和确定恢复区域的优先级是非常必要的。目前，比较常用的湿地恢复优先级主要是多指标综合法，通过选取多个有关湿地恢复的关键指标进行综合评估，确定湿地恢复的优先级顺序(曲艺等，2018)。结合研究区的实际情况，以恢复重要性为主，结合恢复潜力来确定潜在恢复区域的优先级。恢复重要性主要体现在保护力度上(图 7-9)。建立自然保护区是就地保护自然资源和自然环境的最有效措施，尤其在生物多样性的就地保护方面，具有无可替代的作用(贺秋华等，2009)。依据盐城自然保护区的功能分区，核心区的保护力度最大，缓冲区次之，实验区最小。2019 年 7 月，位于盐城海岸的中国黄(渤)海候鸟栖息地(第一期)被正式列入世界遗产名录，其所包含的区域也表明该范围内湿地的重要性和保护力度大。而在南二实验区川东港河口有一个麋鹿野放区，恢复重要性相较于实验区其他地方高。值得注意的是，黑嘴鸥作为全球濒危物种，在盐城滨海仅在梁垛河附近保留了一处集中繁殖地，因此该地的恢复重要性也较高。

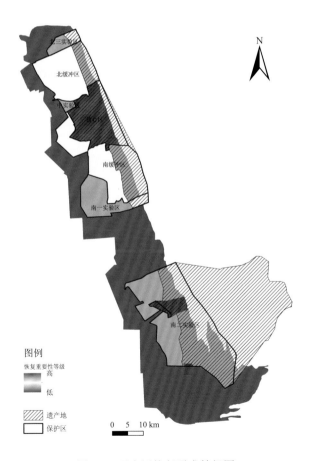

图 7-9　研究区恢复需求等级图

　　恢复潜力通过围垦年限确定。一定围垦年限内的土地，在土壤种子库的作用下才具有一定程度的植被恢复能力。湿地植被恢复能力与不同年限围垦的湿地土壤中残留种子的数量有关，植被恢复后才有可能达到功能的恢复。已有研究表明，湿地被围垦 20 年内土壤中仍然有种子库存在，保留有大量的湿地物种种子，在水文等自然条件下还存在恢复的可能性，进而恢复湿地植被及相应的功能，而在退化或围垦 20 年以上的湿地中土壤种子库已经基本消失（王国栋等，2013）。围垦年限长的湿地恢复难度也大。因此，根据研究时间跨度，划分了三个恢复潜力等级（图 7-10 和表 7-5）。

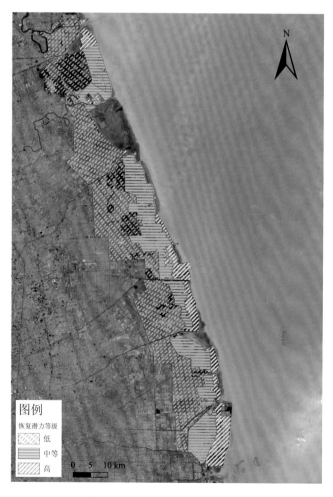

图 7-10　研究区恢复潜力等级图

表 7-5 研究区恢复潜力等级表

围垦年限	区间	恢复难易程度	恢复潜力等级
20 年及以上	1998 年以前	难	低
10~20 年	1998~2009 年	中等	中等
10 年及以下	2009~2019 年	易	高

在以恢复重要性为主的基础上,结合恢复潜力来确定潜在恢复区域的优先级,最终确定潜在恢复区和非恢复区,其中潜在恢复区包括 3 个重点恢复区和 2 个一般恢复区(图 7-11)。

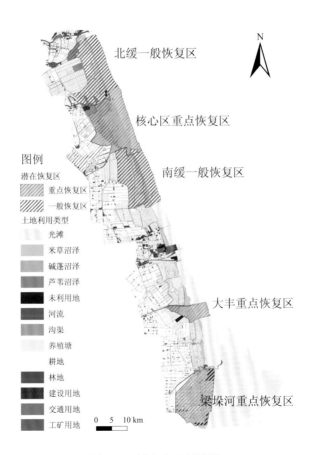

图 7-11 潜在恢复区域图

3. 潜在恢复区的演变规律

为了科学合理地恢复，必须要了解潜在恢复区在受干扰较小情况下的演变规律，以指导恢复。根据历史资料和前人研究情况，盐城滨海湿地退化的主要原因是人类开发活动和互花米草入侵，导致本地碱蓬滩和芦苇滩退化甚至丧失(谷东起等，2012)。而在 1998 年以前，盐城滨海地区人为开发活动强度和频率都较小，互花米草也仅是零星分布，碱蓬作为先锋植物，一般生长在平均高潮线以上，具有一致性，不仅可以指示平均高潮线的位置，而且可以推测自然状态下现状(2019年)碱蓬的位置变化。因此，在潮间带区选取 1980 年、1987 年、1992 年和 1998年碱蓬外边界向海移动速度来研究潜在恢复区的演变规律。通过 ArcGIS 中的DASA(数字海岸线分析系统)工具，以 100m 为间隔，计算 1980～1987 年、1987～1992 和 1992～1998 年各恢复区碱蓬外边界的变化速度。

1)北缓一般恢复区

北缓一般恢复区跨越了射阳河河口区、射阳河—新洋港潮间带区和新洋港河口区。从图 7-12 可以看出，1980～1998 年射阳盐场堤外为碱蓬沼泽和芦苇沼泽。1980～1998 年碱蓬外边界处于向海淤长和后退的交替阶段，1980～1987 年碱蓬外边界大体处于向海淤长的趋势，平均速度达 56.22m/a，1987～1992 年北部向海淤长而南部则后退，整体表现为后退，平均后退速度为–42.11m/a，1992～1998 年以后退为主，但南部围垦处碱蓬外边界向海淤长明显，最大达163.24m/a。2000 年该区域大部分碱蓬沼泽被围垦，2004 年大部分芦苇沼泽被围垦，直至 2019 年芦苇沼泽和碱蓬沼泽全部消失，以耕地和养殖塘为主。2019年该区域外侧均为养殖塘围垦堤坝，并建有 5 个挡潮闸，堤坝外侧为成带的互花米草沼泽。

2)核心区重点恢复区

核心区重点恢复区主要位于新洋港—斗龙港潮间带区，1980～1998 年碱蓬外边界不同程度地向海淤长，不断外移。1980～1987 年碱蓬外边界整体向海平均前进 50.94m/a，1987～1992 年向海平均淤长 59.11m/a，1992～1998 年平均向海淤长152.54m/a。自 1983 年建立保护区以来，该区封闭管理，是受人为活动影响最小的区域之一，仅存在一条南北向的道路堤坝。从遥感影像可以看出，1998 年后核心区南部三里河附近开始围垦为养殖塘，2000 年向海一侧互花米草开始成带分布，到 2019 年碱蓬沼泽明显减小，仅在核心区中路港以南集中分布，人为活动集中在三里河附近的养殖塘，外侧为围垦堤坝，建有 2 个挡潮闸(图 7-13)。

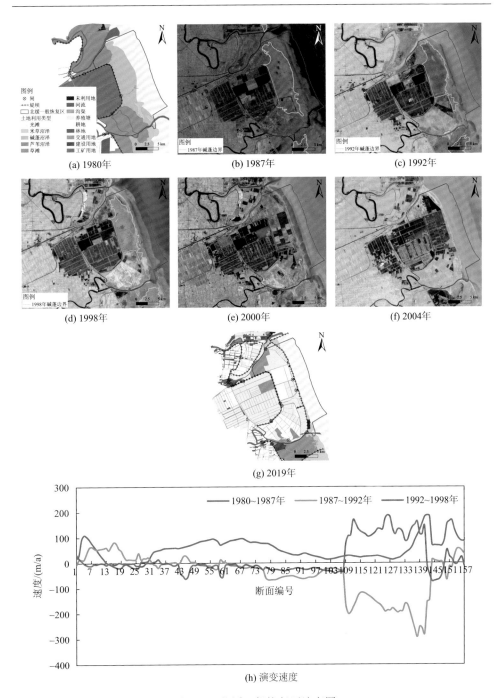

(a) 1980年   (b) 1987年   (c) 1992年

(d) 1998年   (e) 2000年   (f) 2004年

(g) 2019年

(h) 演变速度

图7-12 北缓一般恢复区演变图

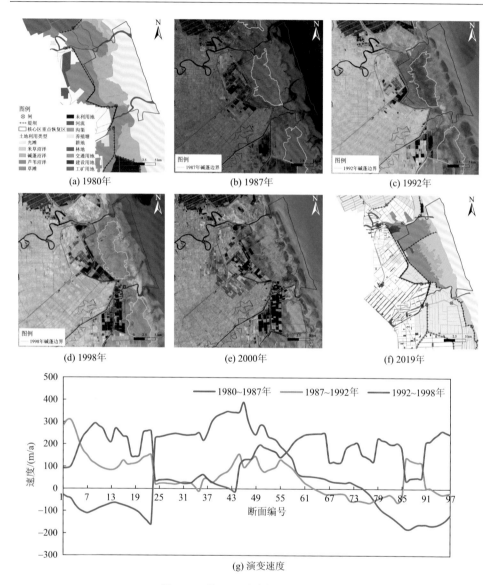

(a) 1980年　(b) 1987年　(c) 1992年

(d) 1998年　(e) 2000年　(f) 2019年

(g) 演变速度

图 7-13　核心区重点恢复区演变图

3) 南缓一般恢复区

南缓一般恢复区主要位于斗龙港—王港潮间带区。1980～1998 年碱蓬外边界一直向海淤长，且淤长速度逐渐减慢，1980～1987 年向海淤长速度最快，平均速度达 171.27m/a，1992～1998 年南部疆界河附近呈现后退的趋势，但整体还是向海淤长，平均速度为 27.61m/a。1998 年后北部斗龙港附近被围垦为养殖塘，2002 年后该区域的碱蓬沼泽几乎全部被养殖塘替代。2019 年该区域的土地利用为养殖塘,外侧为围垦堤坝,建有 4 个挡潮闸,堤坝外侧为成带的互花米草沼泽(图 7-14)。

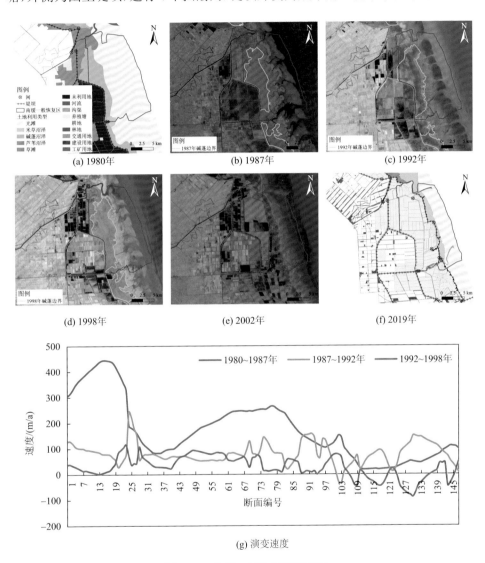

(a) 1980年　　　　　　(b) 1987年　　　　　　(c) 1992年

(d) 1998年　　　　　　(e) 2002年　　　　　　(f) 2019年

(g) 演变速度

图 7-14　南缓一般恢复区演变图

4) 大丰重点恢复区

大丰重点恢复区主要位于川东港河口区。1980～1998 年该区域碱蓬外边界表现出后退—淤长—后退的交替规律。1980～1987 年碱蓬外边界整体表现为后退,平均后退速度为 8.42m/a,南部后退明显。1987～1992 年碱蓬外边界向海淤长,平均速度达 39.80m/a,1992～1998 年平均后退速度为 84.24m/a。2000 年后大部分碱蓬沼泽被围垦为养殖塘,至 2018 年该区域包含了大丰麋鹿保护区,人为活动相对较少,因此该区域在 2000 年后仅在河口处新建了挡潮闸,没有新围垦堤坝,土地利用主要为米草沼泽和芦苇沼泽,仅南部保留小部分碱蓬沼泽(图 7-15)。

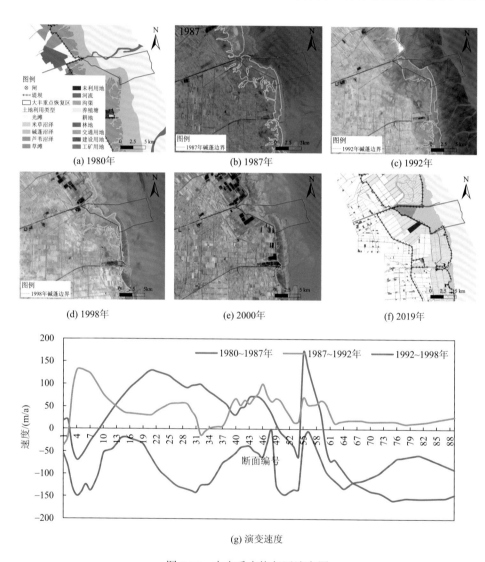

(a) 1980年　　(b) 1987年　　(c) 1992年

(d) 1998年　　(e) 2000年　　(f) 2019年

(g) 演变速度

图 7-15　大丰重点恢复区演变图

5)梁垛河重点恢复区

梁垛河重点恢复区主要位于梁垛河以南潮间带区。该区域 1980～1998 年碱蓬外边界表现为后退的趋势,1980～1987 年碱蓬外边界后退最快,平均速度达

136.60m/a, 1987～1992 年向海淤长, 平均速度仅 5.95m/a, 1992～1998 年继续后退, 速度为 64.21m/a。该区域围垦主要分为两个时期: 2008 年围垦了原本的碱蓬沼泽和草滩, 将其利用为养殖塘; 2015 年后在新淤长的潮滩再次围垦。从 2018 年的土地利用可以看出, 该区域的土地利用主要为养殖塘和耕地, 在养殖塘外侧筑有围垦堤坝, 并建有 3 个挡潮闸(图 7-16)。

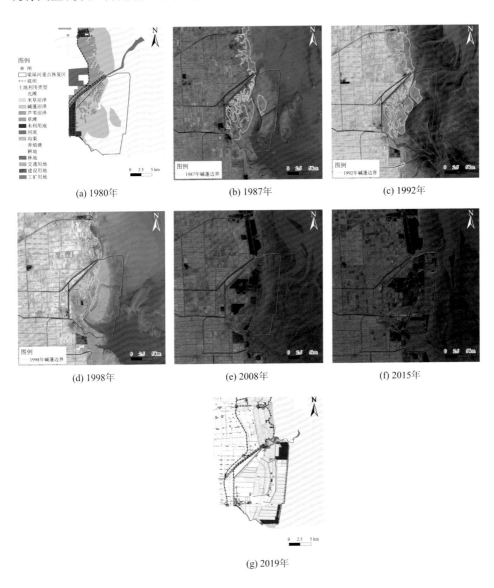

(a) 1980年　　　　　　(b) 1987年　　　　　　(c) 1992年

(d) 1998年　　　　　　(e) 2008年　　　　　　(f) 2015年

(g) 2019年

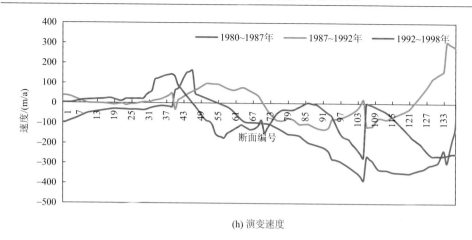

(h) 演变速度

图 7-16　梁垛河重点恢复区演变图

7.2.4　盐城滨海湿地恢复模式

根据国内外相关生态恢复研究和湿地保护法，遵循"自然恢复为主、自然恢复与人工相结合"的原则，从自然恢复为主和人工干预为主两方面，针对河口区和潮间带区提出了滨海湿地恢复模式(表 7-6)。其中，以自然恢复为主的恢复模式是在现有的人工蓄水格局下，以最小的人工干扰措施，通过自然演替恢复至理想生境的恢复模式。而以人工干预为主的恢复模式，则是基于 1980 年参考湿地，通过工程技术手段力求恢复至参考时期湿地格局的恢复模式。

表 7-6　盐城滨海湿地恢复模式

水文地貌区		恢复模式	
		以自然恢复为主	以人工干预为主
河口区	淡水控制区	河岸带芦苇沼泽	闸坝附近恢复为芦苇沼泽或芦苇沼泽+碱蓬沼泽
	咸水控制区	入海口碱蓬沼泽	
潮间带区	淡水控制区	蓄水型淡水湿地	以碱蓬为先锋植物，形成光滩-碱蓬沼泽-芦苇沼泽格局
	咸水控制区	碱蓬沼泽	

1. 以自然恢复为主的滨海湿地恢复模式

在现有人工蓄水格局下，以最小的人工干扰措施提出了河口区恢复模式和潮间带恢复模式(图 7-17)。河口区恢复模式：淡水控制区恢复为河岸带芦苇沼泽，咸水控制区恢复为入海口碱蓬沼泽。潮间带区恢复模式：淡水控制区恢复为蓄水型淡水湿地，即中间明水面，周边地形控制下的开阔水面与芦苇植被格局；咸水控制区恢复为碱蓬沼泽。

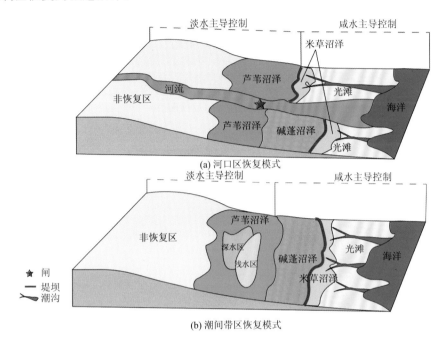

图 7-17　河口区和潮间带区恢复模式(以自然恢复为主)示意图

2. 以人工干预为主的滨海湿地恢复模式

基于 1980 年的参考湿地,力求恢复为参考时期湿地格局,提出了河口区恢复模式和潮间带区恢复模式(图 7-18)。河口区恢复模式:闸坝附近恢复为芦苇沼泽,而从整体性出发,潮间带区的碱蓬沼泽往往会向南北延伸至河口,并且河口潮汐作用增强,因此河口区入海口前缘也可恢复为碱蓬沼泽。潮间带区恢复模式:以碱蓬为先锋植物,形成光滩-碱蓬沼泽-芦苇沼泽的恢复格局。

7.2.5　盐城滨海湿地恢复技术体系

盐城滨海湿地恢复的生境类型主要是淡水主导控制的芦苇沼泽和咸水主导控制的碱蓬沼泽,因此具体的生境恢复落实到潜在恢复区域现状(2019 年)土地利用情况、主导控制水源和水文连通情况。以自然恢复为主的河口区和潮间带区的恢复技术体系是通过 2019 年潜在恢复区的主导控制水源(图 7-19),在维持现有的湿地和人工蓄水格局下,结合土地利用情况,以最小的人工干预措施,确定生境恢复类型,进一步提出相应的生态恢复技术。

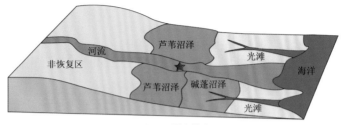

(a) 河口区恢复模式

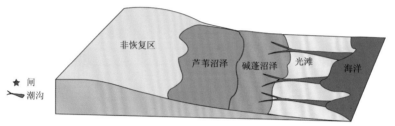

(b) 潮间带区恢复模式

图 7-18　河口区和潮间带区恢复模式(以人工干预为主)示意图

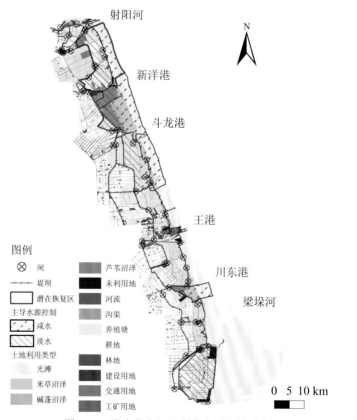

图 7-19　潜在恢复区主导控制水源分布图

通过前文中潜在恢复区域的演变规律可以推测自然理想状态下碱蓬沼泽的位置变化情况，即不受人为干扰和互花米草的扩张影响下，潮汐水能够到达并影响的区域，而潮汐水深入内陆，影响逐步减弱后，土壤含盐量下降，碱蓬会逐渐被芦苇代替。以人工干预为主的河口区和潮间带区的恢复技术体系是以参考湿地（1980 年）潜在恢复区碱蓬沼泽为基准，在利用 1980～1998 年碱蓬外边界向海外移的平均速度推算出理想状态下 2019 年碱蓬沼泽位置的基础上（表 7-7），结合土地利用现状和水文连通情况，去除或减缓影响与海洋潮汐水连通的因素，来确定生境恢复类型，并提出相应的生态恢复技术。

表 7-7　1980～2019 年碱蓬外边界向海外移平均速度

潜在恢复区域	平均速度/(m/a)
北缓一般恢复区	9.750
核心区重点恢复区	87.532
南缓一般恢复区	93.327
大丰重点恢复区	−17.620
梁垛河重点恢复区	−64.953

1. 河口区恢复技术体系

1）射阳河河口区

该河口区包括了部分北缓一般恢复区。参考湿地时期恢复区内土地利用以碱蓬沼泽、芦苇沼泽和草滩为主，从现状来看，该地以咸水控制的养殖塘及淡水控制的养殖塘和河岸带芦苇沼泽为主（图 7-20）。其中，实地调查发现，淡、咸水控制下的养殖塘分别有各自独立的沟渠体系，互不连通。咸水控制下的养殖塘，往往有地下暗涵，与海水连通密切，水体和土壤盐度较高，更适合恢复为碱蓬生境。因此，以自然恢复为主的方案下，咸水控制区仍然保留与暗涵连通的大型沟渠，北缓一般恢复区仅包括河口咸水养殖塘的一部分，为避免咸水控制区的割裂，将咸水恢复区扩大至该咸水养殖塘的全部区域，可恢复碱蓬生境 5.275km²。淡水控制区保留河岸带芦苇湿地，淡水养殖塘推平内部塘埂，连通河岸带芦苇湿地，可恢复芦苇生境 7.019km²。

影响与海洋水文连通的因素主要是咸水养殖塘处的挡潮闸、围垦堤坝和堤外的互花米草，互花米草面积不大，仅 3.795km²，且集中在南部导堤附近。以人工干预为主的方案下，首先清除堤外的互花米草，同时开放或拆除咸水养殖塘处的挡潮闸，保留与闸门连通的沟渠，拆除堤坝，以此保障潮水自由进退，可恢复 9.335km² 碱蓬生境。保留河岸带芦苇湿地，拆除附近养殖塘内部的塘埂，连通河岸带芦苇湿地，可恢复芦苇生境 3.442km²。

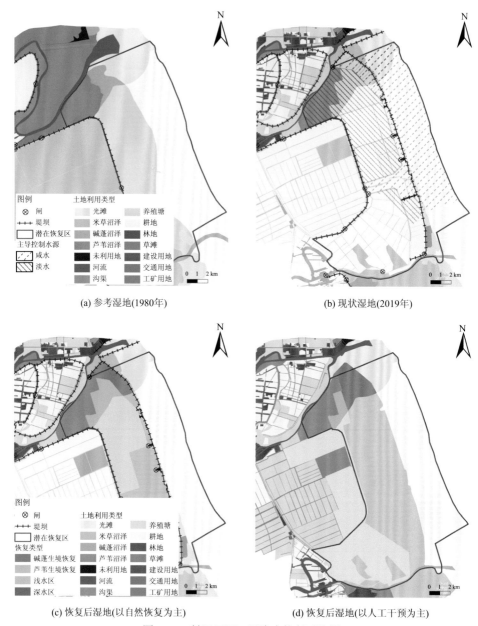

(a) 参考湿地(1980年)　　　　　　　　(b) 现状湿地(2019年)

(c) 恢复后湿地(以自然恢复为主)　　　(d) 恢复后湿地(以人工干预为主)

图 7-20　射阳河河口区生态恢复对比图

2) 新洋港河口区

该河口区包括了部分北缓一般恢复区和核心区重点恢复区。参考湿地时期恢复区内土地利用以碱蓬沼泽、芦苇沼泽和草滩为主,从土地利用现状来看,主要以淡水养殖塘、耕地和芦苇沼泽为主(图 7-21)。新洋港河流以北新海堤内均是淡水控制下的耕地和养殖塘，以南则主要是核心区芦苇湿地。以自然恢复为主的方案下，新洋港河流以北的淡水控制区，保留原有的芦苇湿地，耕地和养殖塘在退耕退渔之后，整平改造微地形，恢复为不同水位条件下的芦苇生境，可恢复芦苇生境 45.318km^2。咸水控制区咸水养殖塘有小范围因河口区与潮间带区的分界而割裂，因此将它与潮间带区合并考虑。以南则维持现状或定期疏通潮沟。

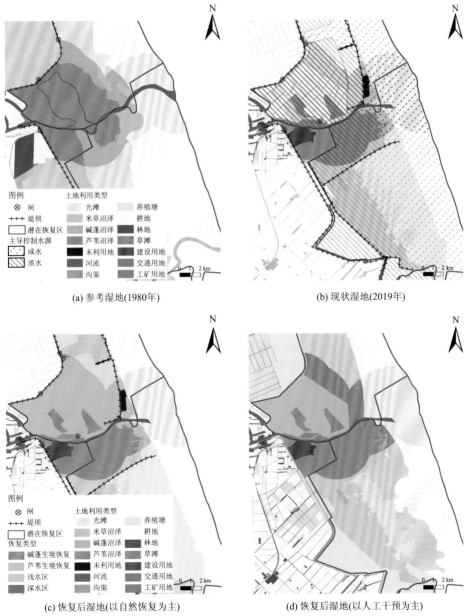

图 7-21　新洋港河口区生态恢复对比图

影响与海洋水文连通的因素主要是挡潮闸、堤坝和互花米草。以人工干预为主的方案下，新洋港河流以北前缘养殖塘，一方面清除互花米草，拆除堤坝和堤坝一侧挡潮闸，以保证潮汐水能周期性进出；另一方面引种碱蓬，恢复为碱蓬生境。保留现有芦苇湿地，整平改造，修建泵闸等引水工程形成上游进水、下游排水的状态，连通现有芦苇湿地恢复为芦苇生境。以南人工干预恢复主要针对的是互花米草沼泽，采取的技术主要是人工清除互花米草和疏通潮沟，增加潮水的可达性，以恢复碱蓬生境。最终，可恢复碱蓬生境 17.378km²，可恢复芦苇生境 31.066km²。

3) 斗龙港河口区

该河口区包括了部分南缓一般恢复区和核心区重点恢复区。参考湿地时期恢复区内的土地利用主要是芦苇沼泽和草滩，现状土地利用主要是米草沼泽和淡水养殖塘(图 7-22)。以自然恢复为主的方案下，堤外自然湿地维持现状或定期疏通潮沟，堤内淡水控制区推平塘埂，以北连通核心区现有芦苇湿地，可恢复河岸带芦苇生境 15.894km²。

以人工干预为主的方案下，影响碱蓬生境恢复的水文因素主要是互花米草，因此采取的技术措施主要是人工清除互花米草和疏通潮沟，可逐步恢复碱蓬生境 12.197km²。将南北两侧养殖塘出入水口改建为功能性水位控制阀门，并平整土地，以满足不同水位条件下芦苇植被的生长需求，可恢复芦苇生境 18.354km²。

4) 川东港河口区

川东港河口区包括了部分大丰重点恢复区。参考湿地时期恢复区内土地利用以碱蓬沼泽为主，而土地利用现状则是以互花米草和芦苇沼泽为主(图 7-23)。以自然恢复为主的方案下，该河口区维持现状或定期疏通潮沟。以人工干预为主的方案下，以碱蓬生境恢复为主，关键技术是清除互花米草，并且适当人工开挖湿地内部潮沟。保留原有芦苇湿地，在河流干流新挡潮闸附近适当抬高地形，修建地下涵洞或引水渠，营造适宜芦苇生境恢复的水位条件。最终，可恢复碱蓬生境 7.686km²，可恢复芦苇生境 2.649km²。

5) 梁垛河河口区

该河口区包括了部分梁垛河重点恢复区。参考湿地时期恢复区内土地利用以碱蓬沼泽和草滩为主，2019 年土地利用以淡水养殖塘和耕地为主(图 7-24)。以自然恢复为主的方案下，保留碱蓬沼泽和未利用地，推平淡水控制区的田埂、塘埂，保留与河流水文连通的沟渠，可恢复芦苇生境 26.634km²。其中，与潮间带相通的养殖塘片区通过微地形改造，地形削平和挖深，增加蓄水量，形成 1.278km² 的深水区。

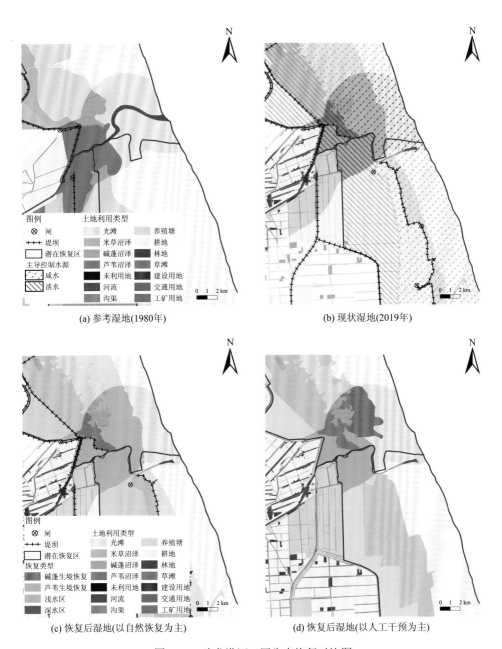

(a) 参考湿地(1980年)

(b) 现状湿地(2019年)

(c) 恢复后湿地(以自然恢复为主)

(d) 恢复后湿地(以人工干预为主)

图 7-22　斗龙港河口区生态恢复对比图

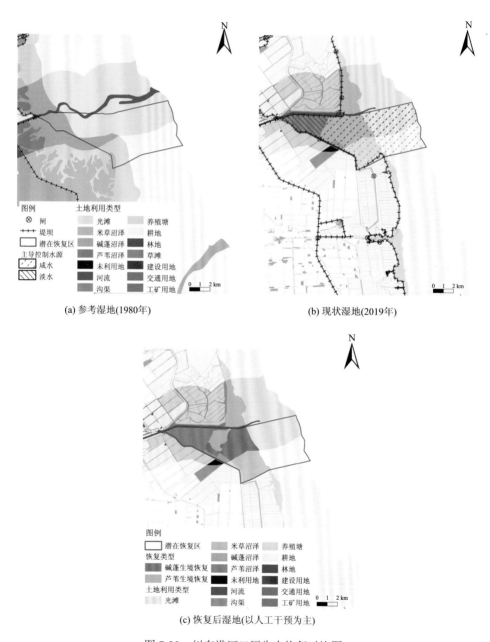

(a) 参考湿地(1980年)　　　　　　　　(b) 现状湿地(2019年)

(c) 恢复后湿地(以人工干预为主)

图 7-23　川东港河口区生态恢复对比图

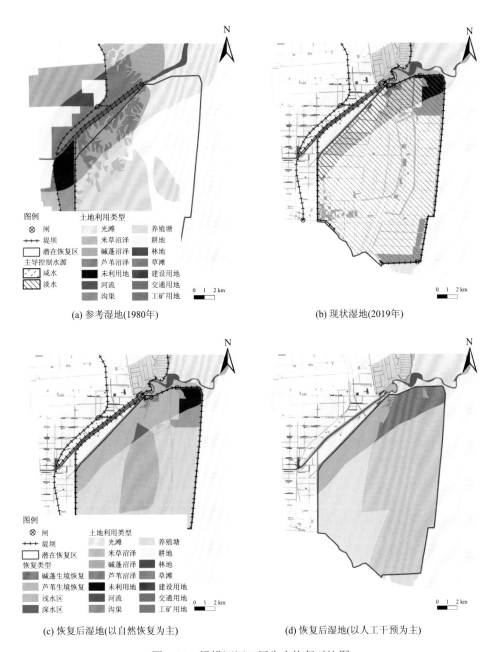

(a) 参考湿地(1980年)

(b) 现状湿地(2019年)

(c) 恢复后湿地(以自然恢复为主)

(d) 恢复后湿地(以人工干预为主)

图 7-24　梁垛河河口区生态恢复对比图

该河口区属于Ⅱ类河口区，参考湿地时期，其湿地格局与潮间带格局类似。以人工干预为主的方案下，将梁垛河干流挡潮闸向海一侧人工清除互花米草，连通潮沟，打开养殖塘附近挡潮闸或参考CRT(controlled reduced tide)技术改造挡潮闸实现潮汐的周期规律，可恢复碱蓬生境 14.753km^2；而向陆一侧保留与河流水文连通的沟渠，修建泵闸等引水工程，同时引种芦苇，可恢复芦苇生境 17.235km^2。

2. 潮间带区恢复技术体系

1)射阳河—新洋港潮间带区

该潮间带区包括了部分北缓一般恢复区。1980 年恢复区内土地利用以碱蓬沼泽为主，2019 年土地利用以淡、咸水养殖塘和耕地为主(图 7-25)。以自然恢复为主的方案下，咸水控制区仍然保留与暗涵连通的大型沟渠，推平塘坝，可恢复碱蓬生境 18.920km^2；淡水控制区保留河岸带芦苇湿地，淡水养殖塘推平内部塘坝，连通河岸带芦苇湿地，可恢复芦苇生境 34.182km^2。

以人工干预为主的方案下，在"引淡河"以东至新围垦堤坝恢复为碱蓬生境，依据潮间带的"光滩-碱蓬-芦苇"的恢复模式，以西将芦苇生境恢复区扩大至射阳盐场养殖塘。影响碱蓬生境恢复的水文连通因素主要是与潮沟连通沟渠上的挡潮闸、围垦堤坝和堤外互花米草。一方面，人工清除互花米草，拆除挡潮闸使潮沟和沟渠自然连通；另一方面，梯级式拆除堤坝，即由海向陆逐步拆除，微地形改造，形成自然缓坡，使潮汐水能自由涨退。射阳盐场的 1 号水库也是芦苇恢复示范区，在保留现有芦苇湿地的同时，扩大至周边养殖塘，推平塘坝，利用原有沟渠网络引淡补湿。最终，可恢复碱蓬生境 50.258km^2 和芦苇生境 30.177km^2。

2)新洋港—斗龙港潮间带区

该潮间带区包括了核心区重点恢复区。参考湿地时期恢复区内土地利用以碱蓬沼泽和草滩为主，2019 年以米草沼泽、芦苇沼泽和淡水养殖塘为主(图 7-26)。以自然恢复为主的方案下，堤外原有湿地维持现状或疏通潮沟，堤内淡水控制区推平塘坝，连通现有芦苇湿地。以人工干预为主的方案下，堤外人工清除互花米草，定期疏通潮沟，可恢复碱蓬生境；堤内养殖塘推平塘坝，连通现有芦苇湿地。最终，可恢复碱蓬生境 12.357km^2，芦苇生境 14.170km^2。

3)斗龙港—王港潮间带区

该潮间带区包括了大部分南缓一般恢复区。1980 年土地利用恢复区内以碱蓬沼泽为主，而 2019 年以淡、咸水养殖塘为主(图 7-27)。以自然恢复为主的方案下，堤内咸水控制区保留与暗涵连通的沟渠，引种碱蓬，可恢复碱蓬生境。在淡水控制区进行微地形改造，降低局部地形海拔，设置不同水位的开阔水面(浅水区和深水区)，恢复水面周边芦苇生境。

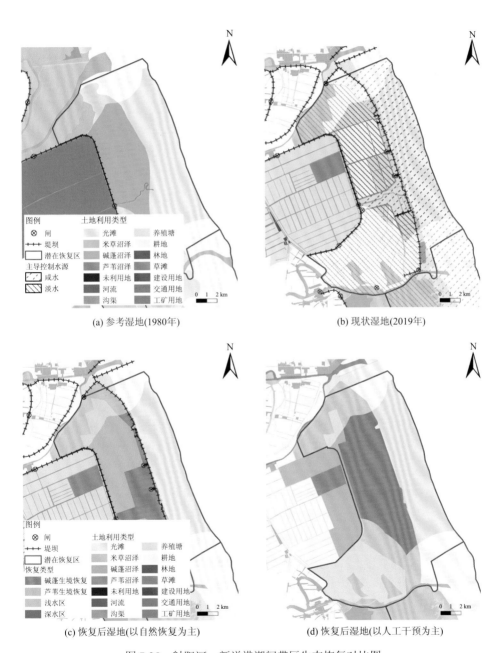

图 7-25　射阳河—新洋港潮间带区生态恢复对比图

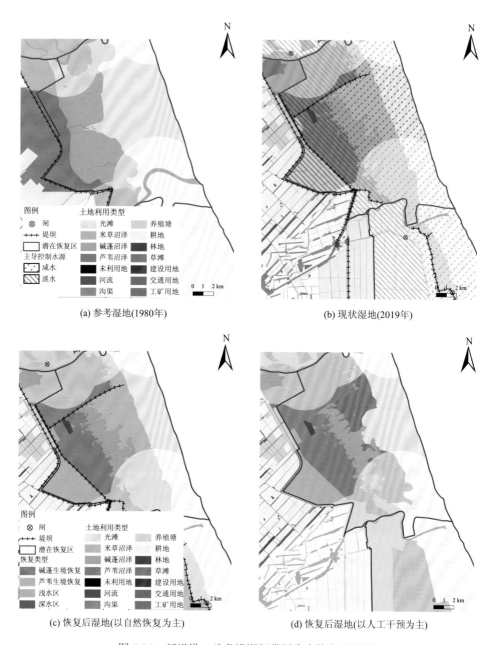

(a) 参考湿地(1980年)

(b) 现状湿地(2019年)

(c) 恢复后湿地(以自然恢复为主)

(d) 恢复后湿地(以人工干预为主)

图 7-26　新洋港—斗龙港潮间带区生态恢复对比图

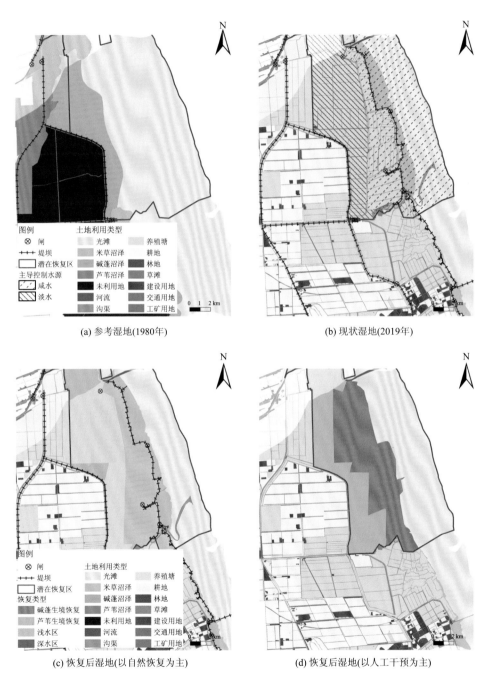

(a) 参考湿地(1980年)

(b) 现状湿地(2019年)

(c) 恢复后湿地(以自然恢复为主)

(d) 恢复后湿地(以人工干预为主)

图 7-27　斗龙港—王港潮间带区生态恢复对比图

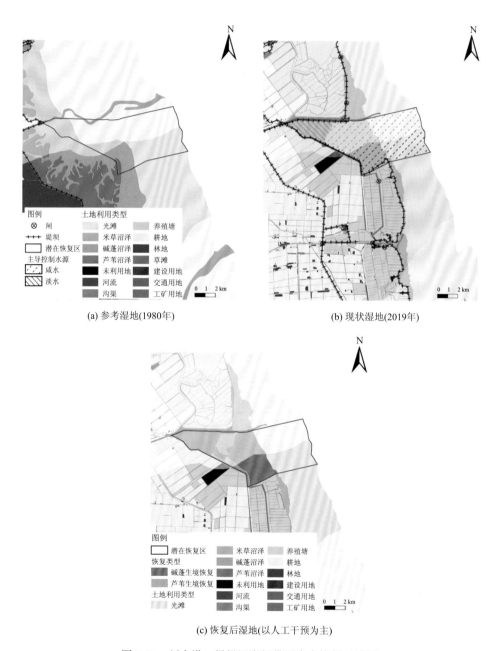

(a) 参考湿地(1980年)

(b) 现状湿地(2019年)

(c) 恢复后湿地(以人工干预为主)

图 7-28　川东港—梁垛河潮间带区生态恢复对比图

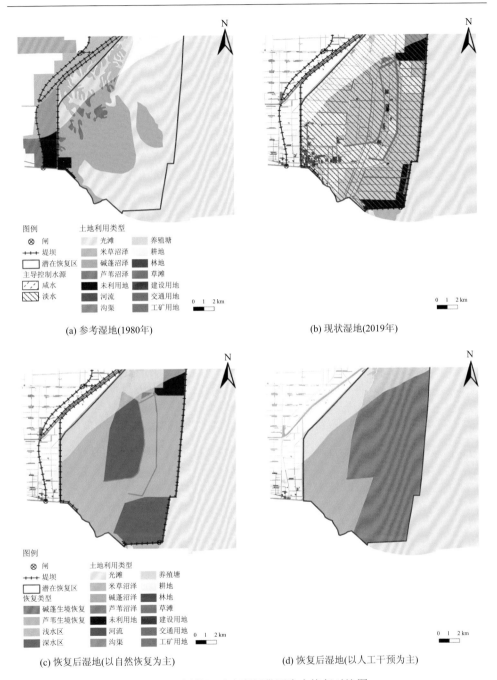

(a) 参考湿地(1980年)

(b) 现状湿地(2019年)

(c) 恢复后湿地(以自然恢复为主)

(d) 恢复后湿地(以人工干预为主)

图 7-29　梁垛河以南潮间带区生态恢复对比图

堤外互花米草扩张迅速，且成带连片分布，平均宽度达 1km，有效地阻拦海洋潮汐水进入湿地。因此，以人工干预为主的方案下，一方面，人工清除互花米草,对于南北宽度较宽处采取"刈割+水位调控"的综合方法治理,与此同时,拆除挡潮闸,打开围垦堤坝,形成缺口或引种碱蓬;另一方面,推平塘坝,利用原有大型引水沟渠重新调节内部水流分配,引种芦苇来恢复芦苇生境。

4)川东港—梁垛河潮间带区

该潮间带区包括了部分大丰重点恢复区。参考湿地时期恢复区内土地利用以碱蓬沼泽为主,而土地利用现状则是以互花米草为主(图 7-28)。以自然恢复为主的方案下,该河口区维持现状或疏通潮沟。以人工干预为主的方案下,清除互花米草,并且适当人工开挖湿地内部潮沟,拆除养殖塘周围的围垦堤坝,重点恢复碱蓬生境。

5)梁垛河以南潮间带区

该潮间带区包括了大部分梁垛河重点恢复区。参考湿地时期恢复区内土地利用以碱蓬沼泽为主,从现状土地利用情况来看,以淡水养殖塘和耕地为主(图 7-29)。以自然恢复为主的方案下,淡水控制区结合土地利用现状情况,保留大型沟渠及沟渠附近的芦苇湿地,并对养殖塘分区进行微地形改造,降低局部地形海拔,设置不同水位的开阔水面(浅水区 $13.063km^2$ 和深水区 $41.383km^2$),形成开阔水面和芦苇的恢复格局。

碱蓬生境恢复的水文影响因素主要是围垦堤坝。该潮间带区潮汐水道复杂,冲淤多变,使滩涂发育不稳定。以人工干预为主的方案下,碱蓬生境恢复采取的技术措施主要是打开堤坝,形成间断的缺口,连通潮汐水道,并引种碱蓬。修建泵闸进行水位控制,同时推平田埂、塘埂和土地平整,引种芦苇,将梁垛河以南附近恢复为芦苇生境。最终可恢复碱蓬生境 $89.286km^2$,芦苇生境 $41.485km^2$。

综上,河口区和潮间带区从互花米草治理,拆除挡潮闸,推平塘坝和调整内部微地形等技术措施出发,针对每个一级水文地貌区提出了湿地恢复技术方法(表 7-8 和表 7-9)。

表 7-8 盐城滨海湿地生态恢复技术体系(以自然恢复为主)

一级水文地貌区	主导水源控制	2019 年湿地土地利用类型	生境恢复类型	恢复技术
射阳河河口区	咸水	堤内养殖塘	碱蓬	保留与暗涵连通的沟渠
	淡水	河岸带芦苇沼泽	—	保留河岸带芦苇沼泽
		堤内养殖塘	芦苇	推平内部塘埂,连通现有的芦苇湿地
新洋港河口区	咸水	堤内养殖塘	碱蓬	同新洋港—斗龙港潮间带区
		核心区米草沼泽、碱蓬沼泽	—	维持现状或定期疏通潮沟
	淡水	堤内芦苇沼泽、核心区芦苇沼泽	—	维持现状
		堤内耕地、养殖塘	芦苇	整平改造微地形,恢复为不同水位条件下的芦苇生境

续表

一级水文地貌区	主导水源控制	2019 年湿地土地利用类型	生境恢复类型	恢复技术
斗龙港河口区	咸水	核心区米草沼泽、碱蓬沼泽	—	维持现状或定期疏通潮沟
	淡水	核心区芦苇沼泽	—	维持现状
		堤内养殖塘	芦苇	推平塘埂，以北连通核心区芦苇湿地
川东港河口区	咸水	米草沼泽、碱蓬沼泽	—	维持现状或疏通潮沟
	淡水	芦苇沼泽	—	维持现状
梁垛河河口区	咸水	堤内碱蓬沼泽、未利用地	—	维持现状
	淡水	堤内耕地、养殖塘	芦苇	保留与河流连通的沟渠，推平田埂、塘埂
		堤内养殖塘	深水区	微地形改造，地形削平和挖深
射阳河—新洋港潮间带区	咸水	堤内养殖塘	碱蓬	保留与暗涵连通的大型沟渠，推平塘埂
	淡水	河岸带芦苇沼泽	—	维持现状
		堤内耕地、养殖塘	芦苇	推平内部塘埂，连通河岸带芦苇湿地
新洋港—斗龙港潮间带区	咸水	核心区米草沼泽、碱蓬沼泽	—	维持现状或疏通潮沟
		核心区芦苇沼泽	—	维持现状
	淡水	堤内养殖塘	芦苇	推平塘埂，连通现有芦苇湿地
斗龙港—王港潮间带区	咸水	堤内养殖塘	碱蓬	保留与海洋连通的沟渠，引种碱蓬
			芦苇	推平田埂、塘埂，引种芦苇
	淡水	堤内养殖塘	浅水区	微地形改造，地形削平
			深水区	
川东港—梁垛河潮间带区	咸水	米草沼泽、碱蓬沼泽	—	维持现状或疏通潮沟
	淡水	芦苇沼泽	—	维持现状
梁垛河以南潮间带区	淡水	堤内芦苇沼泽、未利用地	—	维持现状
		堤内耕地、养殖塘、未利用地	芦苇	保留大型沟渠，推平田埂塘埂
			浅水区	分区微地形改造，降低局部地形海拔，设置不
			深水区	同水位的开阔水面

表 7-9　盐城滨海湿地生态恢复技术体系（以人工干预为主）

一级水文地貌区	2019 年湿地土地利用类型	生境恢复类型	恢复技术
射阳河河口区	堤外米草沼泽、堤内养殖塘	碱蓬	治理互花米草，开放或拆除挡潮闸，保留与闸门连通的沟渠，拆除堤坝
	河岸带芦苇沼泽	—	维持现状
	堤内养殖塘	芦苇	拆除附近养殖塘内部塘埂，连通河岸带芦苇湿地

续表

一级水文地貌区	2019年湿地土地利用类型	生境恢复类型	恢复技术
新洋港河口区	米草沼泽、耕地、养殖塘	碱蓬	新洋港以北清除互花米草，拆除堤坝和堤坝一侧挡潮闸，引种碱蓬；新洋港以南清除互花米草，疏通潮沟
	耕地、养殖塘	芦苇	修建泵闸等引水工程
斗龙港河口区	米草沼泽、养殖塘	碱蓬	人工清除互花米草和疏通潮沟
	养殖塘	芦苇	推平塘埂，控制水位和芦苇引种
川东港河口区	米草沼泽	碱蓬	治理互花米草，在湿地内部开挖潮沟
	米草沼泽	芦苇	适当抬高地形，修建地下涵洞或引水渠，营造适宜的水位条件
梁垛河河口区	养殖塘、耕地、未利用地	碱蓬	人工清除互花米草，连通潮沟，打开养殖塘附近挡潮闸或参考CRT技术改造挡潮闸
	养殖塘、耕地	芦苇	保留与河流水文连通的沟渠，修建泵闸等引水工程，引种芦苇
射阳河—新洋港潮间带区	米草沼泽、耕地、养殖塘	碱蓬	人工清除互花米草，拆除挡潮闸，梯级式拆除围垦堤坝，微地形改造
	养殖塘	芦苇	推平塘埂和利用原有沟渠网络引淡补湿
新洋港—斗龙港潮间带区	米草沼泽	碱蓬	人工清除互花米草，疏通潮沟
	养殖塘	芦苇	推平塘埂，连通现有芦苇湿地
斗龙港—王港潮间带区	米草沼泽、养殖塘	碱蓬	人工清除或"刈割+水位调控"治理互花米草，拆除围垦堤坝，引种碱蓬
		芦苇	推平塘埂，利用原有大型引水沟渠重新调节内部水流分配，引种芦苇
川东港—梁垛河潮间带区	米草沼泽、养殖塘	碱蓬	清除互花米草，开挖潮沟，拆除堤坝
梁垛河以南潮间带区	养殖塘、耕地、未利用地	碱蓬	打开堤坝缺口，连通潮汐水道，引种碱蓬
	耕地、养殖塘	芦苇	修建泵闸控制水位，同时推平田埂、塘埂和土地平整，引种芦苇

两种恢复方案主要是对研究区自然湿地的恢复（图7-30和表7-10），人工湿地仅在以自然恢复为主的方案下恢复了76.122km²的开阔水面。1980～2019年研究区自然湿地丧失了 1000.122km²，其中河口区和潮间带区分别丧失了 345.625km²和 654.497km²。以自然恢复为主的方案下，研究区恢复自然湿地 305.744km²，其中河口区恢复芦苇沼泽 93.866km²，碱蓬沼泽 5.516km²；潮间带区恢复芦苇沼泽 147.119km²，碱蓬沼泽 59.243km²。以人工干预为主的方案下，研究区自然湿地恢复了 517.399km²，其中，河口区恢复芦苇沼泽 71.837km²，碱蓬沼泽 61.349km²，光滩 14.220km²；潮间带区恢复芦苇沼泽 119.795km²，碱蓬沼

泽 211.812km^2，光滩 29.988km^2。以人工干预为主的方案下，通常先清除阻挡潮水的互花米草，因而一部分会恢复为光滩。

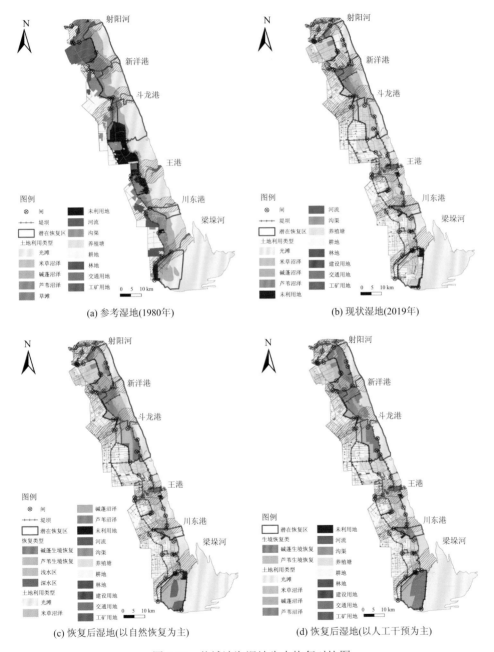

(a) 参考湿地(1980年)　　　　　　　(b) 现状湿地(2019年)

(c) 恢复后湿地(以自然恢复为主)　　　　(d) 恢复后湿地(以人工干预为主)

图 7-30　盐城滨海湿地生态恢复对比图

表 7-10 研究区自然湿地恢复面积对比

河口区	类型	1980~2019年变化面积/km²	恢复面积/km² 以自然恢复为主	恢复面积/km² 以人工干预为主	潮间带区	类型	1980~2019年变化面积/km²	恢复面积/km² 以自然恢复为主	恢复面积/km² 以人工干预为主
射阳河河口区	光滩	−7.334	0.000	3.795	射阳河—新洋港潮间带区	光滩	−11.280	0.000	2.324
	米草沼泽	3.795	0.000	0.000		米草沼泽	0.389	0.000	0.000
	碱蓬沼泽	−6.263	5.275	9.335		碱蓬沼泽	−40.979	18.920	50.258
	芦苇沼泽	−28.972	7.019	3.442		芦苇沼泽	5.746	34.182	30.177
	草滩	−20.133	0.000	0.000		草滩	−4.156	0.000	0.000
	河流	−5.141	0.000	0.000		河流	0.034	0.000	0.000
新洋港河口区	光滩	−1.174	0.000	4.439	新洋港—斗龙港潮间带区	光滩	−28.059	0.000	8.389
	米草沼泽	−3.056	0.000	0.000		米草沼泽	20.747	0.000	0.000
	碱蓬沼泽	−19.813	0.241	17.378		碱蓬沼泽	−21.697	0.000	12.357
	芦苇沼泽	−6.356	45.319	31.066		芦苇沼泽	−3.713	14.170	14.170
	草滩	−18.195	0.000	0.000		草滩	−18.207	0.000	8.389
	河流	−4.081	0.000	0.000		河流	—	—	—
斗龙港河口区	光滩	−22.886	0.000	5.869	斗龙港—王港潮间带区	光滩	−127.548	0.000	16.677
	米草沼泽	20.526	0.000	0.000		米草沼泽	15.691	0.000	0.000
	碱蓬沼泽	−4.688	0.000	12.197		碱蓬沼泽	−52.724	40.323	53.430
	芦苇沼泽	−19.045	15.894	18.354		芦苇沼泽	−29.871	30.530	37.835
	草滩	−12.756	0.000	0.000		草滩	−22.652	0.000	0.000
	河流	−2.080	0.000	0.000		河流	0.446	0.000	0.000
王港河口区	光滩	−53.250	—	—	王港—川东港潮间带区	光滩	−42.529	—	—
	米草沼泽	−0.828	—	—		米草沼泽	−1.545	—	—
	碱蓬沼泽	−8.799	—	—		碱蓬沼泽	−9.622	—	—
	芦苇沼泽	0.638	—	—		芦苇沼泽	0.811	—	—
	草滩	−6.856	—	—		草滩	−46.426	—	—
	河流	−6.609	—	—		河流	—	—	—
川东港河口区	光滩	−33.464	0.000	0.000	川东港—梁垛河潮间带区	光滩	−16.101	0.000	0.075
	米草沼泽	16.237	0.000	0.000		米草沼泽	11.813	0.000	0.000
	碱蓬沼泽	−21.659	0.000	7.686		碱蓬沼泽	−54.900	0.000	6.482
	芦苇沼泽	8.029	0.000	2.649		芦苇沼泽	1.055	0.000	0.000
	草滩	−9.900	0.000	0.000		草滩	−50.843	0.000	0.000
	河流	−2.989	0.000	0.000		河流	—	—	—
梁垛河河口区	光滩	−14.177	0.000	0.117	梁垛河以南潮间带区	光滩	−78.461	0.000	2.523
	米草沼泽	5.582	0.000	0.000		米草沼泽	2.523	0.000	0.000
	碱蓬沼泽	−23.022	0.000	14.753		碱蓬沼泽	−49.076	0.000	89.285
	芦苇沼泽	1.462	25.634	16.326		芦苇沼泽	3.872	68.237	37.613
	草滩	−34.341	0.000	0.000		草滩	−7.784	0.000	0.000
	河流	−4.027	0.000	0.000		河流	0.549	0.000	0.000

参 考 文 献

白军红, 欧阳华, 杨志锋, 等. 2005. 湿地景观格局变化研究进展. 地理科学进展, 24(4): 36-45.

曹铭昌, 孙孝平, 乐志芳, 等. 2016. 基于 MAXENT 模型的丹顶鹤越冬生境变化分析: 以盐城保护区为例. 生态与农村环境学报, 32(6): 964-970.

陈宏友. 1990. 苏北潮间带米草资源及其利用. 自然资源, 18(6): 56-59.

陈化鹏, 马建章, 高晓芳. 1992. 有蹄类动物对食物的选择性及其确定. 野生动物, (5): 30-32.

陈尚, 张朝晖, 马艳, 等. 2006. 我国海洋生态系统服务功能及其价值评估研究计划. 地球科学进展, 21(11): 1127-1133.

陈爽, 马安青, 李正炎, 等. 2011. 基于 RS/GIS 的大辽河口湿地景观格局时空变化研究. 中国环境监测, 27(3): 4-8.

陈中义, 付萃长, 王海毅, 等. 2005. 互花米草入侵东滩盐沼对大型底栖无脊椎动物群的影响. 湿地科学, 3(1): 1-7.

成遣, 王铁良. 2010. 辽河三角洲湿地景观动态变化及其驱动力研究. 人民黄河, 32(2): 8-9.

程敏, 张丽云, 崔丽娟, 等. 2016. 滨海湿地生态系统服务及其价值评估研究进展. 生态学报, 36(23): 7509-7518.

崔保山, 杨志峰. 2001. 湿地生态系统模型研究进展. 地球科学进展, 16(3): 352-358.

崔保山, 赵欣胜, 杨志峰, 等. 2006. 黄河三角洲芦苇种群特征对水深环境梯度的响应. 生态学报, 26(5): 1533-1541.

崔丽娟, 李伟, 张曼胤, 等. 2010. 福建洛阳江口红树林湿地景观演变及驱动力分析. 北京林业大学学报, 32(2): 106-112.

翟可, 刘茂松, 徐驰, 等. 2009. 盐城滨海湿地的土地利用/覆盖变化. 生态学杂志, 28(6): 1081-1086.

丁东, 李日辉. 2003. 中国沿海湿地研究. 海洋地质与第四纪地质, 23(1): 109-112.

丁晶晶, 王磊, 季永华, 等. 2009a. 江苏省盐城海岸带湿地景观格局变化研究. 湿地科学, 7(3): 202-206.

丁晶晶, 王磊, 邢伟, 等. 2009b. 基于 RS 和 GIS 的盐城海岸带湿地景观格局变化及其驱动力研究. 江苏林业科技, 36(6): 18-21.

丁亮, 张华, 孙才志. 2008. 辽宁省滨海湿地景观格局变化研究. 湿地科学, 6(1): 7-12.

丁文慧, 姜俊彦, 李秀珍, 等. 2015. 崇明东滩南部盐沼植被空间分布及影响因素分析. 植物生态学报, 39(7): 704-716.

杜国云, 王庆, 王秋贤, 等. 2007. 莱州湾东岸海岸带陆海相互作用研究进展. 海洋科学, 31(3): 66-71.

方仁建. 2015. 滩涂围垦对海滨湿地景观格局变化的影响研究. 南京: 南京师范大学.

方正飞, 陈建伟, 黄冉, 等. 2018. 滨海盐沼湿地, 连接海陆的生态屏障. 中国周刊, (1): 30-46.

冯志轩, 罗贤, 高抒. 2007. 江苏盐城自然保护区核心区环境动态的遥感分析. 海洋通报, (6): 68-74.

付春雷, 宋国利, 鄂勇. 2009. 马尔科夫模型下的乐清湾湿地景观变化分析. 东北林业大学学报, 37(9): 117-119.

傅勇. 2004. 崇明东滩冬季水鸟生境选择与保护策略研究. 上海: 华东师范大学.

高建华, 杨桂山, 欧维新. 2005. 苏北潮滩湿地不同生态带有机质来源辨析与定量估算. 环境科学, 26(6): 51-56.

高建华, 杨桂山, 欧维新. 2006. 苏北潮滩湿地植被对沉积物N、P含量的影响. 地理科学, 26(2): 224-230.

高世珍, 赵兴茹, 崔世茂, 等. 2010. 典型持久性有机污染物在翅碱蓬中的分布特征. 环境科学, 31(10): 2456-2461.

高彦华, 汪宏清, 刘琪璟. 2003. 生态恢复评价研究进展. 江西科学, (3): 168-174.

高义, 苏奋振, 孙晓宇, 等. 2010. 珠江口滨海湿地景观格局变化分析. 热带地理, 30(3): 215-220, 226.

葛芳, 田波, 周云轩, 等. 2018. 海岸带典型盐沼植被消浪功能观测研究. 长江流域资源与环境, 27(8): 1784-1792.

谷东起, 付军, 闫文文, 等. 2012. 盐城滨海湿地退化评估及分区诊断. 湿地科学, 10(1): 1-7.

顾朝林, 张晓明, 刘晋媛, 等. 2007. 盐城开发空间区划及其思考. 地理学报, (8): 787-798.

郭笃发. 2006. 利用马尔科夫过程预测黄河三角洲新生湿地土地利用/覆被格局的变化. 土壤, (1): 42-47.

郭云文, 陈莉丽, 卢百灵, 等. 2007. 我国对互花米草的研究进展. 草业与畜牧, (9): 1-5, 12.

郭紫茹. 2020. 人类活动对盐城海岸线与滨海湿地类型影响研究. 南京: 南京师范大学.

国家林业局, 国土资源局, 国家环保总局, 等. 2000. 中国湿地保护行动计划. 北京: 中国林业出版社.

何桐, 谢健, 徐映雪, 等. 2009. 鸭绿江口滨海湿地景观格局动态演变分析. 中山大学学报(自然科学版), 48(2): 113-118.

何霄嘉, 张九天, 仉天宇, 等. 2012. 海平面上升对我国沿海地区的影响及其适应对策. 海洋预报, 29(6): 84-91.

何彦龙. 2014. 中低潮滩盐沼植被分异的形成机制研究. 上海: 华东师范大学.

何彦龙, 李秀珍, 马志刚, 等. 2010. 崇明东滩盐沼植被成带性对土壤因子的响应. 生态学报, 30(18): 4919-4927.

贺秋华, 钱谊, 王国祥, 等. 2009. 江苏盐城国家级珍禽自然保护区调整及其驱动力分析. 生态与农村环境学报, 25(1): 18-22.

侯利萍, 何萍, 钱金平, 等. 2012. 河岸缓冲带宽度确定方法研究综述. 湿地科学, 10(4): 500-506.

侯明行, 刘红玉, 张华兵. 2014. 盐城淤泥质潮滩湿地潮沟发育及其对米草扩张的影响. 生态学报, 34(2): 400-409.

侯明行, 刘红玉, 张华兵, 等. 2013. 地形因子对盐城滨海湿地景观分布与演变的影响. 生态学报, (12): 208-216.

侯森林, 余晓韵, 鲁长虎. 2012. 射阳河口互花米草入侵对大型底栖动物群落的影响. 海洋湖沼通报, (1): 138-146.

侯森林, 余晓韵, 鲁长虎. 2013. 盐城自然保护区射阳河口滩涂迁徙期鸻鹬类的时空分布格局. 生态学杂志, 32(1): 149-155.

胡巍巍, 王根绪, 邓伟. 2008. 景观格局与生态过程相互关系研究进展. 地理科学进展, 27(1): 18-24.

季子修. 1996. 中国海岸侵蚀特点及侵蚀加剧原因分析. 自然灾害学报, (2): 69-79.

贾宁, 芮建勋, 尹占娥, 等. 2005. 长江口湿地景观镶嵌结构演变的数量特征与分形分析. 资源调查与环境, (1): 71-78.

江红星, 楚国忠, 侯韵秋. 2002. 江苏盐城黑嘴鸥的繁殖栖息地选择. 生态学报, 22(7): 999-1004.

江红星, 楚国忠, 侯韵秋, 等. 2008. 黑嘴鸥巢址的时空变化. 动物学报, (2): 191-200.

蒋炳兴. 1991. 江苏盐城地区海岸的冲淤动态. 地理科学, 11(4): 380-388.

李飞, 曹可, 赵建华, 等. 2018. 典型海岸线指标识别与特征研究——以江苏中部海岸为例. 地理科学, 38(6): 963-971.

李恒鹏, 杨桂山. 2001. 长江三角洲与苏北海岸动态类型划分及侵蚀危险度研究. 自然灾害学报, 10(4): 20-25.

李华, 杨世伦. 2007. 潮间带盐沼植物对海岸沉积动力过程影响的研究进展. 地球科学进展, 22(6): 583-592.

李加林, 张忍顺, 王艳红, 等. 2003. 江苏淤泥质海岸湿地景观格局与景观生态建设. 地理与地理信息科学, 19(5): 86-90.

李加林, 赵寒冰, 曹云刚, 等. 2006. 辽河三角洲湿地景观空间格局变化分析. 城市环境与城市生态, 19(2): 5-7.

李建国, 濮励杰, 徐彩瑶. 2015. 1977—2014年江苏中部滨海湿地演化与围垦空间演变趋势. 地理学报, 70(1): 17-28.

李苗苗. 2003. 植被覆盖度的遥感估算方法研究. 北京: 中国科学院遥感应用研究所.

李胜男, 王根绪, 邓伟, 等. 2009. 水沙变化对黄河三角洲湿地景观格局演变的影响. 水科学进展, 20(3): 325-331.

李晓文, 肖笃宁, 胡远满. 2002. 辽东湾滨海湿地景观规划预案分析与评价. 生态学报, 22(2): 224-232.

李杏, 项学敏, 周集体, 等. 2007. 盐生植物碱蓬在土壤修复及废水处理中的研究现状. 江苏环境科技, (1): 53-54, 77.

李秀珍, 肖笃宁, 胡远满, 等. 2001. 辽河三角洲湿地景观格局对养分去除功能影响的模拟. 地理学报, 56(1): 32-43.

李杨帆, 朱晓东, 邹欣庆, 等. 2005. 江苏盐城海岸湿地景观生态系统研究. 海洋通报, (4): 46-51.

李峥. 2010. 湿地景观类型时空演变分析系统研究——以漳江河口湿地为例. 林业勘察设计,
　　(2): 96-99.

刘春悦, 张树清, 江红星, 等. 2009. 江苏盐城滨海湿地景观格局时空动态研究. 国土资源遥感,
　　(3): 78-83.

刘大伟, 张亚兰, 孙勇, 等. 2016. 江苏盐城滨海湿地越冬丹顶鹤种群动态变化与生境选择. 生
　　态与农村环境学报, 32(3): 473-477.

刘海, 王旭, 王永刚, 等. 2018. 河岸带功能及其宽度定量化的研究进展. 北京水务, (1): 33-37.

刘红玉. 2005. 湿地景观变化与环境效应. 北京: 科学出版社.

刘红玉, 李玉凤, 曹晓, 等. 2009. 我国湿地景观研究现状、存在的问题与发展方向. 地理学报,
　　64(11): 1394-1401.

刘华民, 王立新, 王炜, 等. 2007. 中国东北地区潜在自然植被模型模拟研究. 内蒙古大学学报:
　　自然科学版, 38(2): 154-159.

刘伶. 2018. 苏北土地利用变化对丹顶鹤越冬栖息地分布影响研究. 南京: 南京师范大学.

刘鹏, 王庆, 战超, 等. 2015. 基于 DSAS 和 FA 的 1959—2002 年黄河三角洲海岸线演变规律及
　　影响因素研究. 海洋与湖沼, 46(3): 585-594.

刘艳芬, 张杰, 马毅, 等. 2010. 1995—1999 年黄河三角洲东部自然保护区湿地景观格局变化.
　　应用生态学报, 21(11): 2904-2911.

刘永学, 陈君, 张忍顺, 等. 2001. 江苏海岸盐沼植被演替的遥感图像分析. 农村生态环境,
　　17(3): 39-41.

龙晓闽, 周忠发, 张会, 等. 2010. 基于 NDVI 像元二分模型植被覆盖度反演喀斯特石漠化研究
　　——以贵州毕节鸭池示范区为例. 安徽农业科学, (8): 330-332.

陆健健. 1996. 中国滨海湿地的分类. 环境导报, 1: 1-2.

陆健健, 何文珊, 童春富, 等. 2006. 湿地生态学. 北京: 高等教育出版社.

鹿守本. 1996. 我国海洋资源开发与管理. 海洋开发与管理, (1): 8-11.

吕彩霞. 2003. 中国海岸带湿地保护行动计划. 北京: 海洋出版社.

吕国红, 周莉, 贾庆宇, 等. 2010. 辽河三角洲主要植被类型土壤水盐含量研究. 气象与环境学
　　报, 26(6): 65-70.

吕士成, 孙明, 邓锦东, 等. 2007a. 盐城沿海滩涂湿地及其生物多样性保护. 生物多样性保护, 1:
　　11-14.

吕一河, 陈利顶, 傅伯杰. 2007. 景观格局与生态过程的耦合途径分析. 地理科学进展, 26(3):
　　1-10.

马志刚. 2011. 植被分异与环境因子的关系. 上海: 华东师范大学: 58.

马志刚, 李秀珍, 何彦龙, 等. 2010. 崇明东滩小尺度植被分异的环境因子分析. 长江流域资源
　　与环境, 19(22): 130-134.

马志军, 李文军, 王子健. 2000. 丹顶鹤的自然保护、行为生态、生境选择、保护区规划、可持续发
　　展. 北京: 清华大学出版社.

毛志刚, 王国祥, 刘金娥, 等. 2009. 盐城海滨湿地盐沼植被对土壤碳氮分布特征的影响. 应用
　　生态学报, 20(2): 293-297.

牛文元. 1989. 生态环境脆弱带(ECOTONE)的基础判断. 生态学报, (9): 2-8.

牛振国, 宫鹏, 程晓, 等. 2009. 中国湿地初步遥感制图及相关地理特征分析. 中国科学(D 辑: 地球科学), 39(2): 188-203.

欧维新, 甘玉婷婷. 2016. 耦合种群动态的生境格局变化分析粒度与景观因子选择——以盐城越冬丹顶鹤及其生境的变化为例. 生态学报, 36(10): 2996-3004.

欧维新, 高建华, 杨桂山. 2006. 芦苇湿地对氮磷污染物质的净化效应及其价值初步估算——以苏北盐城海岸带芦苇湿地为例. 海洋通报, (5): 90-96.

欧维新, 逄谦, 甘玉婷婷. 2014. 盐城滨海湿地资源利用变化及其对丹顶鹤越冬生境的影响. 中国人口资源与环境, 24(7): 30-36.

欧维新, 杨桂山, 李恒鹏, 等. 2004. 苏北盐城海岸带景观格局时空变化及驱动力分析. 地理科学, 24(5): 610-616.

钦佩. 2006. 滨海湿地生态系统的热点研究. 湿地科学, 2(1): 7-11.

钦佩, 左平, 何祯祥. 2004. 海滨系统生态学. 北京: 化学工业出版社.

邱虎, 吕惠进. 2010. 江苏盐城滨海湿地现状与保护对策研究. 湖南农业科学, (21): 58-61.

曲艺, 罗春雨, 张弘强, 等. 2018. 基于历史生物多样性与湿地景观结构的三江平原湿地恢复优先性研究. 生态学报, 38(16): 5709-5716.

任丽娟, 王国祥, 何聃, 等. 2011. 盐城潮滩湿地不同植被带土壤有机质空间分布特征. 海洋科学进展, 29(1): 54-62.

任美锷. 1986. 江苏省海岸带和海涂资源综合调查报告. 北京: 海洋出版社.

任武阳. 2019. 滨海湿地生境多样性及其对越冬水鸟栖息地利用影响研究. 南京: 南京师范大学.

阮得孟, 孙勇, 程嘉伟, 等. 2015. 盐城自然保护区新洋港河口不同生境冬季鸟类群落组成及其梯度变化. 生态学报, 35(16): 5437-5448.

沈汇超. 2017. 盐城湿地珍禽国家级自然保护区建设项目对越冬水鸟生境的累积生态影响评价. 南京: 南京师范大学.

沈永明, 刘咏梅, 陈全站. 2002. 江苏沿海互花米草(Spartina alterniflora Loise1)盐沼扩展过程的遥感分析. 植物资源与环境学报, 11(2): 33-38.

沈永明, 杨劲松, 曾华. 2008. 我国对外来物种互花米草的研究进展与展望. 海洋环境科学, (4): 391-396.

宋国元, 袁峻峰, 左本荣. 2001. 九段沙植被分布及其环境因子研究. 上海师范大学学报(自然科学版), (1): 69-73.

宋连清. 1997. 互花米草及其对海岸的防护作用. 东海海洋, (1): 12-20.

孙贤斌. 2009. 湿地景观演变及其对保护区景观结构与功能的影响——以江苏盐城海滨湿地为例. 南京: 南京师范大学.

索安宁, 于永海, 韩富伟. 2011. 辽河三角洲盘锦湿地景观格局变化的生态系统服务价值响应. 生态经济, (6): 147-151.

谭清梅. 2014. 盐城典型海滨湿地景观分类与遥感生物量估算方法研究. 南京: 南京师范大学.

田素娟, 陈为峰, 田素锋, 等. 2010. 基于 RS 和 GIS 的黄河口湿地景观变化研究. 草业科学,

27(4)：57-63.

童春富. 2004. 河口湿地生态系统结构、功能与服务——以长江口为例. 上海：华东师范大学.

汪承焕. 2009. 环境变异对崇明东滩优势盐沼植物生长、分布与种间竞争的影响. 上海：复旦大学.

王爱军, 高抒, 贾建军. 2006. 互花米草对江苏潮滩沉积和地貌演化的影响. 海洋学报, 28(1)：92-99.

王爱军, 高抒, 贾建军, 等. 2005. 江苏王港盐沼的现代沉积速率. 地理学报, 60(1)：61-70.

王聪. 2014. 海滨湿地互花米草沼泽景观演变机制研究. 南京：南京师范大学.

王聪, 刘红玉. 2014. 江苏淤泥质潮滩湿地互花米草扩张对湿地景观的影响. 资源科学, 36(11)：2413-2422.

王聪, 刘红玉, 侯明行, 等. 2013. 淤泥质潮滩湿地类型遥感识别分类方法与应用. 地球信息科学学报, 15(4)：590-596.

王飞, 李锐, 温仲明. 2002. 退耕工程生态环境效益发挥的影响因素调查研究——以安塞县退耕还林(草)试点为例. 水土保持通报, (6)：1-4.

王夫强, 柯长青. 2008. 盐城海岸带湿地景观格局变化研究. 海洋湖沼通报, (4)：7-12.

王国栋, Middleton B A, 吕宪国, 等. 2013. 农田开垦对三江平原湿地土壤种子库影响及湿地恢复潜力. 生态学报, 33(1)：205-213.

王建. 2012. 江苏省海岸滩涂及其利用潜力. 北京：海洋出版社.

王娟. 2020. 盐城淤泥质潮滩湿地互花米草入侵对丹顶鹤生境质量影响研究. 南京：南京师范大学.

王娟, 刘红玉, 李玉凤, 等. 2018. 入侵种互花米草空间扩张模式识别与景观变化模拟. 生态学报, 38(15)：5413-5422.

王磊, 邢玮, 季永华, 等. 2007. 江苏海岸湿地研究进展概述. 江苏林业科技, 34(3)：52-54.

王亮. 2008. 湿地生态系统恢复研究综述. 环境科学与管理, (8)：152-156.

王楠. 2014. 盐城市滩涂资源开发的现状、效果与问题. 安徽农业科学, 42(29)：10257-10260.

王其翔, 唐学玺. 2009. 海洋生态系统服务的产生与实现. 生态学报, 29(5)：2400-2406.

王卿, 汪承焕, 黄沈发, 等. 2012. 盐沼植物群落研究进展：分布、演替及影响因子. 生态环境学报, 21(2)：375-388.

王瑞玲, 黄锦辉, 韩艳丽, 等. 2008. 黄河三角洲湿地景观格局演变研究. 人民黄河, 30(10)：14-17.

王薇, 陈为峰, 王燃藜, 等. 2010. 黄河三角洲新生湿地景观格局特征及其动态变化——以垦利县为例. 水土保持研究, 17(1)：82-87.

王维中, 蒋福兴, 赵鸣. 1992. 互花米草人工植被生态效益和经济效益的初步研究. 生态学杂志, (5)：12-15.

王宪礼, 布仁仓, 胡远满, 等. 1996. 辽河三角洲湿地的景观破碎化分析. 应用生态学报, 7(3)：299-304.

王铮, 吴必虎, 丁金宏, 等. 1993. 地理科学导论. 北京：高等教育出版社.

邬建国. 2007. 景观生态学. 2版. 北京：高等教育出版社.

吴曙亮, 蔡则健. 2003. 江苏沿海滩涂资源及发展趋势遥感分析. 海洋通报, 22(2): 60-68.

吴志芬, 赵善伦. 1994. 黄河三角洲盐生植被与土壤盐分的相关性研究. 植物生态学报, 18(2): 184-193.

夏成琪, 毋语菲. 2021. 盐城海岸带土地利用与景观空间格局动态变化分析. 西南林业大学学报(自然科学), 41(1): 146-155.

夏继红, 鞠蕾, 林俊强, 等. 2013. 河岸带适宜宽度要求与确定方法. 河海大学学报(自然科学版), 41(3): 229-234.

肖笃宁, 李晓文, 王连平. 2001. 辽东湾滨海湿地资源景观演变与可持续利用. 资源科学, (2): 31-36.

谢富赋, 刘红玉, 李玉凤, 等. 2018. 基于极坐标定位的丹顶鹤多尺度越冬生境选择研究——以江苏盐城自然保护区为例. 生态学报, 38(15): 5584-5594.

徐国万, 卓荣宗. 1985. 我国引种互花米草的初步研究. 南京大学学报(米草研究的进展——22年来的研究成果论文集), 40(2): 212-225.

徐涵秋. 2005. 利用改进的归一化差异水体指数(MNDWI)提取水体信息的研究. 遥感学报, 9(5): 589-595.

徐庆红, 吴波. 2014. 两个时期福建省滨海湿地景观格局的比较. 湿地科学, 12(6): 772-776.

徐中民, 焦文献, 谢永成, 等. 2006. 景观模拟模型-空间显示的动态方法. 郑州: 黄河水利出版社.

薛大元. 2001. 中国江苏省盐城海岸湿地周边生物多样性友好可持续发展导则: 19-20.

闫芊. 2006. 崇明东滩湿地植被的生态演替. 上海: 华东师范大学: 12-14.

闫淑君, 洪伟, 吴承祯, 等. 2010. 闽江口琅岐岛湿地景观格局变化研究. 湿地科学, 8(3): 287-292.

闫文文, 谷东起, 吴桑云, 等. 2011. 盐城滨海湿地景观变化分段研究. 海岸工程, 30(1): 68-78.

严宏生, 徐惠强, 李尧, 等. 2008. 盐城市沿海湿地生物多样性调查报告. 南京: 南京师范大学出版社.

盐城市地方志编纂委员会. 1998. 盐城市志. 南京: 江苏科学技术出版社.

颜凤, 刘本法, 余仁栋, 等. 2018. 围填海对盐城珍禽自然保护区越冬水鸟群落及空间分布的影响. 生态科学, 37(6): 20-29.

杨帆. 2007. 基于 RS 和 GIS 的辽东湾滨海湿地景观动态变化研究. 大连: 大连海事大学.

杨帆, 赵冬至, 索安宁. 2008. 双台子河口湿地景观时空变化研究. 遥感技术与应用, 23(1): 51-56.

杨桂山. 1997. 中国海岸环境变化及其区域响应. 北京: 高等教育出版社.

杨桂山, 施雅风, 张琛. 2002. 江苏滨海潮滩湿地对潮位变化的生态响应. 地理学报, 57(3): 325-332.

杨红生, 邢军武. 2002. 试论我国滩涂资源的持续利用. 世界科技研究与发展, 24(1): 47-51.

姚成, 万树文, 孙东林, 等. 2009. 盐城自然保护区海滨湿地植被演替的生态机制. 生态学报, 29(5): 2203-2210.

尹小娟, 宋晓谕, 蔡国英. 2014. 湿地生态系统服务估值研究进展. 冰川冻土, 36(3): 759-766.

于堃. 2011. 典型平原湿地成因及近 10 年来植被变化研究. 南京: 南京大学.

于淼, 栗云召, 屈凡柱, 等. 2020. 黄河三角洲滨海湿地退化过程的时空变化及预测分析. 农业资源与环境学报, (4): 484-492.

岳隽, 王仰麟. 2005. 国内外河岸带研究的进展与展望. 地理科学进展, (5): 35-42.

昝启杰, 谭凤仪, 李喻春. 2013. 滨海湿地生态系统修复技术研究——以深圳湾为例. 北京: 海洋出版社: 8.

张朝晖, 吕吉斌, 丁德文. 2007. 海洋生态系统服务的分类与计量. 海岸工程, 26(1): 57-63.

张芳, 王淼, 钟稚昉, 等. 2018. 江苏盐城斗龙港养殖塘中的越冬水鸟群落特征及影响因素. 湿地科学, 16(5): 658-663.

张华兵, 高卓, 王娟, 等. 2020. 基于"格局-过程-质量"的盐城滨海湿地生境变化分析. 生态学报, 40(14): 4749-4759.

张华兵, 刘红玉, 郝敬锋, 等. 2012. 自然和人工管理驱动下盐城海滨湿地景观格局演变特征与空间差异. 生态学报, 32(1): 101-110.

张华兵, 刘红玉, 李玉凤, 等. 2013. 自然条件下盐城海滨湿地土壤水分盐度空间分异及其与植被关系研究. 环境科学, 34(2): 540-546.

张怀清, 唐晓旭, 刘锐, 等. 2009. 盐城湿地类型演化预测分析. 地理研究, 28(6): 1713-1721.

张曼胤. 2008. 江苏盐城滨海湿地景观变化及其对丹顶鹤生境的影响. 长春: 东北师范大学.

张明祥, 董瑜. 2002. 双台河口自然保护区濒海湿地景观变化及其管理对策研究. 地理科学, (1): 119-122.

张忍顺. 1984. 苏北废黄河三角洲及滨海平原的成陆过程. 地理学报, 39(2): 173-184.

张忍顺, 陆丽云, 王艳红. 2002. 江苏海岸侵蚀过程及其趋势. 地理研究, 21(4): 469-478.

张树清. 2008. 3S 支持下的中国典型沼泽湿地景观时空动态变化研究. 长春: 吉林大学出版社.

张晓龙, 李培英, 李萍, 等. 2005. 中国滨海湿地研究现状与展望. 海洋科学进展, (1): 87-95.

张绪良, 叶思源, 印萍, 等. 2009a. 黄河三角洲自然湿地植被的特征及演化. 生态环境学报, 18(1): 292-298.

张绪良, 张朝晖, 徐宗军, 等. 2009b. 莱州湾南岸滨海湿地的景观格局变化及累积环境效应. 生态学杂志, 28 (12): 2437-2443.

张学勤, 王国祥, 王艳红, 等. 2006. 江苏盐城沿海滩涂淤蚀及湿地植被消长变化. 海洋科学, 30(6): 35-39.

张燕, 孙勇, 鲁长虎, 等. 2017. 盐城国家级珍禽自然保护区互花米草入侵后三种生境中越冬鸟类群落格局. 湿地科学, 15(3): 433-441.

赵可夫, 李法曾, 樊守金, 等. 1999. 中国的盐生植物. 植物学通报, 16(3): 201.

赵永强, 刘大伟, 张亚楠, 等. 2018. 滩涂生态旅游区鸟类多样性及其栖息生境嗜好. 绿色科技, (22): 92-93, 96.

赵玉灵, 郁万鑫, 聂洪峰. 2010. 江苏盐城湿地遥感动态监测及景观变化分析. 国土资源遥感, (S1): 185-190.

郑彩红, 曾从盛, 陈志强, 等. 2006. 闽江河口区湿地景观格局演变研究. 湿地科学, (1): 29-35.

仲崇庆, 王进欣, 邢伟, 等. 2010. 不同植被和水文条件下苏北盐沼土壤 TN、TP 和 OM 剖面特征.

北京林业大学学报, 32(3): 186-190.

仲崇信. 1985. 大米草简史及国外研究概况. 南京大学学报(米草研究的进展——22 年来的研究成果论文集), 40(2): 1-30.

朱大奎, 高抒. 1985. 潮滩地貌与沉积的数学模型. 海洋通报, 4(5): 15-21.

朱强, 俞孔坚, 李迪华. 2005. 景观规划中的生态廊道宽度. 生态学报, (9): 2406-2412.

朱莹, 孔磊, 张霄, 等. 2014. 江苏盐城滩涂湿地植物区系及植物资源研究. 生物学杂志, 31(5): 71-75.

朱志诚. 1999. 陕北黄土高原植被群落研究. 西北林学院学报, 8(1): 87-94.

宗秀影, 刘高焕, 乔玉良, 等. 2009. 黄河三角洲湿地景观格局动态变化分析. 地球信息科学学报, 11(1): 91-97.

左健忠, 韩雪, 潘锡山, 等. 2019. 海平面变化对江苏沿海的影响分析. 淮海工学院学报(自然科学版), 28(4): 81-86.

左平, 欧志吉, 姜启吴, 等. 2014. 江苏盐城原生滨海湿地土壤中的微生物群落功能多样性分析. 南京大学学报(自然科学), 50(5): 715-722.

Acuna M P, Vukasovic M A, Hernandez H J, et al. 2019. Effects of the surrounding landscape on waterbird populations in estuarine ecosystems of central Chile. Wetlands Ecology and Management, 27: 295-310.

Adams D A. 1963. Factors influencing vascular plant zonation in North Carolina salt marsh. Ecology, 44(3): 445-456.

Allouche O, Tsoar A, Kadmon R. 2006. Assessing the accuracy of species distribution models: Prevalence, kappa and the true skill statistic (TSS). Journal of Applied Ecology, 43(6): 1223-1232.

Amira N, Rinalfi T, Azhar B. 2018. Effects of intensive rice production practices on avian biodiversity in Southeast Asian managed wetlands. Wetlands Ecology and Management, 26: 865-877.

Baschuk M S, Koper N, Wrubleski D A, et al. 2012. Effects of water depth, cover and food resources on habitat use of marsh birds and waterfowl in boreal wetlands of manitoba, Canada. Waterbirds, 35(1): 44-55.

Baumann R H, Turner R E. 1990. Direct impacts of outer continental shelf activities on wetland loss in the central Gulf of Mexico. Environmental Geology and Water Resources, (15): 189-198.

Beijma S V, Comber A, Lamb A. 2014. Random forest classification of salt marsh vegetation habitats using quad-polarimetric airborne SAR, elevation and optical RS data. Remote Sensing of Environment, 149: 118-129.

Bertness M D, Ellison A M. 1987. Determinants of pattern in a New England salt marsh. Community, 57: 129-147.

Bertness M D, Ewanehuk P J, Silliman B R. 2002. Anthropogenic modification of New England salt marsh landscapes. Proceedings of the National Academy of Sciences, 99: 1395-1398.

Bockelmann A C, Bakker J P, Neuhaus R, et al. 2002. The relation between vegetation zonation, elevation and inundation frequency in a Wadden Sea salt marsh. Aquatic Botany, 73: 211-221.

Breiman L. 2001a. Random forests. Machine Learning, 45(1): 5-32.

Breiman L. 2001b. Statistical modeling: The two cultures. Statistical Science, 16(3): 199-231.

Brinson M M. 1993. A hydrogeomorphic classification for wetlands. Wetlands Research Program Technical Report, Vicksburg MS: 1-2.

Bruland G L, DeMent G. 2009. Phosphorus sorption dynamics of Hawaii's coastal wetlands. Estuaries and Coasts, 32: 844-854.

Bull I D, Bergen P F, Bol R, et al. 1999. Estimating the contribution of *Spartina anglica* biomass to salt-marsh sediments using compound specific stable. carbon isotope measurements. Organic Geochemistry, 30(7): 477-483.

Cahoon D R, Lyneh J C. 1997. Vertical accretion and shallow subsidence in a mangrove forest of southwestern Florida, U. S. A. Mangroves and Salt Marshes, l: 173-186.

Cao L, Zhang Y, Barter M, et al. 2010. Anatidae in eastern China during the non-breeding season: Geographical distributions and protection status. Biological Conservation, 143(3): 650-659.

Cao M C, Xu H G, Le Z F, et al. 2015. A multi-scale approach to investigating the red-crowned Crane-Habitat relationship in the Yellow River Delta Nature Reserve, China: Implications for conservation. Plos One, 10(6): e0129833.

Carreno M F, Esteve M A, Martínez-Fernández J, et al. 2008. Habitat changes in coastal wetlands associated to hydrological changes in the watershed. Estuarine, Coastal and Shelf Science, 77: 475-483.

Chen J. 2003. The Scientific Survey Set of Jiuduansha Wetland in Shanghai. Beijing: Science Press.

Chen Z Y, Li B, Zhong Y, et al. 2004. Local competitive effects of introduced *Spartina alterniflora* on *Scirpus mariqueter* at Dongtan of Chongming Island, the Yangtze River estuary and their potential ecologicial consquences. Hydrobiologia, 528(1): 99-106.

Clarke K C. 1998. Loose-coupling a cellular automation model and GIS: Long-term urban growth prediction for San Francisco and Washington/Baltimore. Geographical Information Science, 12(7): 577-593.

Cooper A. 1982. The effects of salinity and waterlogging on the growth and cation uptake of salt marsh Plants. New Phytologist, 90: 263-275.

Costa C S B, Marangoni J C, Azevedo A M G. 2003. Plant zonation in irregularly flooded salt marshes: Relative importance of stress tolerance and biological interactions. Journal of Ecology, 91: 951-965.

Costanza R, d'Arge R, de Groot R, et al. 1997. The value of the world's ecosystem services and natural capital. Nature, 387: 253-260.

Costanza R, Sklar F H, White M L. 1990. Modeling coastal landscape dynamics. BioScience, 40: 91-107.

Crain C M, Silliman B R, Bertness S L, et al. 2004. Physical and biotic drivers of plant distribution across estuarine salinity gradients. Ecology, 85: 2539-2549.

Crowell M, Honeycutt M, Hatheway D. 1999. Coastal erosion hazards study: Phase one mapping. Journal of Coastal Research, (Special 28): 10-20.

Cutler D R, Edwards T C, Beard K H, et al. 2007. Random forests for classification in ecology. Ecology, 88(11): 2783-2792.

Davy A J. 2000. Development and structure of salt marshes: community patterns in time and space//Weinstein M P, Kreeger D A. Concepts and Controversies in Tidal Marsh Ecology. New York: Kluwer Acdemie Publishers: 137-156.

Dong Z, Wang Z, Liu D, et al. 2013. Assessment of habitat suitability for waterbirds in the West Songnen Plain, China, using remote sensing and GIS. Ecological Engineering, 55: 94-100.

Emery N C, Ewanchuk P J, Bertness M D. 2001. Competition and salt marsh plant zonation: Stress tolerators may be dominant competitors. Ecology, 82: 2471-2485.

Erwin R M, Cahoon D R, Prosser D J, et al. 2006. Surface elevation dynamics in vegetated *Spartina* marshes versus unvegetated tidal ponds along the mid-atlantic coast, USA, with implications to waterbirds. Estuaries & Coasts, 29(1): 96-106.

Ewanchuk P J, Bertness M D. 2004. The role of waterlogging in maintaining forb pannes in northern New England salt marshes. Ecology, 85: 1568-1574.

Fielding A H, Bell J F. 1997. A review of methods for the assessment of prediction errors in conservation presence/absence models. Environmental Conservation, 24(1): 38-49.

Fitz H C, DeBellevue E B, Costanza R, et al. 1996. Development of a general ecosystem model for a range of scales and ecosystems. Ecological Modelling, 88: 263-295.

Frei S, Lischeid G, Fleckenstein J H. 2010. Effects of micro-topography on surface-subsurface exchange and runoff generation in a virtual riparian wetland — A modeling study. Advances in Water Resources, 33(11): 1388-1401.

Fromard F, Vega C, Proisy C. 2004. Half a century of dynamic coastal change affecting mangrove shorelines of French Guiana. A case study based on remote sensing data analyses and field surveys. Marine Geology, 208(2-4): 265-280.

Gagliano S M, Meyer A K J, Wicher K M. 1981. Land loss in the Mississippi River Deltaic plain. Gulf Coast Association of Geological Societies Transaction, (31): 295-300.

Galbo A M L, Zimmerman M S, Hallac D, et al. 2013. Using hydrologic suitability for native everglades slough vegetation to assess everglades restoration scenarios. Ecological Indicators, 24: 294-304.

Genuer R, Poggi J M, Tuleau-Malot C. 2010. Variable selection using random forests. Pattern Recognition Letters, 31(14): 2225-2236.

Grinnell J. 1917. The Niche-relationships of the California Thrasher. The Auk, 34(4): 427-433.

He W S, Feagin R, Lu J J, et al. 2007. Impacts of introduced *Spartina alterniflora* along an elevation gradient at the Jiuduansha Shoals in the Yangtze Estuary, suburban Shanghai, China. Ecological Engineering, 29(3): 245-248.

Heath M H, Christopher S H, Michelle M H, et al. 2017. Waterbird response indicates floodplain wetland restoration. Hydrobiologia, 804: 119-137.

Heikkinen R K, Luoto M, Virkkala R. 2007. Biotic interactions improve prediction of boreal bird distributions at macro-scales. Global Ecology and Biogeography, 16(6): 754-763.

Hester M W, Mendelssohn I A, McKee K L. 2001. Species and population variation to salinity stress in *Panicum hemitomon*, *Spartina patens*, and *Spartina alterniflora*: Morphological and physiological constraints. Environmental and Experimental Botany, 46(3): 277-297.

Hoeltje S M, Cole C A. 2007. Losing function through wetland mitigation in central Pennsylvania, USA. Environmental Management, 39(3): 385-402.

Howes B L, Dacey J W H, Goehringer D D. 1986. Factors controlling the growth form of Spartina alterniflora: Feedbacks between above-ground production, sediment oxidation, nitrogen and salinity. The Journal of Ecology: 881-898.

Hurlbert A H. 2004. Species-energy relationships and habitat complexity in bird communities. Ecology Letters, 7(8): 714-720.

Ichichi J L, Ergul A. 2017. Digital shoreline analysis system (DSAS) version 4.0—An ArcGIS extension for calculating shoreline change (ver. 4.4, July 2017): U. S. Geological Survey Open-File Report 2008-1278.

Juan A, Vassilias A T, Leonardo A. 1995. South Florida greenways: A conceptual framework for the ecological reconnectivity of the region. Landscape and Urban Planning, (33): 247-266.

Katoh K, Sakai S, Takahashi T. 2009. Factors maintaining species diversity in *satoyama*, a traditional agricultural landscape of Japan. Biological Conservation, 142(9): 1930-1936.

Kloskowski J, Nieoczym M, Polak M, et al. 2010. Habitat selection by breeding waterbirds at ponds with size-structured fish populations. Naturwissenschaften, 97(7): 673-682.

Lawrenee D S L, Allen J R L, Havelock G M. 2004. Saltmarsh morphodynamies: An investigation of tidalflows and marsh channel equilibrium. Journal of Coastal Research, 20: 301-316.

Levine J M, Brewer J S, Bertness M D. 1998. Nutrients, competition and plant zonation in a New England salt marsh. Journal of Ecology, 86(2): 285-292.

Li D L, Chen S H, Lloyd H, et al. 2013. The importance of artificial habitats to migratory waterbirds within a natural/artificial wetland mosaic, Yellow River Delta, China. Bird Conserv Int., 23: 184-198.

Li D L, Liu Y, Sun X H, et al. 2017. Habitat-dependent changes in vigilance behaviour of Red-crowned Crane influenced by wildlife tourism. Scientific Reports, 7(1): 16614.

Ma Z, Cai R, Li R, et al. 2010. Managing wetland habitats for waterbirds: An international perspective. Wetlands, 30(1): 15-27.

Martínezmuñoz G, Suárez A. 2010. Out-of-bag estimation of the optimal sample size in bagging. Pattern Recognition, 43(1): 143-152.

Murray C G, Kasel S, Loyn R H, et al. 2013. Waterbird use of artificial wetlands in an Australian urban landscape. Hydrobiologia, 716: 131-146.

Na X, Zhou H, Zang S, et al. 2018. Maximum entropy modeling for habitat suitability assessment of red-crowned crane. Ecological Indicators, 91: 439-446.

Nicholls R J. 2004. Coastal flooding and wetland loss in the 21st century: Changes under the SRES climate and socio-economic scenarios. Global Environmental Change, 14(1): 69-86.

Noe G B, Zedler J B. 2000. Differential effects of four abiotic factors on the germination of salt marsh annuals. American Journal of Bolany, 87(11): 1679-1692.

Noujas V, Thomas K, Badarees K. 2016. Shoreline management plan for a mudbank dominated coast. Ocean Engineering, 112: 47-65.

Odum H T, Pigeon R F. 1971. Project at El Verde. (Book Reviews: A Tropical Rain Forest. A Study of Irradiation and Ecology at El Verde, Puerto Rico). Science, 172: 831-832.

Pascual H L, Saura S. 2006. Comparison and development of new graph-based landscape connectivity indices: Towards the priorization of habitat patches and corridors for conservation. Landscape Ecology, 21(7): 959-967.

Pennings S C, Callaway R M. 1996. Impact of a parasitic plant on the structure and dynamics of salt marsh vegetation. Ecology, 77: 1410-1419.

Pennings S C, Silliman B R. 2005. Linking biogeography and community ecology: Latitudinal variation in plant-herbivore interaction strength. Ecology, 86: 2310-2319.

Pérez-García J M, Sebastián-González E, Alexander K L, et al. 2014. Effect of landscape configuration and habitat quality on the community structure of waterbirds using a man-made habitat. European Journal of Wildlife Research, 60(6): 875-883.

Pickett E, Chan M, Cheng W, et al. 2018. Cryptic and cumulative impacts on the wintering habitat of the endangered black-faced spoonbill (Platalea minor) risk its long-term viability. Environmental Conservation, 45(2): 147-154.

Rheinhardt R D, Brinson M M, Farley P M. 1997. Applying wetland reference data to functional assessment, mitigation, and restoration. Wetlands, 17(2): 195-215.

St-Hilaire-Gravel D, Bell T T. 2012. Multitemporal analysis of a gravel-dominated coastline in the central Canadian arctic archipelago. Journal of Coastal Research, 28(2): 421-441.

Tryjanowski P, Jerzak L, Józef R. 2005. Effect of water level and livestock on the productivity and numbers of breeding white storks. Waterbirds, 28(3): 378-382.

van Wijnen H J, BakkerJ P, de Vries Y. 1997. Twenty years of salt marsh succession on a Dutch coastal barrier island. Journal of Coastal Conservation, 3: 9-18.

Vernberg F J. 1993. Salt marsh processes-A review. Environmental Toxicology and Chemistry, 12: 2167-2195.

Vince S W, Snow A A. 1984. Plant zonation in an Alaskan salt marsh: I. Distribution abundance and environmental factors. Journal of Ecology, 72: 651-667.

Wang C, Wang G, Guo R, et al. 2020. Effects of land-use change on the distribution of the wintering red-crowned crane (Grus japonensis) in the coastal area of northern Jiangsu Province, China. Land Use Policy, 90: 104269.

Wang J, Liu H Y, Li Y F, et al. 2019. Effects of Spartina alterniflora invasion on quality of the red-crowned crane（*Grus japonensis*）wintering habitat. Environmental Science and Pollution Research, 26: 21546-21555.

Zhang C, Yuan Y, Zeng G, et al. 2016. Influence of hydrological regime and climatic factor on waterbird abundance in dongting lake wetland, china: Implications for biological conservation. Ecological Engineering, 90: 473-481.

Zhou L, Xue W, Zhu S, et al. 2013. Foraging habitat use of oriental white stork（*Ciconia boyciana*）recently breeding in China. Zoological Science, 30（7）: 559-564.

附　　录

附表 1　1987～2019 年水鸟调查数据

中文名	学名	1988.12	1997.12	2006.12 和 2007.01	2019.12
一　鹤形目	**GRUIFORMES**				
（一）鹤科	**Gruidae**				
1.丹顶鹤	*Grus japonensis*	611	1020	801	254
2.白鹤	*Grus leucogeranus*			1	
3.白头鹤	*Grus monacha*		22	3	14
4.白枕鹤	*Grus vipio*	1			
5.灰鹤	*Grus grus*		6	727	1226
（二）秧鸡科	**Rallidae**				
6.白骨顶	*Fulica atra*	1240	280	1048	905
7.黑水鸡	*Gallinula chloropus*	452	390	1181	464
8.普通秧鸡	*Rallus aquaticus*			26	7
二　雁形目	**ANSERIFORMES**				
（三）鸭科	**Anatidae**				
9.豆雁	*Anser fabalis*	5740	6213	6700	8500
10.灰雁	*Anser anser*		3		
11.鸿雁	*Anser cygnoides*	1294		1345	7
12.斑嘴鸭	*Anas zonorhyncha*	7683	9600	8420	5773
13.绿头鸭	*Anas platyrhynchos*	3070	3000	4120	4856
14.绿翅鸭	*Anas crecca*	1692	2000	1890	3583
15.翘鼻麻鸭	*Tadorna tadorna*	768		405	1562
16.赤麻鸭	*Tadorna ferruginea*		2		5
17.白眉鸭	*Anas querquedula*	144	20	351	
18.赤膀鸭	*Anas strepera*	487	160	263	513
19.罗纹鸭	*Anas falcata*		16	384	257
20.针尾鸭	*Anas acuta*	528	27	430	1113
21.凤头潜鸭	*Aythya fuligula*	433	82	320	
22.红头潜鸭	*Aythya ferina*	865	17	1012	1405
23.青头潜鸭	*Aythya baeri*	36	21	240	4
24.斑头秋沙鸭	*Mergellus albellus*		33	42	229

中文名	学名	1988.12	1997.12	2006.12 和 2007.01	2019.12
25.琵嘴鸭	*Anas clypeata*	561	28	468	417
26.普通秋沙鸭	*Mergus merganser*		67	103	69
27.赤颈鸭	*Anas penelope*		15		16
28.斑背潜鸭	*Aythya marila*				6
29.中华秋沙鸭	*Mergus squamatus*				4
30.大天鹅	*Cygnus cygnus*				15
31.小天鹅	*Cygnus columbianus*				1
三 鹈形目	**PELECANIFORMES**				
（四）鸬鹚科	**Phalacrocoracidae**				
32.普通鸬鹚	*Phalacrocorax carbo*		594	2330	23511
四 䴙䴘目	**PODICIPEDIFORMES**				
（五）䴙䴘科	**Podicipedidae**				
33.小䴙䴘	*Podiceps ruficollis*	89	127	439	564
34.凤头䴙䴘	*Podiceps cristatus*	51	34	18	40
五 鸻形目	**CHARADRIIFORMES**				
（六）鹬科	**Scolopacidae**				
35.青脚鹬	*Tringa nebularia*	49	302	327	7
36.小青脚鹬	*Tringa guttifer*	52	88	4	2
37.红脚鹬	*Tringa totanus*	36	484	527	22
38.鹤鹬	*Tringa erythropus*	104	2185	1012	18
39.白腰杓鹬	*Numenius arquata*	29	1465	705	894
40.翘嘴鹬	*Xenus cinereus*	114	386	1263	
41.矶鹬	*Actitis hypoleucos*			163	
42.泽鹬	*Tringa stagnatilis*	137	1969	2447	11
43.林鹬	*Tringa glareola*	42	403	223	
44.丘鹬	*Scolopax rusticola*			821	
45.黑尾塍鹬	*Limosa limosa*	33	1397	2616	
46.斑尾塍鹬	*Limosa lapponica*	41	279	3295	2
47.灰尾漂鹬	*Tringa brevipes*			7	
48.小杓鹬	*Numenius minutus*		175	208	
49.中杓鹬	*Numenius phaeopus*	11	241	107	
50.大杓鹬	*Numenius madagascariensis*	46	1043	940	
51.翻石鹬	*Arenaria interpres*	14	328	420	
52.三趾鹬	*Calidris alba*	136	1303	204	
53.长趾滨鹬	*Calidris subminuta*	74	1411		

续表

中文名	学名	1988.12	1997.12	2006.12 和 2007.01	2019.12
54.红腹滨鹬	*Calidris canutus*	30	250	10	
55.红颈滨鹬	*Calidris ruficollis*	16	516		
56.大滨鹬	*Calidris tenuirostris*	85	437	1197	
57.尖尾滨鹬	*Calidris acuminata*	20	1189		
58.黑腹滨鹬	*Calidris alpina*	145	5238	8118	610
59.勺嘴鹬	*Eurynorhynchus pygmeus*		22		
60.阔嘴鹬	*Limicola falcinellus*	13	401	880	
61.半蹼鹬	*Limnodromus semipalmatus*		12	140	
（七）反嘴鹬科	**Recurvirostridea**				
62.反嘴鹬	*Recurvirostra avosetta*	9	154		6675
63.黑翅长脚鹬	*Himantopus himantopus*		388	460	66
（八）蛎鹬科	**Haematopodidae**				
64.蛎鹬	*Haematopus ostralegus*			117	
（九）丘鹬科	**Scolopacidae**				
65.弯嘴滨鹬	*Calidris ferruginea*	77	1319	693	
66.青脚滨鹬	*Calidris temminckii*			2	
（十）鸻科	**Charadriidae**				
67.金斑鸻	*Pluvialis fulva*			824	
68.环颈鸻	*Charadrius alexandrinus*	142	1489	5344	275
69.灰斑鸻	*Pluvialis squatarola*	73	1391	4068	539
70.金眶鸻	*Charadrius dubius*	41	1318		
71.蒙古沙鸻	*Charadrius mongolus*	4	458		
72.铁嘴沙鸻	*Charadrius leschenaultii*			164	
73.普通燕鸻	*Glareola maldivarum*		271	390	
74.凤头麦鸡	*Vanellus vanellus*				533
75.灰头麦鸡	*Vanellus cinereus*			35	
（十一）鸥科	**Laridae**				
76.黑尾鸥	*Larus crassirostris*		10		13
77.须浮鸥	*Chlidonias hybrida*			4	
78.红嘴鸥	*Larus ridibundus*	2217	867	2129	643
79.黑嘴鸥	*Larus saundersi*	792	345	672	43
80.银鸥	*Larus argentatus*	1356	811	1885	3067
81.灰背鸥	*Larus schistisagus*				2
82.白翅浮鸥	*Chlidonias leucopterus*		340		
（十二）燕鸥科	**Sternidae**				

续表

中文名	学名	1988.12	1997.12	2006.12 和 2007.01	2019.12
83.普通燕鸥	*Sterna hirundo*	449	1519	1022	1
84.白额燕鸥	*Sterna albifrons*		328	812	
85.黑枕燕鸥	*Sterna sumatrana*		5		
六 鸻形目	**CHARADRIIFORMES**				
（十三）鹳科	**Ciconiidae**				
86.东方白鹳	*Ciconia boyciana*	32	21	44	140
（十四）鹮科	**Threskiorothidae**				
87.白琵鹭	*Platalea leucorodia*		45		542
（十五）鹭科	**Ardeidae**				
88.大白鹭	*Ardea alba*	163	172	108	187
89.中白鹭	*Ardea intermedia*	240	212	234	32
90.白鹭	*Egretta garzetta*	2148	1537	3510	1177
91.苍鹭	*Ardea cinerea*	926	1062	1880	667
92.夜鹭	*Nycticorax nycticorax*	867	614	1040	176
93.牛背鹭	*Bubulcus ibis*			88	
94.草鹭	*Ardea purpurea*	41	11		
95.大麻鳽	*Botaurus stellaris*	8	4		2
96.黄苇鳽	*Ixobrychus sinensis*		6	94	